U0382625

"十三五"国家重点出版物出版规划项目

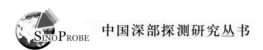
中国深部探测研究丛书

腾冲火山地热构造域地质调查
与科学钻探

刘嘉麒　戚学祥　郭正府　罗照华　彭松柏 等/著

科学出版社

北京

内 容 简 介

　　本书是深部探测技术与实验研究专项的子课题"云南腾冲火山–地热–构造带科学钻探选址"实施以来全面系统阐述其研究进展的一部学术专著。本书在大量原始数据和资料的基础上，通过火山学、岩石学、矿物学、构造地质学、固体流体地球化学、地质年代学、遥感地质学等多学科交叉和综合研究，系统地总结了在云南腾冲地区构造、花岗岩、火山岩、火山气体及熔岩流古高程计、火山岩浆系统、地热异常综合地质特征和成因特点等诸多方面取得的主要研究进展和创新成果。

　　本书可供火山学、第四纪地质学、地震地质学、岩石学、地球化学、构造地质学、环境演变及地理地貌学等领域的科研及技术工作者和高等院校师生参考。

图书在版编目（CIP）数据

腾冲火山地热构造域地质调查与科学钻探／刘嘉麒等著 . —北京：科学出版社，2021.3
　（中国深部探测研究丛书）
　ISBN 978-7-03-068022-8

　Ⅰ.①腾⋯　Ⅱ.①刘⋯　Ⅲ.①火山–地热–地质构造–地质调查–研究–腾冲县 ②火山–地热能–地质构造–钻探–研究–腾冲县　Ⅳ.①P317.1

中国版本图书馆 CIP 数据核字（2021）第 020038 号

责任编辑：杨明春　韩　鹏／责任校对：王　瑞
责任印制：肖　兴／封面设计：黄华斌

科学出版社 出版
北京东黄城根北街 16 号
邮政编码：100717
http://www.sciencep.com
北京九天鸿程印刷有限责任公司 印刷
科学出版社发行　各地新华书店经销
*
2021 年 3 月第　一　版　开本：787×1092　1/16
2021 年 3 月第一次印刷　印张：15 3/4
字数：374 000
定价：218.00 元
（如有印装质量问题，我社负责调换）

编辑委员会

本书编辑委员会

丛　书　序

　　地球深部探测关系到地球认知、资源开发利用、自然灾害防治、国土安全和地球科学创新的诸多方面，是一项有利于国计民生和国土资源环境可持续发展的系统科学工程，是实现我国从地质大国向地质强国跨越的重大战略举措。"空间、海洋和地球深部，是人类远远没有进行有效开发利用的巨大资源宝库，是关系可持续发展和国家安全的战略领域"（温家宝，2009）。"国务院关于加强地质工作的决定"（国发〔2006〕4 号文）明确提出，"实施地壳探测工程，提高地球认知、资源勘查和灾害预警水平"。

　　世界各国近百年地球科学实践表明，要想揭开大陆地壳演化奥秘，更加有效地寻找资源、保护环境、减轻灾害，必须进行深部探测。自 20 世纪 70 年代以来，很多发达国家陆续启动了深部探测和超深钻探计划，通过"揭开"地表覆盖层，把视线延伸到地壳深部，获得了重大成果：相继揭示了板块碰撞带的双莫霍结构，发现造山带山根，提出岩石圈拆沉模式和大陆深俯冲理论；美国在造山带下找到了大型油田，澳大利亚在覆盖层下发现奥林匹克坝超大型矿床；苏联在超深钻中发现了极端条件下的生物、深部油气和矿化显示，突破了传统油气成藏理论，拓展了人类获取资源的空间，加深了对生命演化的认识。目前，世界主要发达国家都已经将深部探测作为实现可持续发展的国家科技发展战略。

　　我国地处世界上三大构造-成矿域交汇带，成矿条件优越，现金属矿床勘探深度平均不足 500 m，油气勘探不足 4000 m，深部资源潜力巨大。我国也是世界上最活动的大陆地块，具有现今最活动的青藏高原和大陆边缘海域，地震较为频繁，地质灾害众多。我国能源、矿产资源短缺、自然灾害频发成为阻碍经济、社会发展的首要瓶颈，对我国工业化、城镇化建设，其至人类基本生存条件构成严峻挑战。

　　2008 年，在财政部、科技部支持下，国土资源部联合教育部、中国科学院、中国地震局和国家自然科学基金委员会组织实施了我国"地壳探测工程"培育性启动计划——"深部探测技术与实验研究专项（SinoProbe）"。在科学发展观指导下，专项引领地球深部探测，服务于资源环境领域。围绕深部探测实验和示范，专项在全国部署"两网、两区、四带、多点"的深部探测技术与实验研究工作，旨在：自主研发深部探测关键仪器装备，全面提升国产化水平；为实现能源与重要矿产资源重大突破提供全新科学背景依据和基础信息；揭示成藏成矿控制因素，突破深层找矿瓶颈，开辟找矿"新空间"；把握地壳活动脉博，提升地质灾害监测预警能力；深化认识岩石圈结构与组成，全面提升地球科学发展水平；为国防安全的需要了解地壳深部物性参数；为地壳探测工程的全面实施进行关键技术与实验准备。国土资源部、教育部、中国科学院和中国地震局，以及中国石化、中国石油等企业和地方约 2000 名科学家和技术人员参与了深部探测实验研究。

　　经过多年来的实验研究，深部探测技术与实验研究专项取得重要进展：①完成了总长度超过 6000 km 的深反射地震剖面，使得我国跻身世界深部探测大国行列；②自主研制和引进了关键仪器装备，我国深部探测能力大幅度提升；③建立了适应我国大陆复杂岩石圈、地壳的探测技术体系；④首次建立了覆盖全国大陆的地球化学基准网（160 km×160 km）和地球电磁物性（4°×4°）标准网；⑤在我国东部建立了大型矿集区立体探测技术方法体系和示范区；⑥探索并实验了地壳现今活动性监测技术并取得重要进展；⑦大陆科学钻探和深部异常查证发现了一批战略性找矿突破线索；⑧深部探测取得了一批重大科学发现，将推动我国地球科学理论创新与发展；⑨探索并实践了"大科学计划"的管理运行模式；⑩专项在国际地球科学界产生巨大的反响，中国入地计划得到全球地学界的关注。

为了较为全面、系统地反映深部探测技术与实验研究专项（SinoProbe）的成果，专项各项目组在各课题探测研究工作的基础上进行了综合集成，形成了《中国深部探测研究丛书》。

我们期望，《中国深部探测研究丛书》的出版，能够推动我国地球深部探测事业的迅速发展，开创地学研究向深部进军的新时代。

2015 年 4 月 10 日

本　书　序

　　腾冲是位于中国西南边陲的著名城镇，与缅甸接壤。腾冲地块（包括向西南延伸至缅甸境内的部分）位于"三江"（怒江、澜沧江、金沙江）构造带西部，夹于怒江和缅甸东部密支那缝合带之间，是经历怒江洋和密支那–雅鲁藏布洋消亡、印度板块向北俯冲碰撞而发生大规模的旋转、逃逸、走滑形成的青藏高原东南缘构造变形域的一部分。它处于印度板块、青藏高原和扬子板块的结合部位，是东特提斯构造域的重要组成部分。那里温泉广布，地热发育，有大规模的岩浆活动，深度的变质作用和频繁的地震活动，地球动力作用不仅在地球表层表现活跃，在地球深处也很强烈，是典型的地球热力场和动力场，是探讨特提斯洋消亡和青藏高原隆升的重要窗口。

　　腾冲地块一直为世人所瞩目。早在 16 世纪初，著名地理学家徐霞客就到那里考察，对打鹰山火山喷发做了详细记录；后来，中外学者相继在那里开展了广泛的地质调查和科学研究，积累了众多研究成果。

　　鉴于腾冲地块的特殊地质位置和意义，国家"深部探测技术与实验研究专项"（SinoProbe 05-03），将该区域作为重点调查研究区域，并进行了科学钻探。在为科学钻探选址的过程中，刘嘉麒院士带领的课题组开展了广泛深入的地质调查和研究，为确定钻孔的位置提供了充分的科学依据，保证了钻探工作的顺利进行，取得了丰硕的研究成果和宝贵的钻探资料，完成了具有立典性意义的重要工作。

1. 建立了腾冲涡旋式地球动力场

　　伴随着印度板块向欧亚板块俯冲、碰撞，青藏高原不断隆升，高原东南缘块体发生大规模旋转和逃逸，沿各地块间的缝合带形成密集的走滑断裂，如怒江断裂、盈江断裂、澜沧江断裂、金沙江断裂等。这些走滑断裂有的左旋，有的右旋，腾冲地块被环绕其中，形成涡旋式地球动力场，导致酸性岩浆的侵入和基性岩浆的喷发，麻粒岩相的区域变质和糜棱岩化动力变质作用，以及频繁的地震活动。其规模之大，类型之多，分布之广，持续时间之长，给人以深刻的印象。像腾冲地块这样构造作用、岩浆作用、变质作用和地震活动如此集中、复杂，火山、温泉、地热特别发育的地质体，可以作为具有全球意义的典型地球动力实验场。

2. 查明了岩浆活动的地质–地球化学特征

　　本书总结了腾冲地块自晚中生代以来的岩浆作用与岩浆岩，指出：早白垩世岩浆岩带（花岗岩年龄 122～125 Ma）是拉萨地块岩浆岩带的东南延伸部分，具有岛弧岩浆作用的特点，形成于俯冲环境；晚白垩世到中新世花岗岩（76～45 Ma），具有钾玄质强过铝花岗岩的特征，构成腾冲地块中西部岩浆岩的主体，它的出现与喜马拉雅期印度板块（缅甸板块）向腾冲地块俯冲–碰撞密切相关，可能是大洋岩石圈俯冲结束的响应；而始新世（48～46 Ma）

中–高温钾玄质强过铝质 A 型花岗岩的出现，代表了后碰撞向板内构造环境转换的开始。

腾冲地块的火山活动从中新世一直延续至全新世，多期形成的 68 座火山呈同心圆状展布在地块中央，熔岩面积达 792 km²，主要为玄武岩类和安山岩类，属于高钾钙碱性岩系列。主、微量元素，稀土元素和 Nd-Sr-Pb 同位素分析表明：同期火山岩的地球化学特征相同，不同期的岩石地球化学特征则不同；岩浆源自富集地幔，遭受了地壳混染作用；安山岩的产生，暗示有板块俯冲和岛弧环境的存在。

3. 揭示了高热异常区和地球热力场

腾冲地块地热、温泉很发育，已发现温泉 139 处。本书根据温泉温度计算的相对地热梯度和幔源氦释放强度，在腾冲地区圈定出 3 个相对地热梯度大于 100 ℃的高热异常区：五合–团田地区、腾冲–热海地区和马站–曲石地区，推断对应于 3 个岩浆囊。这些高热异常区和中–高温热泉的密集分布受火山活动控制，而频繁脉动的火山活动又与大盈江等韧性走滑断裂的涡旋式作用密切相关。弧形断裂转折端部位形成的张剪性断裂，为上新世到全新世持续的火山喷发提供了岩浆上涌的通道，并控制了腾冲地区现今热泉及地热异常的分布。

通过钻井井温测试发现，该地区 400 m 以上的地温梯度相对较低，400 m 以下岩层温度随着深度的增加急剧升高，地温梯度远高于正常地温梯度，至井底 1222.24 m 处，地温达到 74 ℃左右，表明该地区具有很高的大地热流值和巨大的地热资源，是典型的地球热力场。

4. 高级变质作用显示了地球动力的强烈程度

腾冲地块不仅有高度发育的地热、温泉，强烈的构造活动、岩浆侵入、火山喷发，还发生了强烈的糜棱岩化和麻粒岩相变质作用。从白垩纪晚期（73 Ma）的中细粒花岗岩到始新世（48～46 Ma）黑云母二长花岗岩，从辉长岩到闪长岩，均发生了糜棱岩化，形成了花岗质糜棱岩、闪长质糜棱岩和长英质糜棱岩，具有斜长石的双晶弯曲变形、石英的动态重结晶等动力变质特征，显示地球动力作用强烈。

5. 确立了钻孔选址条件，取得了重要勘探资料

经过对全区的地质、地貌、地球物理和施工条件的调查，最后选择马站乡腾冲火山地热国家地质公园进口附近 98°29′33.77″N，25°12′50″E 处为钻孔位置，那里火山机构明显，火山岩分布广泛，地热发育，岩层和地层比较齐全，大盈江断裂从区内通过，施工条件较好，钻孔保护和观测方便，并可作为公园和永久性参观、科普教育点。

总之，《腾冲火山地热构造域地质调查与科学钻探》这本专著，对具有立典意义和全球影响的腾冲火山地热构造域的地质、构造、岩浆、变质、地热做了全面、深入的研究，并为科学深钻选址提供了扎实的地质基础资料。这是刘嘉麒院士研究团队奉献给国内外同行的宝贵礼物，必将对推动腾冲火山地热构造域的进一步研究以及相关的区域性和全球性重要地学问题的研究发挥重要作用。我非常荣幸应邀作序，并祝贺这一重要专著的出版。

中国科学院院士
中国地质大学（北京）教授

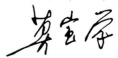

2020 年 7 月

前　　言

　　腾冲地处印度板块与欧亚大陆碰撞前缘，是青藏高原东南缘构造最复杂、岩浆活动最活跃、矿产资源丰富、地热异常最高的地区，也是中国西南唯一具有潜在火山灾害的地区。前人从不同的角度对腾冲地块构造演化、岩浆活动和成矿作用进行了研究，总体上勾勒出腾冲地块在青藏高原演化过程中的角色，以及在三江地区构造格局中的位置。但是，由于该区经历了多期构造运动的改造，岩浆活动和成矿作用具有多期次、多阶段的特点，地质条件非常复杂，加之受到地形变化大、交通条件较差、植被覆盖率高等因素的影响，地质研究程度总体较低。如腾冲地块内构造变形样式及其演化、岩浆活动特征、火山岩盆地的形成机制、火山喷发旋回及其与新生代构造活动的关系、火山气体的排放特征及控制因素、高热异常区的成因等方面的研究都比较薄弱，极大地制约了学者对青藏高原构造演化过程中动力学机制和青藏高原东南缘壳/幔动态演变过程的认识。以上问题的出现主要源于对该区物质结构及其演变机制缺乏充分的信息，而大陆科学钻探工程的实施将为这些问题的解决提供重要契机，是解决这些问题的重要途径。

　　中国大陆科学钻探（CCSD）是国家"九五"重大科学工程项目之一，也是国际大陆科学钻探计划（ICDP）重点项目。本书通过对腾冲地块构造、火山、地热和深部地球物理探测4个方面的研究，全面解读研究该地区的构造演化、火山喷发旋回、岩浆演化序列、地热异常区分布和地热泉水的开发利用潜力。云南腾冲火山-地热-构造带科学钻孔位置选在腾冲市马站乡腾冲火山地热国家地质公园内，孔位坐标：98°29′33.77″N，25°12′50″E，海拔1888 m。通过科学钻探工作建立了该地区的地层综合柱状图，完整地反映了该区地层变化情况。本书为深部探测技术与实验研究专项（SinoProbe 05-03）云南腾冲火山-地热-构造带科学钻探选址课题成果。

　　本书可供火山学、第四纪地质学、地震地质学、岩石学、地球化学、构造地质学、环境演变及地理地貌学等科研及技术人员和高等院校相关专业师生参考。

目　　录

第一章 绪 论

第一节 前人工作回顾

追溯腾冲火山的研究历史，最早的历史记载应当是明代地理学家徐霞客，在他的著作《徐霞客游记》中有一段对打鹰山火山的记载："土人言：三十年前，其上皆大木巨竹，蒙蔽无隙，中有龙潭四，深莫能测，足声至则涌波而起，人莫敢近；后有牧羊者，一雷而震毙羊五六百及牧者数人，连日夜火，大树深篁，燎无孑遗，而潭亦成陆。今山下有出水之穴，俱从山根分逗云。山顶之石，色赭赤而质轻浮，状如蜂房，为浮沫结成者，虽大至合抱，而两指可携，然其质仍坚，真劫灰之余也。"上述记载的"土人言：三十年前"，是公元 1609 年。李根源在《永昌府文徵》文卷中也记载了打鹰山火山喷发事件，与《徐霞客游记》中记载的是一致的。之后一直到 19 世纪中期，随着外国学者进入腾冲火山，才开始了对腾冲火山较为系统的研究。我国最早研究腾冲的地质学家是尹赞勋和路兆洽，他们在 1935 年对腾冲火山进行了详细的地质考察，认为腾冲火山区由 14 座火山组成，并划分为三个火山群及两个活动周期（尹赞勋，1937）。

新中国成立后，地质单位开始大规模展开地质工作，云南省地质局所属普查队、区测队，对腾冲地区进行地质普查及填图，开展 1:100 万区域地质及矿产调查、1:100 万航磁测量、1:100 万和 1:50 万重力测量、1:20 万区域地质及矿产调查、1:25 万区域地质调查修测、1:20 万地质图填图和 1:25 万地质图修测工作。同时，地矿、有色、煤炭等相关科研单位及部分大专院校相继在研究区开展过地质勘查和研究工作，对腾冲地块的边界性构造带，如怒江或高黎贡大型韧性走滑剪切带和那邦大型韧性走滑剪切带，以及地块内部的槟榔江构造带都进行了研究，认为高黎贡和那邦大型韧性走滑剪切带都具有早期（约 22~19 Ma）右行大规模走滑运动（季建清等，2000；Lin et al.，2009），与三江构造带东部的哀牢山–金沙江大型左行走滑构造带一起构成三江地区地块向南挤出的左、右边界（Tapponnier and Molnar，1976；Tapponnier et al.，1982，1990），并在后期（约 13~11 Ma）又经历了一次左行的运动学特征（季建清等，2000；樊春和王二七，2004；Lin et al.，2009），槟榔江构造带为形成于始新世的左旋走滑构造带，是在印度板块与欧亚大陆发生主碰撞初期形成的（季建清等，2000）。

腾冲地块内的岩浆活动与怒江洋和密支那洋分别于燕山期和喜马拉雅期向腾冲地块内俯冲碰撞有关，前者在地块东部形成侏罗纪—早白垩世东河花岗岩带和晚白垩世古永花岗岩带，后者形成始新世槟榔江花岗斑岩带（董方浏等，2006）。新生代火山岩沿盈江–梁河–腾冲弧形盆地展布，在东西宽 50 km、南北长 90 km 的范围内分布有 68 座火山口，分布面积约 792 km^2，主要为玄武岩类和安山岩类，属于高钾钙碱性岩系列。火山活动始于中新世，喷发活动延续至全新世（17.80 ~ 0.09 Ma，穆治国等，1987；姜朝松，1998），与区内大规模走滑作用密切相关。

地块内现已发现锡、钨–锡、铜、铅–锌、铁矿等，是著名的东南亚锡矿带的北延部分，其中，早白垩世东河岩体群花岗斑岩与铅–锌（锡）矿化关系密切（董方浏等，2005），晚白垩世古永岩体群和古近纪槟榔江岩群花岗岩与锡–钨及稀有金属矿化关系密切（毛景文，1988）。

地震层析测试结果表明：腾冲火山区地壳内约 3 ~ 9 km 存在低速带，10 ~ 15 km 深度为高波速带；16 ~ 24 km 深度为低波速带，25 ~ 40 km 为高波速带，结合数字化近场地震观测资料及震源力学参数特征，认为腾冲火山岩区地壳不同深度存在的低速带或高速带均与火山作用的岩浆活动有密切关系。低速带可能与岩浆囊或半熔融热物质有关，高速带可能与地壳岩浆通道内剩留岩浆逐渐冷却固化组成的超铁镁堆积岩形成的火山核有关（秦嘉政等，2000；Wang and Huangfu，2004；贺传松等，2004）。

在长期地质研究过程中，研究人员在本区相继完成了一批有水平的科研成果，如"七五"攻关项目"三江地区构造岩浆带的划分与主要有色金属矿产分布规律"和国家重点基础研究发展计划（973 项目）"大规模成矿作用与大型矿集区预测"，并出版了有较大影响的著作，如《青藏高原地质文集》《怒江、澜沧江、金沙江区域地质》《怒江、澜沧江、金沙江区域矿产志》《云南省地质志》《青藏高原的形成演化及主要矿产分布规律》（地质矿产部"六五"重点科技攻关项目系列专著）《中国及邻区特提斯海的演化》（黄汲清和陈炳蔚，1987）《怒江、澜沧江、金沙江地区铅锌矿床成矿特征和成矿系列》（叶庆同等，1991）《三江特提斯火山作用与成矿》（莫宣学等，1993）《西南三江地区新生代侵入岩与成矿》（敢富和伯西，2000）《西南三江地区碰撞造山过程》（李兴振等，2002）《金沙江构造带铜金矿成矿与找矿》（李定谋，2002）《西南三江地区新生代大陆动力学过程与大规模成矿》（王登红等，2006）等。

第二节 写作背景

一、项目来源

2008 年，国土资源部正式启动"深部探测技术与实验研究专项"，本项目"云南腾冲火山–地热–构造带科学钻探选址预研究"是该项目的第 3 个课题。

根据中国大陆地质关键问题，特别是结合当前中国经济发展与社会需求，提出大陆科学钻探的研究拟围绕中国大陆动力学基础地质的重大关键问题：板块汇聚边界的深部动力学、重要的矿产资源集聚区的成矿背景、火山–地热资源等，开展地质、地球物理预研究、大比例尺地质科研调查填图和科学选址，并在此基础上，运用不同技术方案在腾冲地区实施 1 ~ 2 口科学钻探实验，为实施大陆科学超深钻探实验提供地质、地球物理参数和预选区。

二、研究目的及任务

1. 研究目的

本课题通过对腾冲地块进行构造、岩浆、地热和深部地球物理探测 4 个方面的研究，全面解读研究地区的构造演化、火山喷发旋回、岩浆演化序列、地热异常区分布及地热泉水的开发利用潜力，论证该区进行深孔科学钻探的必要性和可行性。

2. 研究任务

（1）阐明大型韧性走滑剪切带走滑过程及其对青藏高原物质向东南流动和逃逸所起的作用，以及对地块内新生代火山岩盆地的制约。

（2）通过详细的地质调查，并与冈底斯花岗岩带对比，查清腾冲地块中-新生代花岗岩地质及地球化学特征，阐明岩石成因及构造背景，确定腾冲地块在青藏高原隆升过程中的动力学响应。

（3）查明新生代火山岩盆地内火山岩区的地质结构、火山喷发旋回、岩浆演化序列，研究火山喷发阶段及相应的岩相组成、火山-沉积层序地层及年代学，确定火山喷发旋回和火山喷发韵律；研究不同旋回、韵律火山喷出产物的岩石学和地球化学组成，再造岩浆成分和喷发条件变化的历史过程，重建腾冲火山岩浆系统。

（4）查明腾冲火山区火山气体释放通量及成分特征，确定火山气体的来源及成因。

（5）查明地热异常区的分布及其与构造运动和岩浆活动的关系，为地热泉水的开发利用提供基础数据。

（6）获取高地温异常区科学钻探的各种地质参数，进一步深入论证该区进行深孔科学钻探的必要性和可行性，为在腾冲地区及类似地热异常区开展科学深钻做可行性技术准备。

第三节　主 要 成 果

1. 三叠纪侵入岩具有岛弧型岩浆岩的性质，形成于俯冲-碰撞环境，形成时代与松多榴辉岩带相近，且腾冲地块与拉萨地块都缺失晚二叠世——早三叠世地层，说明腾冲地块内存在与拉萨地块和澳大利亚陆块北缘发生的俯冲-碰撞相对应的构造事件；早白垩世侵入岩的形成时代、锆石 Lu/Hf 同位素组成、单阶段模式年龄，以及微量元素组成与拉萨地块中部及东缘岩浆岩非常相似，暗示其是中拉萨岩浆岩带的东南延伸部分，是对中特提斯洋壳沿班公湖-怒江缝合带向拉萨-腾冲地块下俯冲及拉萨-腾冲地块与羌塘-保山地块碰撞的响应；晚白垩世——古近纪侵入岩具有中-高温的特征，发育韧性变形构造，是新特提斯洋闭合后陆内演化过程的产物。

2. 对腾冲地块东部高黎贡韧性剪切带中南段（芒市-龙陵一带）构造变形特征进行了野外勘察，确定其右行走滑的运动学性质；对大盈江断裂带进行了追踪观察，测定该断裂带西南部地质科研剖面 15 km，同时对其中北部出露地点进行了观测，结合火山口和热泉分布认为该断裂带不仅存在，而且还是多期构造活动的产物。

3. 在对火山岩进行同位素年代学研究的基础上，"熔岩流古高度计"能够提供新生代以来火山熔岩流所在地点的古高程及其演变历史，这一方法可用于探索出露大面积碰撞后火山岩的青藏高原隆升历史，并可为进一步探讨青藏高原的隆升模式和隆升机理提供基础的限定数据。"熔岩流古高度计"的计算精度取决于对熔岩流的选取和气泡体积的测量。中等厚度（1~5 m）的玄武质熔岩流是开展古高度研究最理想的材料。测量熔岩流气泡体积最精确的手段是火山岩三维电子计算机断层（CT）扫描方法。

4. 腾冲新生代火山区主要通过温泉与土壤微渗漏的方式向大气圈释放 CO_2。温泉每年向大气圈释放 CO_2 气体的总通量达到了 5.3×10^4 t，腾冲南部地区温泉 CO_2 通量远高于北部的温泉，以热海地热区通量值为最大；马站、热海—黄瓜箐和五合—蒲川—团田地区是腾冲主要的土壤微渗漏 CO_2 释放区。CO_2 主要形成于碳酸盐矿物的脱碳作用，少量来源于地幔，三个主要的 CO_2 释放区的分布与推断的岩浆囊在空间上具有较好的一致性。

5. 首次利用卫星红外遥感 MODIS 夜间月平均地表温度数据和方法，确定了腾冲地区地温异常的空间范围，推测出腾冲地区现今地下可能存在 3 个岩浆囊，即马站—曲石区、朗浦—热海—马鞍山区、五合—蒲川—新华—团田区。腾冲地块重要地表地热异常强烈活动区主要分布于北东向与近南北向构造断裂带转折端部位。始新世花岗岩岩浆活动、新近纪晚期—第四纪火山岩浆活动与伴随的高地热异常活动存在密切空间关系，特别是新生代晚期强烈的走滑—拉张断裂构造活动和深部火山岩浆活动是导致腾冲地区高地热异常区和中高温地热温泉沿走滑—拉张断裂带集中分布的主要原因。

6. 腾冲地块东部新生代火山岩中深源包体镜下和电子探针的分析结果表明：火山岩中含有下地壳高温麻粒岩包体，表明新生代火山岩浆活动与缅甸地块和腾冲地块俯冲—碰撞造山后的伸展垮塌、拆沉或板片断离、上地幔物质上涌减压熔融导致的玄武质岩浆底侵作用密切相关。

7. 腾冲火山岩浆系统是至少由 4 个岩浆子系统组成的复杂性动力学系统，其中 2 个幔源岩浆子系统分别位于软流圈顶部和莫霍面附近，2 个壳源岩浆子系统分别位于中下地壳和中上地壳深度水平。不同深度水平上的岩浆子系统可以发生复杂的相互作用，从而导致了腾冲火山岩的复杂性和多样性。

8. 腾冲火山岩的源区受到了俯冲组分的改造，原始岩浆脉动式抽离注入岩浆房，分离结晶并混染地壳组分，最终形成不同喷发期不同化学及同位素组分的岩浆，其初始触发机制是造山带岩石圈拆沉作用，与印度—亚洲大陆碰撞没有直接的关系。

9. 岩心编录工作进展顺利，创建了岩心及碎屑、冲积物的编录规范。一号井共 33 回次，编录层数 94 层，深度为 0~200 m；二号井共 40 回次，编录层数 92 层，深度为 98.39~360.00 m。对岩心编录中的现象，如成分变化及岩性改变、岩浆混合现象、风化蚀变程度、柱状节理的特征有了较为完善的总结。

参 考 文 献

董方浏，侯增谦，高永丰，等．2005．滇西腾冲大硐厂铜-铅-锌矿床的辉钼矿 Re-Os 同位素定年．矿床地质，24（6）：663-666．

董方浏，侯增谦，高永丰，等．2006．滇西腾冲新生代花岗岩：成因类型与构造意义．岩石学报，22（4）：927-937．

樊春，王二七．2004．滇西高黎贡山南段左行剪切构造形迹的发现及其大地构造意义．自然科学进展，（10）：110-114．

敢富，伯西．2000．西南三江地区新生代侵入岩与成矿．北京：地质出版社．

贺传松，王椿镛，吴建平．2004．腾冲火山区 S 波速度结构接收函数反演．地震学报，26（1）：11-18．

黄汲清，陈炳蔚．1987．中国及邻区特提斯海的演化．北京：地质出版社．

季建清，钟大赉，桑海清，等．2000．滇西南那邦变质基性岩两期变质作用的 $^{40}Ar/^{39}Ar$ 年代学研究．岩石学报，16（2）：227-232．

姜朝松．1998．腾冲新生代火山分布特征．地震研究，21（4）：309-319．

李定谋．2002．金沙江构造带铜金矿成矿与找矿．北京：地质出版社．

李兴振，江新胜，孙志明，等．2002．西南三江地区碰撞造山过程．北京：地质出版社．

毛景文．1988．云南腾冲地区火成岩系列和锡多金属矿床成矿系列的初步研究．地质学报，62（4）：342-352．

莫宣学，路凤香，沈上越，等．1993．三江特提斯火山作用与成矿．北京：地质出版社，178-235．

穆治国，佟伟，Garniss H C．1987．腾冲火山活动的时代和岩浆来源问题．地球物理学报，30（3）：261-270．

秦嘉政，皇甫岗，李强，等．2000．腾冲火山及邻区速度结构的三维层析成像．地震研究，23（2）：157-164．

王登红，应汉龙，梁华英，等．2006．西南三江地区新生代大陆动力学过程与大规模成矿．北京：地质出版社．

叶庆同，石桂华，叶锦华．1991．怒江、澜沧江、金沙江地区铅锌矿床成矿特征和成矿系列．北京：北京科学技术出版社．

尹赞勋．1937．中国近期火山．地质论评，2（4）：321-338．

Lin T H, Lo C H, Chung S L, et al. 2009. $^{40}Ar/^{39}Ar$ dating of the Jiali and Gaoligong shear zones: implications for crustal deformation around the Eastern Himalayan Syntaxis. Journal of Asian Earth Sciences, 34（5）: 674-685.

Tapponnier P, Lacassin R, Leloup P H, et al. 1990. The Ailao Shan/Red River metamorphic belt: tertiary left-lateral shear between Indochina and South China. Nature, 343（6257）: 431-437.

Tapponnier P, Molnar P. 1976. Slip-line field theory and large-scale continental tectonics. Nature, 264（5584）: 319-324.

Tapponnier P, Peltzer G, Le Dain A Y, et al. 1982. Propagating extrusion tectonics in Asia: new insights from simple experiments with plasticine. Geology, 10（12）: 611-616.

Wang C Y, Huangfu G. 2004. Crustal structure in Tengchong volcano-geothermal area, western Yunnan, China. Tectonophysics, 380（1-2）: 69-87.

第二章　地质背景与构造格局

第一节　构造格局

　　青藏高原东南缘三江构造带是东特提斯构造域的重要组成部分，是冈瓦纳古陆东北缘块体于中–晚泥盆世、二叠纪和三叠纪相继裂离并向北运移，块体之间的古特提斯洋（澜沧江洋、哀牢山–金沙江洋）、中特提斯洋（班公湖–怒江洋）和新特提斯洋（雅鲁藏布–密支那洋）相继俯冲（Metcalfe，2011，2013），印支（兰坪–思茅）地块、

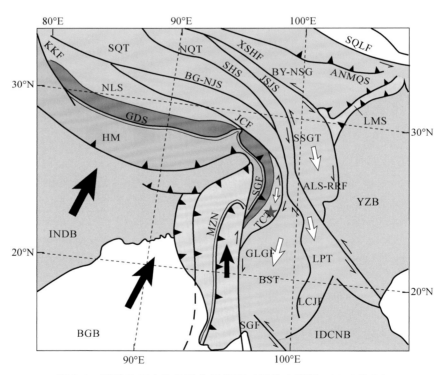

图 2-1　腾冲地区大地构造位置简图（据许志琴等，2006 修改）

INDB-印度板块；YZB-扬子板块；IDCNB-印支板块；BGB-缅甸板块；BY-NSG-巴颜喀拉–北松潘甘孜地体；SSGT-南松潘甘孜地体；NQT-北羌塘地体；SQT-南羌塘地体；NLS-南拉萨地体；GDS-冈底斯岩浆弧；HM-高喜马拉雅地体；LPT-兰坪地体；BST-保山地体；LMS-龙门山；ANMQS-阿尼玛卿缝合带；JSJS-金沙江缝合带；BG-NJS-班公湖–怒江缝合带；MZN-密支那缝合带；SQLF-南祁连断裂；XSHF-鲜水河断裂；KKF-喀喇昆仑断裂；ALS-RRF-哀牢山–红河断裂；LCJF-澜沧江断裂；JCF-嘉黎–察隅断裂；GLGF-高黎贡断裂；SGF-实皆断裂

Sibumasu（保山-孟连）地块和腾冲-缅西地块分别于印支期和燕山晚期相互拼合（Sengör，1984；Dewey et al.，1988；从柏林等，1993；莫宣学等，1993；钟大赍，1998；Yin and Harrison，2000；李兴振等，2002；杨启军等，2006；朱弟成等，2009；戚学祥等，2010a，2010b，2011）形成的由多个地块（如腾冲-缅西、Sibumasu/保山-勐连和印支）以及块体之间残余缝合带（如高黎贡缝合带、澜沧江缝合带和哀牢山-金沙江缝合带）组成的复杂构造带（Mitchell，1993，2004；Morley，2004；Metcalfe，2006；Kapp et al.，2007；Acharyya，2007；杨经绥等，2012；许志琴等，2011，2013）（图 2-1）。在喜马拉雅运动期间，印度板块向北俯冲碰撞导致青藏高原东南缘块体发生大规模旋转和逃逸（Tapponnier and Molnar，1976；Tapponnier et al.，1982，1990），块体沿古缝合带大规模走滑（钟大赍等，1998；Leloup et al.，1993，1995；罗照华等，2006；Searle et al.，2007；刘俊来等，2006，2007，2011；Cao et al.，2010），形成总体走向近南北、向北收敛、向南撒开的三条大型走滑构造带和三个地块组成的构造格局。

　　腾冲地块（包括向西南延伸至缅甸境内部分）位于三江构造带西部，夹于怒江和缅甸东部密支那缝合带之间，是经历怒江洋（约 170～100 Ma，莫宣学和潘桂堂，2006；戚学祥等，2011）和密支那（或雅鲁藏布）洋（约 150～65 Ma，莫宣学和潘桂堂，2006）消亡、印度板块向北俯冲碰撞而发生大规模旋转、逃逸、走滑形成的青藏高原东南缘构造变形域的一部分。在大地构造上，怒江缝合带是班公湖-怒江缝合带的南延部

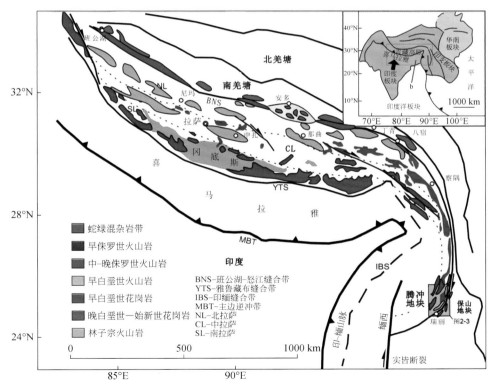

图 2-2　腾冲地块与拉萨地块空间关系示意图（据 Qi et al.，2015 修改）

分，缅甸东部密支那缝合带则向北与雅鲁藏布江缝合带相连，因而腾冲地块与拉萨地块相对应，腾冲地块东部侏罗纪—白垩纪岩浆岩带与念青唐古拉岩浆岩带连接，腾冲地块西缘盈江岛弧性质的同碰撞花岗岩带与藏南冈底斯岩浆岩带可归属为同一个构造单元（季建清，1998，2000a；戚学祥等，2011；Qi et al.，2015）（图2-2）。

第二节　区 域 地 层

一、变质岩系

深变质岩系（原高黎贡山群，图2-3）主要分布于腾冲地块东部边缘的高黎贡韧性剪切带和西部边缘的那邦韧性剪切带内，以及地块内部梁河-盈江-陇川一带，出露面积约5000 km²，总厚度大于3000 m。主要岩性为含石榴石夕线石片麻岩、黑云角闪斜长片麻岩、含夕线黑云石英变粒岩、黑云二长变粒岩、眼球状和条带状混合岩、混合岩化花岗岩、花岗质片麻岩及含石墨云母石英片岩、二云片岩等。变质程度总体为角闪岩相，局部变质程度可达麻粒岩相（季建清等，1998，2000a）。变质作用主要经历了4个阶段：①高压麻粒岩相，矿物组合为石榴子石、单斜辉石、斜长石、石英，变质作用的温压下限分别是约750~860 ℃、约800~1000 MPa（季建清等，2000b）；②中压相系（即巴罗型）高角闪岩相，矿物组合为蓝晶石、十字石和夕线石（钟大赉，1998），温压条件是约590~802 MPa，约640~720 ℃（季建清等，2000b）；③中压相系低角闪岩相，标志性矿物为黑云母（TiO_2低于1.2%）和石榴子石（铁铝榴石端元占绝对优势）（钟大赉，1998）；④绿片岩相，标志性矿物为绿帘石和绿泥石（钟大赉，1998）。在上述各阶段中石英、斜长石和白云母均是普通相，但随变质级降低斜长石的An减少。

浅变质岩系（公养河群，云南省地质局，1982）分布于高黎贡山东坡，为一套变质程度达绿片岩相、含中酸性火山岩的碎屑岩夹碳酸盐岩沉积地层，其岩性为千枚岩、板岩和硅质岩。根据微古植物化石、"冰筏落石"、*Proceratopyge* sp.、*Homagnostus*等化石证据将其归属为震旦系—下寒武统（云南省地质局，1982；赵成峰，2000）。

二、沉积地层

1. 志留系（S）

仅出露上志留统（S_3），零星出现在盈江关上附近的狮子山一带（图2-3），地层厚度约269.7 m。上部为薄-中层状白云岩，下部为浅灰色厚层-块状白云岩，顶部夹约3 m厚的灰色薄层状含砂屑细晶白云岩，与下伏中元古界高黎贡山群呈断层接触。

2. 泥盆系（D）

主要出露下泥盆统狮子山组（D_1s）与关上组（D_1g），主要分布于高黎贡剪切带附近及大盈江和槟榔江沿岸（图2-3）。狮子山组主要岩性为海陆交互相岩屑石英砂岩与含砾杂砂岩、粉砂岩，厚度约 269 m；关上组主要岩性为滨海–浅海相深色板岩和碳质粉砂岩，与深灰、灰色薄层砂质细晶灰岩、泥质条带灰岩、粉晶白云岩不等厚互层，其下部偶夹褐铁矿、软锰矿，厚度大于 330 m，与下伏上志留统呈假整合接触。

3. 石炭系（C）

石炭系在地块内分布较为广泛，主要呈近南北向带状展布于槟榔江、古永河和腾冲–梁河一带，由下石炭统和勐洪群组成（图 2-3），其中，下石炭统为形成于潟湖相–浅海相的厚层–巨厚层白云岩和灰岩；勐洪群因化石分布不均、接触关系不清，沉积时代仍不明确，自下而上主要由深灰色页岩、粉砂质泥岩的下段，含砾砂岩、泥质粉砂岩、杂砂岩和灰岩的中段和含砾砂岩、白云质灰岩、白云岩、砂岩和粉砂岩的上段组成。

4. 二叠系（P）

该区出露下二叠统邦读组（P_1b）、空树河组（P_1k）和中二叠统大东厂组（P_2dd），主要分布在大盈江以西和腾冲北部，与下伏中元古界高黎贡山群呈断层接触、与下伏泥盆系关上组呈假整合接触，均呈轻度变质（图 2-3）。邦读组（P_1b）为灰白色含砾粉砂质泥（板）岩、含砾泥质粉砂岩、含砾板岩，夹灰白色厚层–块状中粒长石石英砂岩，厚度约 435～900 m；空树河组（P_1k）为灰、深灰、黑、褐黄色泥岩、板岩、粉砂质泥岩、板岩、粉砂岩，夹浅变质的长石石英砂岩，厚度约 360～780 m，与下伏邦读组呈假整合接触；大东厂组（P_2dd）为浅灰色–深灰色中厚层–块状结晶灰岩、生物碎屑灰岩、白云质灰岩，含硅质条带和团块，含丰富的腕足类、珊瑚等化石，厚度约 59 m，与下伏空树河组呈整合接触。

5. 三叠系（T）

仅出露中三叠统喜鹊林组（T_2x）与上三叠统南梳坝组（T_3n），主要分布于腾冲北固东盆地东西两侧，以东侧为主（图 2-3）。喜鹊林组（T_2x）可分为上下两段：上段为内碎屑灰岩、白云岩、白云质灰岩，下段为中厚层状粉晶、细晶灰质白云岩、泥晶灰岩；南梳坝组（T_3n）底部为玄武质砂砾岩，下部为中–薄层状粉砂质泥岩，上部为中薄层状泥晶灰岩，与下伏喜鹊林组呈假整合接触，厚度约 1297 m。

6. 新近系（N）

腾冲地区新近纪为陆相盆地发育时期，区内新近系发育完整，主要分布于龙川江盆地、梁河盆地、大盈江盆地等（图 2-3）。新近系不整合于变质岩与花岗岩之上，上覆第四系砂砾–砾土层和中–更新世火山岩。主要分为中新统南林组（N_1n）和上新统芒棒组（N_2m）。南林组（N_1n）下段主要为花岗质砾岩、砂砾岩、砂岩夹少量碳质粉砂岩及煤线，上段为砾岩、砂岩、泥质粉砂岩夹碳质泥岩及褐煤层，并组成由粗到细多个正向半旋回，总厚度大于 650 m。芒棒组（N_2m）上段和下段由花岗质砂砾岩、细砂岩、黏土质粉砂岩及薄煤层组成，从上往下出现由粗到细的韵律状沉积旋回，中段为溢流相玄武岩，广泛超覆于下伏地层。

7. 第四系（Q）

区内第四系主要为河湖相松散堆积和沉积，各统发育齐全，厚度大于 1300 m，主要分布于各河谷两岸阶地与山间盆地上，相比新近系分布范围更加广泛（图 2-3）。下更新统冲积堆积（Q_1^{al}），由砾石层、砂砾石及黏土层组成，层理明显，结构较紧密；中更新统冲积堆积（Q_2^{al}），主要为砾石、粗砂及黏土，含植物种子化石；上更新统冲积堆积（Q_3^{al}），由砾石、砂、黏土组成；全新统（Q_4）主要由冲积堆积（Q_4^{al}）、洪积堆积（Q_4^{pl}）、洪湖积堆积（Q_4^{pl+fl}）、湖沼积堆积（Q_4^{fl}）及残坡积堆积（Q_4^{dl}）组成。

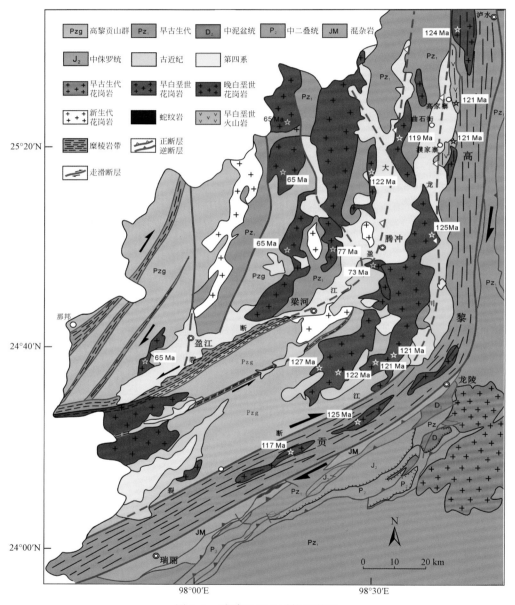

图 2-3　腾冲地区地质构造简图

第三节　区域岩浆岩

腾冲地块先后受中特提斯洋俯冲消减、保山-孟连地块碰撞和印度板块向北俯冲的影响，中、新生代岩浆活动频繁，上新世以前以花岗质岩浆侵入为主，出露自加里东期、印支期、燕山期到喜马拉雅期的花岗岩。上新世以来，火山活动强烈，喷出大量中基性岩浆，其活动时间一直延续到全新世（图2-3）。花岗质岩浆的侵入和火山岩浆的喷出对研究区的地质地貌格局产生了重要影响。

一、侵入岩

腾冲地区侵入岩分布十分广泛，占全区面积的50%以上。岩性以长英质侵入岩为主，构成腾冲盆地的基底与剥蚀源区；区内西部还存在少量超基性岩、基性岩脉。腾冲地区侵入岩的空间分布规律如下：从东到西形成三条带状分布的花岗岩组合，分别为东河-高黎贡花岗岩带、古永花岗岩带和槟榔江花岗岩带。三条花岗岩带以断层和盆地隔断，部分区域呈侵入接触，其形成时代分别为燕山早期、燕山晚期与喜马拉雅期，围岩主要为中元古界高黎贡山群与晚古生界浅变质岩系。三条花岗岩带从东向西，年龄递减。东河-高黎贡花岗岩带及古永花岗岩带均以钙碱性黑云二长花岗岩为主，主要以岩基的形式产出；喜马拉雅期侵入岩为钾长花岗岩，以岩脉、岩墙及岩基的形式出现。此外，区内还可见少量印支期花岗岩和早加里东期片麻状花岗岩。

二、火山岩

腾冲地区火山活动总体上局限在大盈江断裂到高黎贡断裂之间的盆地裂谷区，火山岩覆盖面积约 $1000~km^2$。区内新生代火山为多期喷发，从上新世持续到全新世（中更新世无喷发），表现出与区内沉积同步的特点，并在一定程度上控制了区内的沉积。腾冲地区火山口和火山体保存比较完整，共有70多座火山，是天然的火山地质公园。根据已有研究资料，大致可以把腾冲地区的火山活动分为上新世、早更新世、晚更新世与全新世4个期次。从空间分布上，第一期活动集中于腾冲东部的龙川江西岸，第二期活动集中于腾冲-马站-瑞滇盆地的西侧山区，第三期活动集中于腾冲-马站-瑞滇盆地，第四期活动减弱收缩至腾冲-马站盆地的中部。总体上，这4期火山喷发活动呈现出从两侧向中部收缩的趋势。4期火山喷发岩的岩性特征分别为：第一期为橄榄玄武岩、玄武岩和粗安岩；第二期为英安岩质-玄武质熔岩和火山碎屑岩；第三期以玄武-安山质熔岩和火山碎屑岩为特征；第四期以安山质熔岩和火山碎屑岩为主。

第四节　大型构造带特征

　　腾冲地块东以近南北向的高黎贡大型走滑构造带与保山–孟连地块相连，西以南北向那邦大型走滑构造带为界，在两个走滑构造带之间还出露有不同尺度、不同层次的近南北向韧性走滑剪切带（图2-3和图2-4）。同位素年代学研究表明，高黎贡大型走滑作用主要发生于约24～22 Ma（Wang et al.，2006；季建清等，2000b）和约19～11 Ma（钟大赉等，1991；Zhang et al.，2012；Eroglu et al.，2013；Lin et al.，2009），那邦右行走滑构造带也有约23～19 Ma和约13 Ma两期大规模走滑作用（季建清等，2000a）。高黎贡和那邦构造带的大规模走滑作用时期与东部的哀牢山–金沙江构造带的走滑作用时代（约35～21 Ma）（Tapponnier et al.，1990；Leloup et al.，1995；Wang et al.，2001；Cao et al.，2010；戚学祥等，2014）一致，说明腾冲地块内的构造变形是对青藏高原东南部两大陆块碰撞作用的响应，对揭示印度–亚洲大陆碰撞过程中的构造效应具有重要意义。

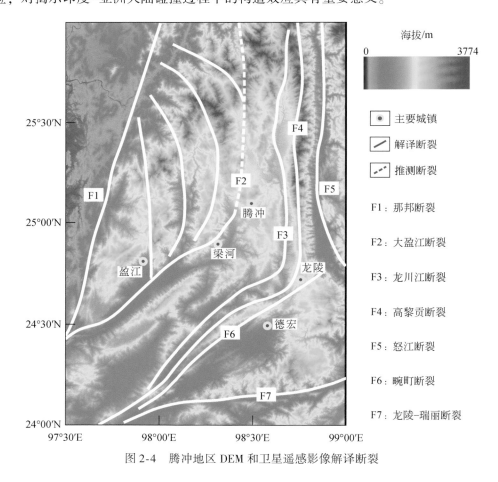

图2-4　腾冲地区DEM和卫星遥感影像解译断裂

一、高黎贡构造带

高黎贡大型构造带是班公湖–怒江缝合带南段因青藏高原东南缘块体向南挤出、块体之间发生大规模走滑作用而形成的三条构造带之一。该构造带北起贡山，向南经福贡、泸水至龙陵转向南西经瑞丽至实皆断裂带，全长约 500 km，宽约 8 ~ 10 km，龙陵以北的高黎贡走滑带呈近南北向展布，以西则为北东东向。高黎贡由大型韧性走滑剪切带、古生代浅变质变形带和新生代变形带组成，其间分别以怒江伸展断裂带和龙川江断裂带为界（图2-4）。大型韧性走滑剪切带构成高黎贡构造带的主体，主要由糜棱岩、初糜棱岩和少量超糜棱岩、片岩等高绿片岩相–角闪岩相变质岩组成，其内糜棱面理和拉伸线理发育。糜棱面理总体走向与构造带走向一致，即龙陵以北呈近南北向，龙陵以南呈北东–南西向（图2-4）。同样，糜棱面理在龙陵以北总体上向东倾（图2-5），少量测量点呈现倾向西，龙陵以南倾向南东，少量倾向北西，倾角一般为约45°~65°。拉伸线理总体倾伏向与构造带走向基本一致，倾伏角一般为约5°~25°。构造带内σ型（图2-6a）或δ旋转碎斑、S-C组构（图2-6b）等构造指向发育，指示其右行运动性质。碎斑成分为微斜长石、钾长石、斜长石，颗粒呈不规则圆形或椭圆形，粒径约0.5~1.0 cm，长石中脆性裂隙发育。眼球状糜棱岩的基质由细粒的长石、石英、少量的黑云母等组成。流动矿物带处于残留的长石、石英颗粒之间，其排布与糜棱岩的面理一致。剪切带中糜棱岩原岩有古生代、中生代和新生代花岗岩和古生代沉积岩，它们经历构造变形变质后形成花岗质糜棱岩、副片麻岩、片岩，其中部分岩石中出现了石榴子石、红柱石、堇青石、十字石、夕线石和黑硬绿泥石等典型的变质矿物，揭示其变质程度达高绿片岩相–角闪岩相。

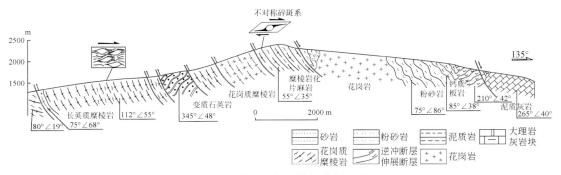

图 2-5 高黎贡韧性剪切带剖面图

大型韧性走滑剪切带以东是公养河群的早古生代浅变质沉积岩，是保山地块的沉积岩组成部分，地层走向约100°~135°，倾向变化较大。公养河群中的褶皱、膝折等变形构造发育（图2-6）。公养河群浅变质岩中的劈理发育，劈理面倾向西，倾角约60°，走向约140°，向西逐渐变陡至约80°~90°，间或有倾向向东的面理出现。大型韧性剪切带西部为中生代沉积地层和新生代沉积岩，其中始新世—渐新世地层发生褶皱和断裂，在底砾岩中未见糜棱岩、片麻岩等深变质岩系。结合走滑剪切线理与面理的产状特征，可以判定高黎贡走滑带以右旋走滑为主，且走滑带西盘兼具向上斜冲挤压的性质。

图 2-6　高黎贡韧性剪切带构造指向

a. σ 型旋转碎斑；b. S-C 组构；c. 柔皱片麻理；d. 高黎贡山群逆冲到中新世地层之上；

e. 古生代地层中的膝折；f. 始新世地层中的砾石沉积

二、那邦构造带

那邦走滑断裂带是在密支那缝合带上发育的一条大型韧性剪切构造带（图 2-4），东起昔马–铜壁关，西至缅甸境内的上新世盆地东沿，与缅甸境内 Mogok 带相连。在中国境内盈江县铜壁关–那邦一带以韧性变形为主，局部存在脆韧性变形的特点。岩性主要是中细粒的花岗质条纹状糜棱岩、含长石碎斑的眼球状花岗质糜棱岩、含角闪石碎斑的闪长质糜棱岩和长英质糜棱岩，以及少量辉长岩或闪长质糜棱岩（图2-7）。岩石中少量斜长石发生双晶弯曲变形，角闪石和长石边部存在细粒化构成核幔结构（图2-8），石英多发生动态重结晶，说明岩石的变质程度达到了高绿片岩相–角闪岩相。岩石中的矿物多呈定向排列构成糜棱面理和拉伸线理（图2-7）。野外测量结果表明：那邦韧性剪切带的糜棱面理走向是350°~200°，大部分倾向东的倾角是约45°~65°，少量倾向西的倾角约50°，与糜棱面理弯曲褶皱有关，拉伸线理总体向北倾伏，倾伏角在10°~25°范围内。那邦韧性剪切带内发育的σ碎斑和S-C组构（图2-9）揭示其为右行走滑性质。该韧性剪切带内花岗质糜棱岩原岩锆石 U-Pb 年龄多分布于约61~52 Ma，闪长岩年龄约245 Ma，黑云母$^{40}Ar/^{39}Ar$坪年龄和等时线年龄约17 Ma，说明大规模韧性走滑作用发生在古新世之后。

图2-7　那邦韧性剪切带中基性糜棱岩（左）和闪长质糜棱岩（右）中矿物定向排列形成的糜棱面理

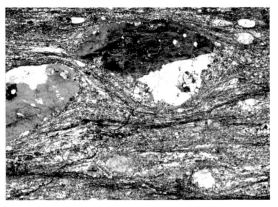

图2-8　糜棱岩中斜长石双晶弯曲变形（左），以及角闪石和长石边部存在细粒化构成核幔结构及定向排列构成的面理和线理（右）

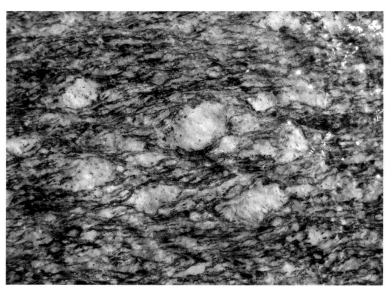

图 2-9　那邦韧性剪切带中的 σ 碎斑和 S-C 组构，指示右行剪切运动方向

三、大盈江构造带

　　大盈江断裂带分布于腾冲地块内部，其总体走向与高黎贡构造带一致，是控制腾冲地块内火山活动和热泉空间分布的主要构造带（图 2-4）。该构造带南止于实皆断裂带，向北东延伸经盈江至腾冲后呈近南北向延伸至缅甸境内，长约 300 km。梁河西南段呈现出后期脆性变形叠加在早期韧性变形之上的特点，梁河北东段以脆性变形为特征。

　　大盈江断裂带的西南段，呈北东-南西走向，韧性剪切变形特征明显，构造带中的岩石多发生糜棱岩化，形成以糜棱岩为主，兼有超糜棱岩和初糜棱岩的构造岩，糜棱面理走向近东西—北东东，倾向北—北北西，倾角约 40°~60°，拉伸线理向东—北东倾伏，倾伏角约 5°~25°（图 2-10）。长石碎斑、S-C 组构（图 2-11）等构造指向发育，反映了右行变形的特征及后期叠加的左行脆性变形特征。

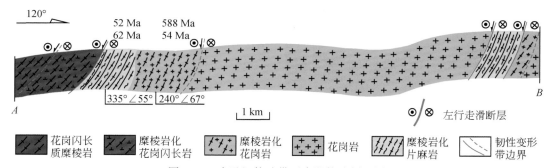

图 2-10　大盈江构造带西南段构造剖面图

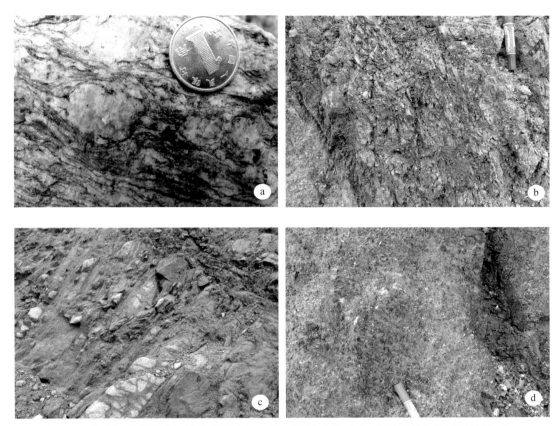

图 2-11 大盈江断裂带中韧性变形域中的 σ 长石旋转碎斑 (a) 和后期叠加的脆性构造 (b)，
以及发育在花岗岩 (c) 和古生代沉积岩 (d) 中的脆性变形构造

　　大盈江断裂带的北东段呈近南北走向，沿途断层三角面、脆性断层发育，热泉和火山口沿构造带线性分布，同时盈江先导孔中出现数段棱角分明的构造破碎角砾岩（1014～1010 m、903～884 m、777～729 m），说明大盈江断裂以脆性变形为主。

　　总体来看，高黎贡韧性剪切构造带主要由糜棱岩、初糜棱岩和少量超糜棱岩、片岩等高绿片岩相–角闪岩相构造变形变质岩组成，糜棱面理和拉伸线理发育的高黎贡大型走滑构造带是在新生代腾冲和保山地块相对挤出、旋转、走滑过程中形成的，并在中新世转换加压应力作用下向西斜向挤出的。那邦韧性剪切构造带是一条变质程度达到绿片岩相–角闪岩相的右行韧性走滑变形带，其原岩主要为中–新生代岩浆岩。大盈江断裂带纵贯腾冲地块内部，总体走向与高黎贡构造带一致，是控制腾冲地块内火山活动和热泉空间分布的主要断裂构造带，并具有多期构造活动的特点，其西南段早期以右旋韧性走滑剪切变形为主，后期叠加左行压扭性脆性变形构造，中北段以拉张的脆性变形为主。

参 考 文 献

从柏林，吴根耀，张旗，等．1993．中国滇西古特提斯构造带岩石大地构造演化．中国科学（B辑），11：1201-1207.

季建清．1998．腾冲地块西缘岛弧地体中发现洋壳残片．地学前缘，5（3）：50.

季建清，钟大赍，桑海清，等．2000a．滇西南那邦变质基性岩两期变质作用的$^{40}Ar/^{39}Ar$年代学研究．岩石学报，16（2）：227-232.

季建清，钟大赍，张连生．2000b．滇西南新生代走滑断裂运动学、年代学、及对青藏高原东南部块体运动的意义．地质科学，35（3）：336-349.

李兴振，江新胜，孙志明，等．2002．西南三江地区碰撞造山过程．北京：地质出版社，175-186.

刘俊来，曹淑云，翟云峰，等．2007．用陆块旋转解译藏东南渐新世—中新世伸展作用——来自点仓山及邻区变质核杂岩的证据．地学前缘，14（4）：40-48.

刘俊来，宋志杰，曹淑云，等．2006．印度–欧亚侧向碰撞带构造–岩浆演化的动力学背景与过程——以藏东三江地区构造演化为例．岩石学报，22（4）：775-786.

刘俊来，唐渊，宋志杰，等．2011．滇西哀牢山构造带：结构与演化．吉林大学学报：地球科学版，41（5）：1285-1303.

罗照华，莫宣学，万渝生，等．2006．青藏高原最年轻碱性玄武岩SHRIMP年龄的地质意义．岩石学报，22（3）：578-584.

莫宣学，路凤香，沈上越，等．1993．三江特提斯火山作用与成矿．北京：地质出版社：178-235.

莫宣学，潘桂棠．2006．从特提斯到青藏高原形成：构造–岩浆事件的约束．地学前缘，13（6）：43-51.

戚学祥，王秀华，朱路华，等．2010a．滇西印支地块东北缘新元古代侵入岩形成时代的厘定及其构造意义：锆石LA-ICP-MS U-Pb定年及地球化学证据．岩石学报，26（7）：2141-2154.

戚学祥，赵宇浩，朱路华，等．2014．滇西点仓山构造带新生代岩浆活动及其构造意义．岩石学报，30（8）：2217-2228.

戚学祥，朱路华，胡兆初，等．2011．青藏高原东南缘腾冲早白垩世岩浆岩锆石SHRIMP U-Pb定年和Lu-Hf同位素组成及其构造意义．岩石学报，27（11）：3409-3421.

戚学祥，朱路华，李化启，等．2010b．青藏高原东缘哀牢山–金沙江构造带糜棱状花岗岩的LA-ICP-MS U-Pb定年及其构造意义．地质学报，84（3）：1-12.

许志琴，杨经绥，李海兵，等．2006．青藏高原与大陆动力学——地质拼合，碰撞造山及高原隆升的深部驱动力．中国地质，2006（2）：221-238.

许志琴，杨经绥，李海兵，等．2011．印度–亚洲碰撞大地构造．地质学报，85（1）：1-33.

许志琴，杨经绥，李文昌，等．2013．青藏高原中的古特提斯体制与增生造山作用．岩石学报，29（6）：1847-1860.

杨经绥，熊发挥，郭国林，等．2012．东波超镁铁岩体：西藏雅鲁藏布江缝合带西段一个甚具铬铁矿前景的地幔橄榄岩体．岩石学报，27（11）：3207-3222.

杨启军，徐义刚，黄小龙，等．2006．高黎贡构造带花岗岩的年代学和地球化学及其构造意义．岩石学报，22（4）：817-834.

云南省地质局．1982．区域地质调查报告（1∶20万腾冲幅和盈江幅）．昆明：云南省地质局，12-217.

赵成峰．2000．高黎贡山西坡浅变质岩系时代归属探讨．云南地质，19：244-253.

钟大赍．1998．滇川西部古特提斯造山带．北京：科学出版社．

朱弟成，莫宣学，赵志丹，等．2009．西藏南部二叠纪和早白垩世构造岩浆作用与特提斯演化：新观点．地学前缘，16（2）：1-20.

Acharyya S K. 2007. Collisional emplacement history of the Naga-Andaman ophiolites and the position of the eastern Indian suture. Journal of Asian Earth Sciences, 29 (2-3): 229-242.

Cao S Y, Liu J L, Leiss B, et al. 2010. Oligo-Miocene shearing along the Ailao Shan-Red River shear zone: constraints from structural analysis and zircon U/Pb geochronology of magmatic rocks in the Diancang Shan massif, SE Tibet, China. Gondwana Research, 19 (4): 975-993.

Dewey J F, Shackleton R M, Chang C F, et al. 1988. The tectonic evolution of the Tibetan Plateau. Philosophical transactions of the Royal Society of London (Series A): mathematical and physical. Sciences, 327: 379-413.

Eroglu S, Siebel W, Danisik M, et al. 2013. Multi-system geochronological and isotopic constraints on age and evolution of the Gaoligongshan metamorphic belt and shear zone system in western Yunnan, China. Journal of Asian Earth Sciences, 73: 218-239.

Kapp P, DeCelles P G, Gehrels G E, et al. 2007. Geological records of the Lhasa-Qiangtang and Indo-Asian collisions in the Nima area of central Tibet. GSA Bulletin, 119: 917-932.

Leloup P H, Harrison T, Ryerson F, et al. 1993. Structural, petrological and thermal evolution of a Tertiary ductile strike-slip shear zone, Diancang Shan, Yunnan. Journal of Geophysical Research, 98: 6715-6743.

Leloup P H, Lacassin R, Tapponnier P, et al. 1995. The Ailao Shan-Red River shear zone (Yunnan, China), Tertiary transform boundary of Indochina. Tectonophysics, 251: 3-84.

Lin T H, Lo C H, Chung S L, et al. 2009. $^{40}Ar/^{39}Ar$ dating of the Jiali and Gaoligong shear zones: implications for crustal deformation around the Eastern Himalayan Syntaxis. Journal of Asian Earth Sciences, 34: 674-685.

Metcalfe I. 2006. Palaeozoic and Mesozoic tectonic evolution and palaeogeography of East Asian crustal fragments: the Korean Peninsula in context. Gondwana Research, 9: 24-46.

Metcalfe I. 2011. Tectonic framework and Phanerozoic evolution of Sundaland. Gondwana Research, 19: 3-21.

Metcalfe I. 2013. Gondwana dispersion and Asian accretion: tectonic and palaeogeographic evolution of eastern Tethys. Journal of Asian Earth Sciences, 66: 1-33.

Mitchell A H G. 1993. Cretaceous-Cenozoic tectonic events in the western Myanmar (Burma)-Assam region. Journal of the Geological Society, London, 150: 1089-1102.

Mitchell A H G, Ausa C A, Deiparine L, et al. 2004. The Modi Taung-Nankwe gold district, slate Belt, central Myanmar: mesothermal veins in a mesozoic orogen. Journal of Asian Earth Sciences, 23 (3): 321-341.

Morley C K. 2004. Nested strike-slip duplexes, and other evidence for Late Cretaceouse-Palaeogene transpressional tectonics before and during Indiae-Eurasia collision, in Thailand, Myanmar and Malaysia. Journal of the Geological Society, London, 161: 799-812.

Qi X X, Zhu L H, Grimmer J C, et al. 2015. Tracing the Transhimalayan magmatic Belt and the Lhasa Block towards south by zircon U-Pb, Lu-Hf isotopic and geochemical data: Cretaceous-Cenozoic granitoids in the Tengchong Block, Yunnan, China. Journal of Asian Earth Sciences, 110: 170-188.

Searle M P, Noble S R, Cottle J M, et al. 2007. Tectonic evolution of the Mogok metamorphic belt, Burma (Myanmar): constrained by U-Th-Pb dating of metamorphic and magmatic rocks. Tectonics, 26: 1-24.

Sengör A M C. 1984. The Cimmeride orogenic system and the tectonics of Eurasia. Geological Society of America Special Paper, 195: 1-74.

Tapponnier P, Lacassin R, Leloup P H, et al. 1990. The Ailao Shan/Red River metamorphic belt: Tertiary left-lateral shear between Indochina and South China. Nature, 343: 431-437.

Tapponnier P, Molnar P. 1976. Slip-line field theory and large scale continental tectonics. Nature, 264: 319-324.

Tapponnier P, Peltzer G, Armijo R, et al. 1982. Propagating extrusion tectonics in Asia: new insights from simple experiments with plasticine. Geology, 10: 611-616.

Wang J H, Yin A, Harrison T M, et al. 2001. A tectonic model for Cenozoic igneous activities in the eastern Indo-Asian collision zone. Earth and Planetary Science Letters, 188: 123-133.

Wang Y, Deng T, Biasatti D. 2006. Ancient diets indicate significant uplift of southern Tibet after ca. 7 Ma. Geology, 34 (4): 309-312.

Wang Y J, Fan W M, Zhang Y H, et al. 2006. Kinematics and ^{40}Ar/^{39}Ar geochronology of the Gaoligong and Chongshan shear systems, western Yunnan, China: implications for early Oligocene tectonic extrusion of SE Asia. Tectonophysics, 418: 235-254.

Yin A, Harrison T M. 2000. Geologic evolution of the Himalayan-Tibetan orogen. Annual Review of Earth and Planetary Sciences, 28: 211-280.

Zhang B, Zhang J J, Zhong D L, et al. 2012. Polystage deformation of the Gaoligong metamorphic zone: structures, ^{40}Ar/^{39}Ar mica ages, and tectonic implications. Journal of Structural Geology, 37: 1-18.

第三章　三叠纪—古近纪岩浆侵入活动

第一节　三叠纪花岗岩

近年来，人们在拉萨地块中部松多一带发现了形成于约 291～242 Ma，呈近东西向展布的高压榴辉岩带（杨经绥等，2007；Yang et al.，2009；徐向珍等，2007；陈松永等，2008），该榴辉岩带是以松多大洋型榴辉岩为代表的古特提斯洋壳晚二叠世末期向南俯冲，拉萨地块南缘与澳大利亚地块北部边缘发生碰撞形成的古缝合带（杨经绥等，2007；Yang et al.，2009；朱弟成等，2009）。拉萨地块中晚二叠世区域性角度不整合、印支期岩浆侵入体，以及松多群变质岩系中白云母^{40}Ar/^{39}Ar 测年结果（约 230～220 Ma）表明俯冲-碰撞作用一直延续至三叠纪（朱弟成等，2009；李化启等，2008），而位于青藏高原东南缘与拉萨地块相对应的腾冲地块内是否也存在记录这一过程的相关信息随之成为人们思考的问题。李化启等（2011）通过锆石 SHRIMP U-Pb 定年确认腾冲地块内存在印支晚期岩浆活动（约 219～206 Ma），并认为是拉萨地块内以松多榴辉岩为代表的海西期-印支期构造运动在腾冲地块内的反映。但它们与松多榴辉岩带的形成时代相差甚远，而且与晚三叠世该区接受浅海相碳酸盐岩沉积的构造环境不吻合。为此，本节通过锆石 U-Pb 定年及 Lu-Hf 同位素测试，厘定了腾冲地块内的印支期岩浆岩，为揭示腾冲地块对海西期-印支期构造运动的响应，拉萨地块内古特提斯洋闭合，以及块体碰撞向南东缘的延续提供了重要信息。

一、岩相学特征

早三叠世侵入岩体多位于腾冲地块东部，规模较小，多呈岩株状。本章以具有代表性的那邦闪长岩岩体为例进行了岩石地球化学和同位素年代学的研究，采样位置为 24°40′48″N，97°35′15″E（图 3-1）。那邦闪长岩体侵位于高黎贡山群角闪岩相变质岩中，近南北向不规则状展布，长约 6 km，宽约 4 km，出露面积约 20 km^2（图 3-1），岩体内发育顺面理侵入的宽约 0.3～2 m 的辉长岩脉（图 3-2a）。岩石呈片麻状构造，中粒结构，主要矿物有：斜长石（约 32%）、钾长石（约 28%）、石英（约 20%）、角闪石（约 12%）和少量黑云母（约 8%），以及磁铁矿、磷灰石、锆石等副矿物（图 3-2b）。岩石糜棱岩化变形明显，斜长石和钾长石常构成残斑，部分与石英等一起构成糜棱岩基质。角闪石呈团块状定向分布，多以残斑形式产出。黑云母呈片状定向分布。石英多呈粒状，主要分布于长石颗粒之间，并与细粒长石一起构成基质，部分呈条带状分布，显示其动态重结晶的特点。

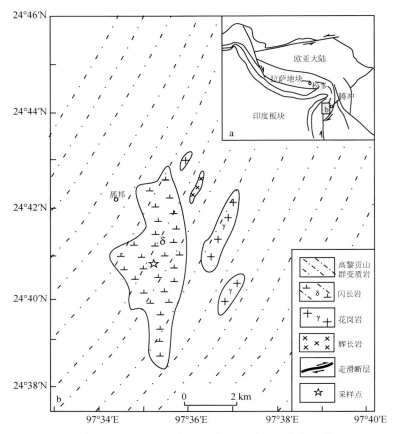

图 3-1　腾冲地块早印支期那邦闪长岩地质略图（黄志英等，2013）

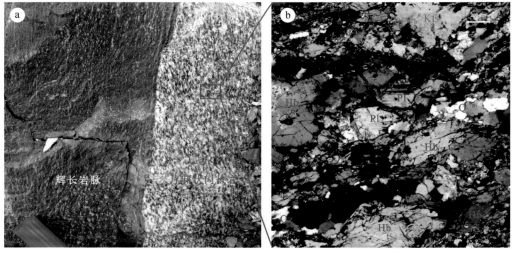

图 3-2　那邦闪长岩野外露头（a）和片麻状闪长岩的组成矿物（b）
Hb-角闪石，Pl-斜长石，Q-石英，Kfs-钾长石

二、岩石地球化学特征

地球化学分析结果（表 3-1）表明，闪长岩中 SiO_2 含量介于 55.26% ~ 1.74% 之间，Al_2O_3 含量较高，介于 16.12% ~ 18.21% 之间，CaO、MgO 和 TFeO（$FeO+Fe_2O_3$）分别为 5.10% ~ 6.41%、2.61% ~ 3.70% 和 5.77% ~ 7.52%。Na_2O/K_2O 为 0.59 ~ 0.76，A/CNK 和 A/NK 分别介于 0.86 ~ 0.95 和 1.72 ~ 2.06 之间。里特曼指数多数小于 3.0，在 SiO_2-AR 图解上位于钙碱性岩区，显示出富钾偏铝质钙碱性岩浆岩的特征。

岩石的 ΣREE 变化于 72.7×10^{-6} ~ 85.4×10^{-6} 之间，LREE/HREE 在 5.04 ~ 7.06 之间，$(La/Sm)_N$ 在 2.30 ~ 3.36 范围内，$(Gd/Yb)_N$ 为 1.28 ~ 1.64，δEu 为 0.80 ~ 0.92，显示出轻稀土富集、分馏程度高、重稀土相对亏损、Eu 无明显异常的特点。稀土元素球粒陨石标准化结果表明，所有样品呈基本一致的向右倾斜、较为光滑的稀土配分模式（图 3-3a）。微量元素原始地幔标准化蛛网图（图 3-3b）呈现出向右倾斜的"M"型多峰谷模式，大离子亲石元素（LILE）K、Rb、Ba 和放射性生热元素 Th 和 U 相对原始地幔强烈富集，K、Sm 和 Sr 为正异常，Th、U、Nb、Ta 和 Ti 为明显的负异常。总体来看，那邦闪长岩稀土元素配分模式表现出无明显 Eu 负异常、轻稀土富集、分馏程度高、LILE 和放射性生热元素相对原始地幔强烈富集，Th、U、Nb、Ta 和 Ti 强烈负异常的特征，类似于俯冲-碰撞环境下形成的岩浆岩（Briqueu et al.，1984；Barbarin，1999；Crawford et al.，1987；Wilson，1989）。

表 3-1 腾冲那邦早印支期闪长岩常量元素（%）、稀土元素和微量元素（$\times10^{-6}$）含量

成分	10QTN-11	10QTN-12	10QTN-13	10QTN-14	10QTN-15
SiO_2	55.26	60.47	58.18	61.44	61.74
TiO_2	0.60	0.42	0.45	0.42	0.42
Al_2O_3	18.21	16.27	17.62	16.12	16.59
Fe_2O_3	3.10	2.16	2.49	2.53	2.54
FeO	4.42	3.66	3.72	3.34	3.23
MnO	0.14	0.12	0.13	0.13	0.12
MgO	3.70	2.83	3.06	2.82	2.61
CaO	5.19	5.57	6.41	5.10	5.46
Na_2O	2.91	2.71	2.82	2.69	2.42
K_2O	4.63	4.04	3.70	4.58	3.75
P_2O_5	0.26	0.19	0.21	0.18	0.18
H_2O^+	0.72	0.62	0.62	0.50	0.66

续表

成分	10QTN-11	10QTN-12	10QTN-13	10QTN-14	10QTN-15
CO_2	0.17	0.26	0.17	0.26	0.69
LOI	0.65	0.56	0.66	0.53	0.76
A/CNK	0.95	0.86	0.87	0.86	0.92
$Mg^{\#}$	53.10	52.10	53.00	52.90	51.50
La	16.90	14.30	12.60	12.10	14.40
Ce	33.40	31.60	26.00	26.90	29.00
Pr	4.00	3.96	3.47	3.48	3.54
Nd	16.30	16.40	15.10	14.90	14.50
Sm	3.25	3.43	3.53	3.35	3.02
Eu	0.97	0.94	0.97	0.84	0.82
Gd	3.10	3.30	3.51	2.92	2.91
Tb	0.45	0.48	0.54	0.45	0.41
Dy	2.76	3.08	3.27	2.99	2.54
Ho	0.56	0.64	0.64	0.59	0.53
Er	1.66	2.07	1.97	1.84	1.69
Tm	0.22	0.29	0.26	0.25	0.25
Yb	1.59	2.13	1.77	1.76	1.57
Lu	0.26	0.32	0.28	0.29	0.26
ΣREE	85.40	82.90	73.90	72.70	75.40
LREE/HREE	7.06	5.74	5.04	5.55	6.43
δEu	0.92	0.84	0.83	0.80	0.83
$(La/Sm)_N$	3.36	2.69	2.30	2.33	3.08
$(Gd/Yb)_N$	1.61	1.28	1.64	1.37	1.53
Rb	131.00	142.00	94.40	125.00	120.00
Ba	662.00	569.00	431.00	532.00	484.00
Th	2.65	4.73	1.88	4.47	4.14
U	0.93	2.25	0.70	1.26	1.23
Nb	2.96	3.24	3.06	2.91	2.71

续表

成分	10QTN-11	10QTN-12	10QTN-13	10QTN-14	10QTN-15
Ta	0.18	0.26	0.16	0.22	0.18
Sr	697.00	772.00	707.00	693.00	609.00
Zr	51.10	56.10	55.70	51.20	79.70
Hf	1.46	1.78	1.50	1.56	2.25
Y	15.20	18.20	17.90	16.80	15.30
Ni	8.47	8.02	9.27	6.62	8.58
Sc	26.90	24.70	29.80	24.60	23.30
Yb/Hf	1.09	1.20	1.18	1.13	0.70

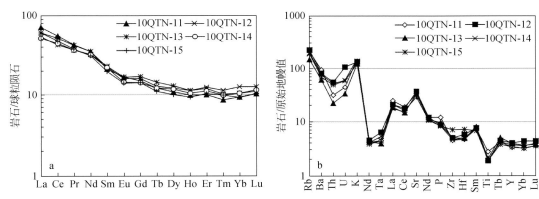

图 3-3　腾冲那邦早印支期闪长岩（球粒陨石标准化值和原始地幔标准化值据

Sun and McDonough，1989）

a. 球粒陨石标准化稀土配分模式；b. 原始地幔标准化微量元素蛛网图

三、锆石特征及同位素组成

1. 锆石形态和内部结构

那邦闪长岩中锆石大部分呈自形–半自形的柱状，晶面整洁光滑，粒度在约 80 μm×100 μm ~ 100 μm×200 μm 之间，长宽比一般为 1.5 : 1。锆石阴极发光图像显示锆石韵律环带清晰，少量锆石存在宽约 15 μm 新生变质锆石边（图 3-4）。锆石的 U 含量变化于 $136×10^{-6}$ ~ $468×10^{-6}$ 之间，Th 含量为 $70×10^{-6}$ ~ $551×10^{-6}$。Th/U 在 0.5 ~ 1.3 之间（表 3-2），具有典型的岩浆锆石特点，少量锆石边部发育的变质边与后期角闪岩相变质作用和糜棱岩化作用有关。

表 3-2　锆石 LA-ICP-MS U-Pb 定年数据

测试点	Pb /10⁻⁶	Th /10⁻⁶	U /10⁻⁶	Th/U	^{207}Pb/^{206}Pb	1σ	^{207}Pb/^{235}U	1σ	^{206}Pb/^{238}U	1σ	年龄/Ma ^{206}Pb/^{238}U	1σ
1.1	10.2	134	193	0.7	0.0569	0.0025	0.3040	0.0129	0.0391	0.0005	247.1	2.8
2.1	5.0	111	195	0.6	0.0544	0.0037	0.1407	0.0092	0.0193	0.0004	123.0	2.2
3.2	15.8	276	290	0.9	0.0526	0.0020	0.2834	0.0104	0.0391	0.0004	247.2	2.6
4.2	6.8	91	136	0.7	0.0583	0.0030	0.3013	0.0154	0.0387	0.0007	244.9	4.5
6.2	10.6	208	308	0.7	0.0506	0.0022	0.1808	0.0078	0.0262	0.0004	166.7	2.3
8.1	5.0	283	458	0.6	0.0592	0.0038	0.0663	0.0038	0.0086	0.0002	55.2	1.0
9.1	11.7	133	256	0.5	0.0523	0.0020	0.2686	0.0105	0.0375	0.0006	237.0	3.8
11.2	8.0	98	157	0.6	0.0681	0.0040	0.3661	0.0207	0.0395	0.0006	249.6	3.5
13.2	17.1	356	311	1.1	0.0531	0.0019	0.2847	0.0107	0.0386	0.0004	244.3	2.5
15.2	6.8	70	137	0.5	0.0577	0.0033	0.3154	0.0170	0.0403	0.0006	254.9	3.7
16.2	13.2	238	251	1.0	0.0569	0.0033	0.2981	0.0163	0.0386	0.0005	244.1	2.9
17.2	14.2	178	304	0.6	0.0501	0.0023	0.2621	0.0118	0.0382	0.0006	241.9	3.8
18.2	9.7	136	290	0.5	0.0539	0.0030	0.2081	0.0116	0.0281	0.0005	178.9	3.3
19.2	9.6	108	208	0.5	0.0525	0.0029	0.2706	0.0142	0.0377	0.0006	238.6	3.7
20.1	3.8	200	381	0.5	0.0584	0.0039	0.0607	0.0036	0.0080	0.0001	51.2	0.9
21.2	11.5	209	213	1.0	0.0495	0.0024	0.2694	0.0131	0.0397	0.0005	251.0	3.0
22.2	6.6	81	128	0.6	0.0506	0.0028	0.2785	0.0148	0.0404	0.0006	255.2	3.6
23.2	25.1	586	468	1.3	0.0486	0.0020	0.2497	0.0096	0.0373	0.0004	235.9	2.5
24.1	2.3	107	204	0.5	0.0796	0.0050	0.0901	0.0056	0.0086	0.0002	54.9	1.2
25.2	10.7	167	204	0.8	0.0530	0.0024	0.2938	0.0133	0.0404	0.0005	255.2	3.2
26.2	8.4	137	157	0.9	0.0501	0.0029	0.2766	0.0151	0.0403	0.0007	254.5	4.5
27.2	6.0	79	122	0.7	0.0503	0.0035	0.2637	0.0175	0.0387	0.0009	245.0	5.3
28.2	12.6	213	232	0.9	0.0515	0.0025	0.2831	0.0133	0.0401	0.0005	253.2	3.4
29.2	25.7	551	465	1.2	0.0495	0.0016	0.2623	0.0085	0.0383	0.0004	242.4	2.4
30.2	20.1	420	381	1.1	0.0513	0.0022	0.2621	0.0109	0.0372	0.0005	235.4	3.0
31.2	21.3	494	382	1.3	0.0491	0.0016	0.2593	0.0086	0.0383	0.0004	242.4	2.4

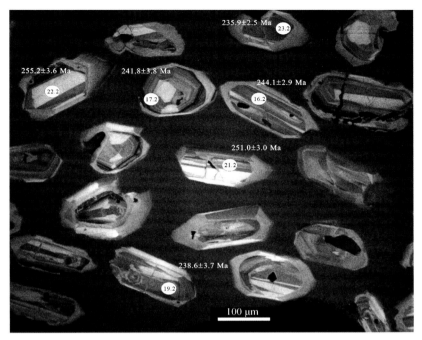

图3-4　锆石阴极发光图像

2. 锆石 LA-ICP-MS U-Pb 定年

锆石 LA-ICP-MS U-Pb 定年测试结果表明（表3-2），闪长岩（10QTN-15）锆石的 LA-ICP-MS U-Pb 年龄集中分布于 235～255 Ma 之间，在谐和图上集中于约 245 Ma，加权平均年龄为 245.0±2.9Ma（MSWD=4.1，图3-5）。少数测试点年龄小于该年龄区间，可能与后期变质作用导致的 Pb 丢失或均一化有关。锆石阴极发光图像显示清晰的韵律环带，具有典型岩浆锆石的特征，结合其 Th/U 大于 0.5 和测试点都分布于谐和线上的特点，说明该 LA-ICP-MS 锆石 U-Pb 年龄（245.0±2.9 Ma）可以代表闪长岩的结晶年龄，少量测试点年龄分布于该区间之外，可能为后期变质年龄或混合年龄。

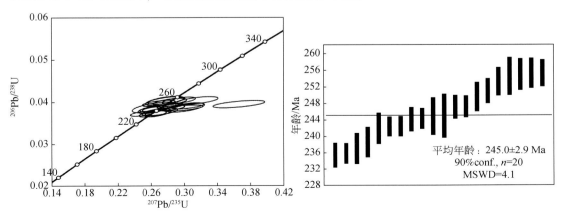

图3-5　锆石 LA-ICP-MS U-Pb 定年谐和图

3. 锆石 Lu-Hf 同位素组成

锆石 Lu-Hf 同位素是在锆石 U-Pb 定年的同一颗锆石的相同部位或相同结构的邻近部位进行测定的，结果见表 3-3。^{176}Hf/^{177}Hf 初始值和 $\varepsilon_{Hf}(t)$ 值根据同一锆石 U-Pb 定年数据计算，单阶段模式年龄（T_{DM1}）和地壳模式年龄（T_{DMC}）根据亏损幔源计算（Griffin et al.，2000）。闪长岩样品（10QTN-15）中 10 颗锆石测定结果表明，^{176}Lu/^{177}Hf 值变化较大（0.0018~0.0052），^{176}Hf/^{177}Hf 值相对稳定，介于 0.2823~0.2831 之间，$\varepsilon_{Hf}(t)$ 值分布于+7.8~+14.9 范围内（表 3-3），平均+9.8±1.4（图 3-6），对应的单阶段模式年龄为 298~590 Ma（表 3-3）。

表 3-3 锆石 LA-ICP-MS Lu-Hf 同位素组成

测试点	^{206}Pb/^{235}U 年龄/Ma	^{176}Hf/^{177}Hf	2σ	^{176}Lu/^{177}Hf	2σ	^{176}Yb/^{177}Hf	2σ	^{176}Hf/^{177}Hf(t)	$\varepsilon_{Hf}(t)$	2σ	T_{DM1}/Ma	T_{DMC}/Ma
1.1	247	0.283065	0.000027	0.005191	0.000070	0.306101	0.003290	0.283041	14.9	1.0	298	320
3.2	247	0.282887	0.000026	0.002407	0.000024	0.133511	0.001136	0.282876	9.1	0.9	537	694
4.2	245	0.282957	0.000025	0.002095	0.000022	0.108124	0.000837	0.282948	11.6	0.9	430	533
6.2	245	0.282935	0.000028	0.003800	0.000147	0.217979	0.007683	0.282917	10.5	1.0	486	601
9.1	237	0.282913	0.000025	0.001843	0.000028	0.099918	0.001262	0.282904	10.1	0.9	492	630
11.1	250	0.282886	0.000026	0.002316	0.000023	0.127349	0.001068	0.282875	9.0	0.9	538	697
13.2	244	0.282871	0.000027	0.002271	0.000005	0.120479	0.000407	0.282860	8.5	1.0	559	731
15.2	255	0.282884	0.000021	0.002417	0.000079	0.102191	0.000524	0.282873	9.0	0.7	542	702
16.2	244	0.282853	0.000024	0.002626	0.000042	0.149057	0.002750	0.282841	7.8	0.8	590	773
17.2	242	0.282880	0.000021	0.002305	0.000024	0.115201	0.000696	0.282869	8.8	0.8	546	710

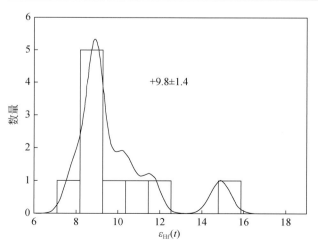

图 3-6 锆石 $\varepsilon_{Hf}(t)$ 值柱状图

四、讨论

1. 岩浆成因

那邦闪长岩以长石为主要矿物组分，石英含量较低，含有角闪石和黑云母。化学分析结果表明，Al_2O_3、CaO、Na_2O 和 K_2O 含量和 $Mg^{\#}$ 值都较高，A/CNK 值均小于 1.0，岩石中未见白云母等（King et al.，1997）过铝质花岗岩的标志性矿物，具有 I 型花岗岩的特征（Wolf and London，1994）。岩石中较高的锆石 $^{176}Hf/^{177}Hf$ 初始值、正的 $\varepsilon_{Hf}(t)$ 值及其对应的单阶段模式年龄（298~590 Ma）和地壳模式年龄（320~773 Ma），以及在 $\varepsilon_{Hf}(t)$-U-Pb 年龄图解上所有样品都落在球粒陨石线和地幔亏损线之间（图3-7），揭示出新生地壳或幔源的特征（Barry et al.，2006）。岩石中 LILE 强烈富集，HFSE 相对亏损，与前者的活动性相对较大有关（Tatsumi，1989），反映源区有俯冲流体的存在，Th/Yb-Ba/La 图解（图3-8）和 Yb/Hf 值（<1.2），以及较高的 $Mg^{\#}$ 值和 Th、U 强烈负异常进一步说明闪长岩岩浆的形成与俯冲板片携带的流体有关，并有幔源组分的特征（Barry et al.，2006；Kepezhinskas et al.，1996；Kepezhinskas et al.，1997；Woodhead and Hergt，2001；Bolhar et al.，2008；Gagnevin et al.，2011；Zhu et al.，2009a，2009b）。

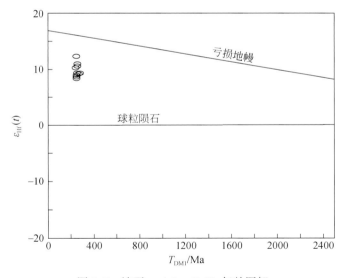

图 3-7 锆石 $\varepsilon_{Hf}(t)$-U-Pb 年龄图解

在洋壳俯冲过程中，流体从洋壳上部含水沉积物和蚀变洋壳含水矿物（蛇纹石、绿泥石等）中挤出或含水矿物发生脱水反应析出，在压力梯度作用下进入俯冲板片上部的地幔楔形区，促使交代地幔橄榄岩部分熔融，形成基性-超基性岩浆（Kepezhinskas et al.，1996；Iwamori，1998；Iwamori et al.，2007；Nakamura and Iwamori，2009）。当这种幔源岩浆在上升过程中与地壳物质部分熔融形成的壳源岩浆混合后形成具有幔-壳混合特征的岩浆（Leeman，1983；Annen et al.，2006；Qi et al.，2012；Richards，2003；Winter，2001）。

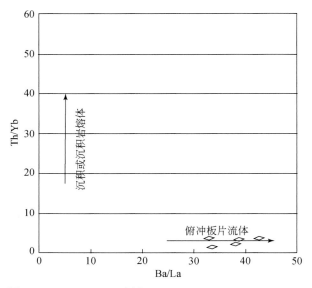

图 3-8　Th/Yb-Ba/La 图解（Woodhead and Hergt，1997）

2. 早印支期构造事件响应

那邦闪长岩以富钾偏铝质钙碱性为特征，LREE 和 LILE 强烈富集，Th、U、Nb、Ta、Ti 负异常明显，尤其是 Nb、Ta 和 Ti 的负异常揭示其岛弧型岩浆岩的性质。在 La/Yb-Sc/Ni 和 La/Yb-Th/Yb 构造环境判别图解上（图 3-9），样品都落在大陆岛弧或大陆岛弧与演化的洋弧叠加区（Bailey，1981；Condie，1986），说明那邦闪长岩的形成与俯冲作用密切相关。腾冲地块内上二叠统—下三叠统缺失，中-上三叠统与下伏晚石炭世和早二叠世地层呈角度不整合接触（云南地质局，1982），这与拉萨地块是一致的，表明腾冲地块和拉萨地块在晚二叠世—早三叠世都曾经历强烈的地壳活动。拉萨地块内这一时期的地壳活动、松多榴辉岩及同时期的岩浆活动是拉萨地块与澳大利亚陆块北缘俯冲-碰撞的产物（朱弟成等，

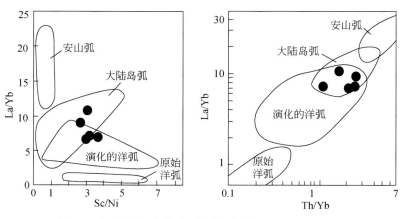

图 3-9　那邦闪长岩构造环境判别图解（Bailey，1981）

2009)。腾冲地块内至今仍未发现这一时期的榴辉岩,但分布于地块西部的那邦闪长岩侵位时代(约 245 Ma)与松多榴辉岩形成时代及拉萨地块碰撞时间(约 230 ~ 220 Ma)相近,说明腾冲地块晚二叠世—早三叠世地壳活动与拉萨地块和澳大利亚陆块北缘的俯冲—碰撞事件密切相关。

第二节 早白垩世花岗岩

早白垩世是腾冲地块内岩浆活动最活跃的时期之一,但岩浆岩究竟是在中特提斯洋还是新特提斯洋俯冲消减的过程中形成的?与拉萨地块内岩浆岩带的关系如何?这些问题仍不清楚。本节以腾冲岩浆岩带早白垩世侵入岩为研究对象,通过锆石 U-Pb 定年和 Lu-Hf 同位素分析,以及与拉萨岩浆岩带中同时期岩浆岩的对比,揭示其形成的构造背景及其与拉萨岩浆岩带的成因联系。

一、岩相学特征

腾冲地块早白垩世侵入岩多分布于地块东部,规模较大,部分构成岩基。本章以具有代表性的勐连花岗闪长岩岩基和铁锅山石英二长岩体为例进行同位素地质学和地球化学研究,采样位置分别为 25°06′46″N,98°39′11″E 和 25°10′46″N,98°27′35″E(图 3-10)。

勐连花岗闪长岩体是腾冲地块内规模最大的岩体之一,近南北向展布,长约 65 km,宽约 6 ~ 15 km,出露面积约 450 km²,分别与北东侧的二叠纪碳酸盐岩、东部和西南部的深变质岩呈侵入接触关系,东南部则为上新世地层所覆盖,西部多为下更新世火山岩覆盖(图 3-10)。岩石呈块状构造,中粒结构,未见明显的构造变形,主要由斜长石(30% ~ 35%)、钾长石(35% ~ 40%)、石英(15% ~ 20%)、黑云母(5% ~ 10%)和少量角闪石(3% ~ 5%),以及磁铁矿、磷灰石、锆石、钛铁矿(1% ~ 2%)等副矿物组成。斜长石以更长石为主,多具环带结构;钾长石主要为微斜长石,具有轻微的高岭土化;黑云母和角闪石主要分布于长石颗粒之间。

铁锅山石英二长岩体位于腾冲市西北约 30 km,南北向展布,长约 28 km,宽约 0.2 ~ 5 km,出露面积约 50 km²。岩体西部与晚古生代地层呈侵入接触关系,东部被新生代沉积岩和火山岩覆盖(图 3-10)。岩石呈浅灰色,块状构造,无明显的构造变形痕迹,似斑状结构,主要由斜长石(43% ~ 48%)、钾长石(30% ~ 35%)、石英(8% ~ 10%)和角闪石(8% ~ 10%),及榍石、锆石、磁铁矿等副矿物(1% ~ 2%)组成。其中,长石粒度较大,双晶清晰,部分构成斑晶,部分与石英等一起组成基质;角闪石呈半自形柱状,绿–黄绿色多色性,多以基质的形式产出,局部存在集中分布的现象,少量包裹于长石斑晶中,构成典型的二长结构。

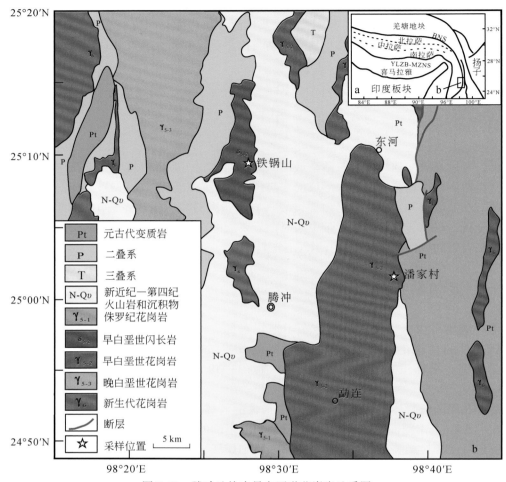

图 3-10　腾冲地块内早白垩世花岗岩地质图

二、岩石地球化学特征

勐连花岗闪长岩：SiO_2 含量分布于 65.75% ~ 69.10% 之间（平均 67.35%），Al_2O_3 含量为 14.44% ~ 16.24%（平均 15.53%），CaO、MgO 和 TFeO（$FeO+Fe_2O_3$）分别为 1.98% ~ 3.25% 、1.22% ~ 1.49% 和 3.49% ~ 4.22%（表 3-4）。Na_2O/K_2O 为 1.07 ~ 2.45，A/CNK 和 A/NK 分别介于 0.95 ~ 1.25（平均 1.09）和 1.54 ~ 1.91（平均 1.67）之间。里特曼指数介于 1.5 ~ 2.2 之间，在 SiO_2-AR 图解上位于钙碱性岩区，展示出偏铝质、富钠、钙碱性的地球化学特征。花岗闪长岩的稀土总量 ΣREE 变化于 223.53×10^{-6} ~ 294.59×10^{-6} 之间，LREE/HREE 在 8.68 ~ 10.24 之间，$(La/Sm)_N$ 为 4.31 ~ 5.09，$(Gd/Yb)_N$ 为 1.62 ~ 2.04，δEu 为 0.39 ~ 0.48，δCe 都在弱异常范围内（0.94 ~ 1.03），展示出轻稀土富集、重稀土相对亏损、分馏程度高、Eu 强烈亏损、Ce 弱/无异常的特点。稀土元素球粒陨石标准化结果表明，所有样品呈基本一致的向右倾斜、中间呈 "V" 字形的稀土配分模

式（图 3-11a）。微量元素原始地幔标准化蛛网图（图 3-11c）呈现出向右倾斜的"M"型多峰谷模式，大离子亲石元素（LILE）K、Rb、Ba，放射性生热元素 Th 和 U 及亲岩浆元素 Ce 和 La 相对原始地幔强烈富集，Th、K、Nd 和 Tb 为正异常，Ba、Nb、Ta、P、Ti 和 Sr 为明显的负异常。

铁锅山石英二长岩：SiO_2 含量介于 61.02% ~ 65.28% 之间（平均 63.09%），Al_2O_3 含量为 16.93% ~ 19.80%（平均 18.34%），CaO 在 1.88% ~ 2.82% 之间，MgO 和 TFeO 分别为 0.31% ~ 0.64% 和 2.71% ~ 4.75%（表 3-4）。A/NK 为 1.26 ~ 1.52，A/CNK 为 0.96 ~ 1.08，显示其富钠偏铝质的岩石学特征。石英二长岩的稀土总量 ΣREE 变化于 170.05×10^{-6} ~ 258.02×10^{-6} 之间，LREE/HREE 在 3.67 ~ 7.82 之间，$(La/Sm)_N$ 在 2.54 ~ 4.92 范围内，$(Gd/Yb)_N$ 为 1.02 ~ 1.50，δEu 为 0.32 ~ 0.43，δCe 在 0.36 ~ 0.83 之间（表 3-4），反映其轻稀土富集、分馏程度高、重稀土相对亏损、Eu 强烈亏损、Ce 中等程度负异常的特点。球粒陨石标准化稀土配分曲线呈中间"V"形向右倾斜的样式（图 3-11b），Ce 负异常可能与岩浆形成时有海水的加入有关；微量元素蛛网图与勐连花岗闪长岩相似，展示出 LILE、K 和 Rb、放射性生热元素 Th 和 U 及亲岩浆元素 Ce 和 La 相对原始地幔强烈富集，Th、Sr 和 Tb 为正异常，Ba、Nb、Ta、P、Ti 和 Sr 为明显的负异常（图 3-11d）。

总体来看，花岗闪长岩和石英二长岩稀土元素配分模式展现出具有明显的 Eu 负异常、轻稀土富集、分馏程度高、LILE、放射性生热元素和亲岩浆元素相对原始地幔强烈富集，Ba、Nb、Ta、P、Ti 和 Sr 强烈负异常的特征，类似于俯冲-碰撞环境下形成的岩浆岩（Briqueu et al.，1984；Crawford et al.，1987；Wilson，1989；Barbarin，1999）。

表 3-4　腾冲早白垩世侵入岩的常量元素含量（%）、稀土元素和微量元素含量（$\times 10^{-6}$）

成分	铁锅山石英二长岩				勐连花岗闪长岩					
	09QT-19	09QT-20	09QT-21	09QT-22	09QT-31	09QT-32	09QT-33	09QT-34	09QT-35-1	09QT-35-2
SiO_2	61.02	65.28	62.35	63.70	69.10	66.60	67.99	67.53	65.75	67.12
TiO_2	0.46	0.32	0.40	0.34	0.56	0.66	0.58	0.54	0.53	0.57
Al_2O_3	19.8	16.93	19.23	17.41	14.44	15.31	15.42	16.06	16.24	15.7
Fe_2O_3	1.79	3.62	2.92	2.93	0.99	2.26	1.74	2.05	2.21	2.46
FeO	0.92	1.13	1.38	1.2	2.5	1.96	1.74	1.49	1.28	1.35
MnO	0.12	0.10	0.13	0.18	0.09	0.10	0.08	0.07	0.07	0.07
MgO	0.64	0.31	0.62	0.44	1.25	1.49	1.28	1.22	1.30	1.44
CaO	1.88	2.54	2.82	2.30	3.22	3.19	3.25	2.57	1.98	2.44
Na_2O	5.27	6.85	7.19	5.52	4.13	3.76	4.23	3.72	2.94	3.05
K_2O	6.07	1.60	0.78	4.39	2.36	2.99	2.62	3.41	4.17	2.97
P_2O_5	0.07	0.02	0.07	0.02	0.12	0.14	0.15	0.13	0.15	0.15

续表

成分	铁锅山石英二长岩				勐连花岗闪长岩					
	09QT-19	09QT-20	09QT-21	09QT-22	09QT-31	09QT-32	09QT-33	09QT-34	09QT-35-1	09QT-35-2
H_2O^+	1.67	0.42	1.84	0.76	0.74	0.98	0.88	1.66	2.80	2.64
CO_2	0.14	0.22	0.10	0.12	0.48	0.52	0.29	0.10	0.05	0.10
LOI	1.73	0.48	1.81	0.81	0.98	1.28	1.02	1.60	2.67	2.58
A/NK	1.30	1.30	1.52	1.26	1.54	1.62	1.57	1.64	1.74	1.91
A/CNK	1.06	0.96	1.08	0.97	0.95	1.01	0.98	1.11	1.25	1.24
La	59.6	80.6	31.9	69.6	58.4	57.7	62.6	67.2	54.1	66.2
Ce	71.4	55.6	55.5	80.3	104.0	116.0	123.0	126.0	96.5	129.0
Pr	12.8	14.8	7.5	13.1	10.8	11.7	12.8	13.4	9.9	11.9
Nd	44.1	53.8	30.0	47.3	39.3	42.3	46.8	48.5	35.1	42.7
Sm	9.23	10.3	7.89	9.76	7.51	8.42	9.25	9.38	6.84	8.18
Eu	1.16	1.45	0.84	1.30	1.07	1.13	1.17	1.20	1.05	1.19
Gd	7.13	9.84	8.01	9.44	6.80	7.55	8.90	8.59	6.23	7.82
Tb	1.27	1.64	1.56	1.66	1.09	1.28	1.45	1.48	1.05	1.28
Dy	6.91	8.99	10.20	9.45	6.10	6.84	8.25	8.06	5.47	7.07
Ho	1.28	1.91	2.16	1.94	1.23	1.44	1.61	1.60	1.06	1.34
Er	3.83	5.93	6.22	6.02	3.51	4.24	4.59	4.45	3.08	3.80
Tm	0.55	0.82	0.94	0.90	0.47	0.61	0.58	0.56	0.36	0.49
Yb	3.83	5.62	6.35	6.29	3.10	3.77	3.56	3.65	2.46	3.10
Lu	0.57	0.94	0.95	0.96	0.42	0.52	0.50	0.52	0.37	0.41
ΣREE	224	252	170	258	244	264	285	295	224	285
LREE/HREE	7.82	6.07	3.67	6.04	9.73	9.04	8.68	9.19	10.13	10.24
δEu	0.42	0.43	0.32	0.41	0.45	0.43	0.39	0.40	0.48	0.45
δCe	0.59	0.36	0.83	0.60	0.93	1.02	0.99	0.95	0.94	1.03
$(La/Sm)_N$	4.06	4.92	2.54	4.49	4.89	4.31	4.26	4.51	4.98	5.09
$(Gd/Yb)_N$	1.50	1.41	1.02	1.21	1.77	1.62	2.02	1.90	2.04	2.04
Sr	136	94	125	100	216	233	233	228	202	208
Rb	225	64	22	201	93	139	119	158	222	181
Ba	852	31	61	83	388	493	475	671	790	566

续表

成分	铁锅山石英二长岩				勐连花岗闪长岩					
	09QT-19	09QT-20	09QT-21	09QT-22	09QT-31	09QT-32	09QT-33	09QT-34	09QT-35-1	09QT-35-2
Th	50.4	19.4	28.1	23.3	18.0	20.9	25.9	24.0	19.1	24.7
Ta	1.73	1.05	2.91	1.87	0.6	0.82	0.80	0.57	0.47	0.56
Nb	17.1	10.0	20.2	14.7	11.5	17.6	13.9	10.5	9.9	11.0
Zr	215	146	196	147	229	212	231	211	183	190
Hf	6.61	4.39	6.50	4.66	6.08	5.64	6.51	6.28	4.83	5.24
Y	32.5	66.7	62.5	62.1	35.3	44.6	43.6	43.1	27.6	35.2
Hf	6.61	4.39	6.50	4.66	6.08	5.64	6.51	6.28	4.83	5.24
U	4.71	2.17	4.34	2.32	1.44	1.52	1.81	1.61	1.49	1.73
Th/Hf	7.62	4.42	4.32	5.00	2.96	3.71	3.98	3.82	3.95	4.71
Th/Yb	13.16	3.45	4.43	3.70	5.81	5.54	7.28	6.58	7.76	7.97
Ba/La	14.30	0.39	1.92	1.19	6.64	8.54	7.59	9.99	14.60	8.55
Yb/Hf	0.58	1.28	0.98	1.35	0.51	0.67	0.55	0.58	0.51	0.59

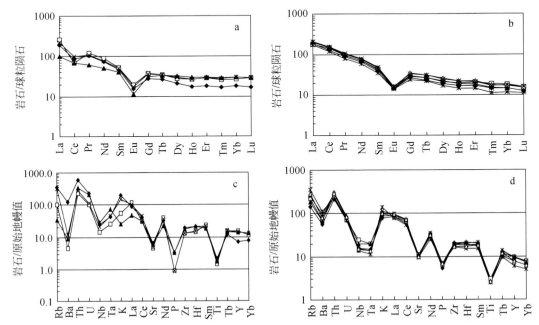

图3-11　腾冲早白垩世侵入岩球粒陨石标准化稀土配分模式图（a，b）和原始地幔标准化微量元素蛛网图（c，d）（球粒陨石标准化值据 Pearce et al.，1984，原始地幔标准化值据 Sun and McDonough，1989）

三、锆石特征及同位素组成

1. 锆石形态和内部结构

花岗闪长岩和石英二长岩中的锆石晶型特征非常相似，大部分呈自形–半自形的柱状，晶面整洁光滑，粒度在 65 μm×150 μm ~ 100 μm×200 μm 之间，长宽比一般为 2：1，个别可达 2.5：1。锆石阴极发光图像显示两个岩石样品中的锆石都是韵律环带清晰的单一锆石，未见继承性锆石核和新生变质锆石边（图 3-12）。花岗闪长岩锆石的 U 含量大部分变化于 $301×10^{-6} ~ 698×10^{-6}$ 之间，仅有两个点分别高达 $994×10^{-6}$ 和 $3625×10^{-6}$，Th 含量为 $273×10^{-6} ~ 634×10^{-6}$，个别点达 $1755×10^{-6}$。Th/U 值为 0.5 ~ 1.3（表 3-5）。石英二长岩锆石的 U、Th 含量分别变化于 $84×10^{-6} ~ 656×10^{-6}$ 和 $71×10^{-6} ~ 1143×10^{-6}$，Th/U 值为 0.9 ~ 2.18（表 3-5）。总体来看，两个样品的锆石晶型特征非常相似，阴极发光图像显示出十分清晰的生长韵律环带，Th/U 值都大于 0.5，表现出典型的岩浆锆石特点。

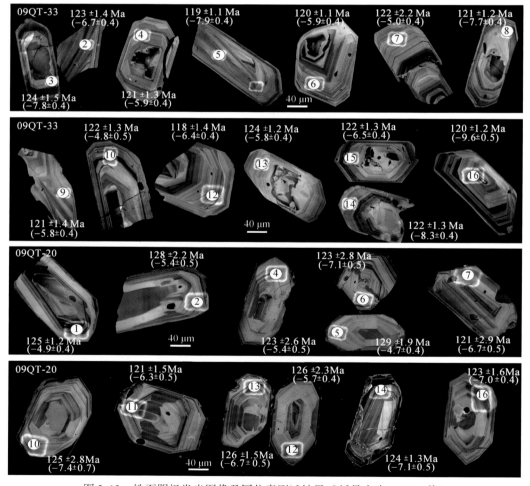

图 3-12　锆石阴极发光图像及同位素测试结果［括号中为 $\varepsilon_{Hf}(t)$ 值］

表 3-5 锆石 SHRIMP U-Pb 定年数据

点号	含量/10⁻⁶			$^{232}Th/^{238}U$	$^{207}Pb/^{206}Pb$	±%	$^{207}Pb/^{235}U$	±%	$^{206}Pb/^{238}U$	±%	年龄/Ma	
	^{206}Pb	U	Th								$^{206}Pb/^{238}U$	1σ
09QT-33												
1.1	61.3	3625	1755	0.50	0.049	1.1	0.1318	1.3	0.0197	0.7	126	0.9
2.1	7.1	427	538	1.30	0.047	4.6	0.1250	4.7	0.0193	1.1	123	1.4
3.1	5.0	301	230	0.79	0.043	7.1	0.1141	7.2	0.0194	1.2	124	1.5
4.1	8.15	498	399	0.83	0.048	3.9	0.1258	4.0	0.0190	1.1	121	1.3
5.1	10.0	627	553	0.91	0.049	3.9	0.1252	4.0	0.0186	1.0	119	1.1
6.1	10.7	660	512	0.80	0.048	3.2	0.1238	3.4	0.0188	1.0	120	1.1
7.1	11.0	669	588	0.91	0.046	3.7	0.1205	4.1	0.0191	1.8	122	2.2
8.1	8.6	524	421	0.83	0.049	3.7	0.1277	3.8	0.0190	1.0	121	1.2
9.1	6.8	418	273	0.68	0.046	6.0	0.1204	6.1	0.0190	1.2	121	1.4
10.1	6.2	375	184	0.51	0.05	3.5	0.1325	3.7	0.0191	1.2	122	1.4
11.1	16.6	994	634	0.66	0.048	2.3	0.1295	2.6	0.0194	1.0	124	1.3
12.1	5.5	343	286	0.86	0.049	5.2	0.1250	5.4	0.0185	1.2	118	1.4
13.1	9.1	541	433	0.83	0.048	2.8	0.1290	2.9	0.0195	1.0	124	1.2
14.1	7.5	457	397	0.90	0.044	5.1	0.1165	5.2	0.0190	1.1	122	1.3
15.1	7.9	484	336	0.72	0.049	2.9	0.1295	3.1	0.0190	1.0	122	1.3
16.1	10.0	620	444	0.74	0.049	2.6	0.1273	2.8	0.0188	1.0	120	1.2
17.1	11.7	698	792	1.17	0.049	2.5	0.1327	2.7	0.0196	1.0	125	1.2
09QT-20												
1.1	10.1	601	461	0.79	0.047	4.6	0.1267	4.7	0.0195	1.0	125	1.2
2.1	3.1	176	197	1.16	0.045	11.0	0.124	11.0	0.0201	1.7	128	2.2
3.1	12.1	656	937	1.48	0.046	3.7	0.1357	3.8	0.0215	0.9	137	1.2
4.1	3.1	183	225	1.28	0.037	10.0	0.0980	11.0	0.0192	2.1	123	2.6
5.1	3.2	182	195	1.11	0.048	4.8	0.1319	5.1	0.0201	1.5	129	1.9
6.1	1.4	84	71	0.88	0.030	24.0	0.0800	25.0	0.0192	2.3	123	2.8
7.1	1.7	99	90	0.94	0.036	31.0	0.0950	32.0	0.0190	2.4	121	2.9
8.1	3.0	172	194	1.17	0.046	9.1	0.1300	9.3	0.0204	1.6	130	2.1
9.1	4.2	247	190	0.80	0.046	7.3	0.1226	7.5	0.0195	1.4	125	1.8

续表

点号	含量/10⁻⁶			$\frac{^{232}Th}{^{238}U}$	$\frac{^{207}Pb}{^{206}Pb}$	±%	$\frac{^{207}Pb}{^{235}U}$	±%	$\frac{^{206}Pb}{^{238}U}$	±%	年龄/Ma	
	^{206}Pb	U	Th								$\frac{^{206}Pb}{^{238}U}$	1σ
09QT-20												
10.1	2.9	173	174	1.04	0.044	10	0.1190	10.0	0.0196	2.3	125	2.8
11.1	5.5	336	572	1.76	0.045	6.2	0.1170	6.3	0.0190	1.3	121	1.5
12.1	2.7	156	147	0.97	0.045	10	0.1220	10.0	0.0197	1.9	126	2.3
13.1	6.4	377	539	1.47	0.052	3.4	0.1413	3.6	0.0197	1.2	126	1.5
14.1	9.8	585	740	1.31	0.046	3.4	0.1217	3.6	0.0194	1.0	124	1.3
15.1	9.6	541	1143	2.18	0.044	5.6	0.1251	5.7	0.0207	1.1	132	1.4
16.1	5.7	338	405	1.24	0.046	6.8	0.1235	6.9	0.0193	1.3	123	1.6

2. 锆石 SHRIMP U-Pb 定年

锆石 SHRIMP U-Pb 定年测试结果表明,花岗闪长岩(09QT-33)和石英二长岩(09QT-20)锆石的 SHRIMP U-Pb 年龄集中分布于 125~118 Ma 和 137~121 Ma 两个年龄区间(表3-5),在协和图上,分别集中于约 122 Ma 和约 125 Ma,其平均年龄值分别为 122 ± 1.3 Ma 和 125 ± 1.3 Ma(图3-13),分别代表了花岗闪长岩和石英二长岩的结晶年龄。

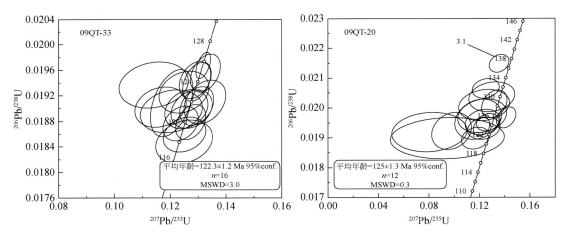

图 3-13 锆石 SHRIMP U-Pb 定年协和图

3. 锆石 Lu-Hf 同位素组成

两个样品锆石 Lu-Hf 同位素是在锆石 U-Pb 定年的同一颗锆石的相同部位或相同结构的邻近部位测定的,结果见表3-6。$^{176}Hf/^{177}Hf$ 初始值和 $\varepsilon_{Hf}(t)$ 值根据同一锆石 U-Pb 定年数据计算,单阶段模式年龄(T_{DM1})根据亏损幔源计算(Griffin et al.,2000)。

花岗闪长岩样品(09QT-33)中16颗锆石测定结果表明,同位素 $^{176}Lu/^{177}Hf$ 值普遍偏低(<0.002),同位素 $^{176}Hf/^{177}Hf$ 值相对稳定,介于 0.282426~0.282561 之间,

$\varepsilon_{Hf}(t)$ 值都为负值，分布于约-9.6至-4.8范围内（表3-6及图3-12），平均为-6.7 ± 0.7（图3-14a），对应的单阶段模式年龄为$1190\sim979$ Ma（表3-6），集中分布于$1120\sim1000$ Ma之间（图3-15a）。

石英二长岩样品（09QT-20）中16颗锆石测定结果与花岗闪长岩相似，同位素$^{176}Lu/^{177}Hf$ 值除14号点外，都<0.002，同位素$^{176}Hf/^{177}Hf$ 初始值介于$0.282490\sim0.282557$之间，$\varepsilon_{Hf}(t)$ 值分布于约-7.8至-4.7范围内（表3-6及图3-12），平均为-6.3 ± 0.6（图3-14b），对应的单阶段模式年龄为$1113\sim975$ Ma（表3-6），在柱状图上呈多峰状展布（图3-15b）。

表3-6　早白垩世花岗岩锆石 LA-ICP-MS Lu-Hf 同位素组成

点号	U-Pb 年龄/Ma	$^{176}Hf/^{177}Hf$	2σ	$^{176}Lu/^{177}Hf$	2σ	$^{176}Yb/^{177}Hf$	2σ	$^{176}Hf/^{177}Hf(t)$	Hf(t)	2σ	T_{DM1}/Ma
二长花岗岩（09QT-33）											
1	126	0.282512	0.000013	0.001797	0.000017	0.064822	0.000581	0.282508	−6.6	0.5	1069
2	123	0.282510	0.000012	0.001117	0.000043	0.039571	0.001523	0.282507	−6.7	0.4	1053
3	124	0.282477	0.000012	0.001144	0.000007	0.042201	0.000320	0.282475	−7.8	0.4	1099
4	121	0.282532	0.000011	0.001006	0.000010	0.034670	0.000399	0.282530	−5.9	0.4	1018
5	119	0.282478	0.000012	0.001400	0.000045	0.049137	0.001825	0.282475	−7.9	0.4	1106
6	122	0.282532	0.000011	0.001133	0.000002	0.039288	0.000056	0.282529	−5.9	0.4	1022
7	121	0.282558	0.000012	0.000879	0.000030	0.030498	0.001160	0.282556	−5.0	0.4	979
8	121	0.282483	0.000012	0.001374	0.000048	0.049084	0.001860	0.282480	−7.7	0.4	1099
9	122	0.282535	0.000011	0.000820	0.000004	0.027346	0.000120	0.282533	−5.8	0.4	1010
10	124	0.282561	0.000013	0.001308	0.000006	0.046584	0.000181	0.282558	−4.8	0.5	986
12	124	0.282518	0.000013	0.001121	0.000001	0.040913	0.000024	0.282515	−6.4	0.4	1042
13	122	0.282534	0.000013	0.001055	0.000001	0.037940	0.000102	0.282531	−5.8	0.4	1017
14	122	0.282466	0.000011	0.001141	0.000005	0.040347	0.000127	0.282463	−8.3	0.4	1115
15	120	0.282516	0.000012	0.001142	0.000007	0.039454	0.000147	0.282513	−6.5	0.4	1045
16	125	0.282426	0.000013	0.001735	0.000029	0.062069	0.000983	0.282422	−9.6	0.5	1190
二长闪长岩（09QT-20）											
1	125	0.282557	0.000012	0.001097	0.000007	0.036896	0.000264	0.282555	−4.9	0.4	985
2	128	0.282542	0.000013	0.001084	0.000017	0.038674	0.000632	0.282539	−5.4	0.5	1007
3	137	0.282552	0.000013	0.001118	0.000019	0.039128	0.000653	0.282549	−4.9	0.5	994
4	123	0.282546	0.000014	0.001411	0.000019	0.051454	0.000656	0.282543	−5.4	0.5	1009
5	129	0.282562	0.000012	0.000941	0.000009	0.032528	0.000250	0.282560	−4.7	0.4	975
6	123	0.282498	0.000015	0.001207	0.000044	0.044406	0.001558	0.282496	−7.1	0.5	1072

点号	U-Pb 年龄/Ma	$\frac{^{176}\mathrm{Hf}}{^{177}\mathrm{Hf}}$	2σ	$\frac{^{176}\mathrm{Lu}}{^{177}\mathrm{Hf}}$	2σ	$\frac{^{176}\mathrm{Yb}}{^{177}\mathrm{Hf}}$	2σ	$\frac{^{176}\mathrm{Hf}}{^{177}\mathrm{Hf}}(t)$	Hf(t)	2σ	$T_{DM1}/$Ma
二长闪长岩（09QT-20）											
7	121	0.282509	0.000013	0.001224	0.000011	0.044565	0.000381	0.282506	−6.7	0.5	1057
8	130	0.282536	0.000015	0.001290	0.000009	0.047390	0.000288	0.282533	−5.6	0.5	1021
9	125	0.282476	0.000014	0.001554	0.000011	0.058774	0.000430	0.282473	−7.8	0.5	1113
10	125	0.282490	0.000020	0.001648	0.000072	0.049104	0.001616	0.282486	−7.4	0.7	1096
11	121	0.282522	0.000013	0.001199	0.000013	0.043713	0.000446	0.282519	−6.3	0.5	1038
12	126	0.282535	0.000013	0.000947	0.000010	0.033287	0.000387	0.282533	−5.7	0.4	1013
13	126	0.282508	0.000015	0.001356	0.000033	0.044590	0.000378	0.282505	−6.7	0.5	1062
14	124	0.282499	0.000015	0.002070	0.000022	0.077407	0.000905	0.282494	−7.1	0.5	1096
15	132	0.282538	0.000011	0.001418	0.000020	0.051131	0.000557	0.282535	−5.5	0.4	1021
16	123	0.282501	0.000011	0.001613	0.000031	0.053575	0.000326	0.282497	−7.0	0.4	1080

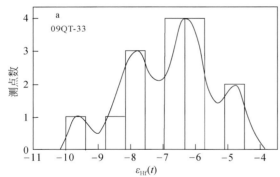
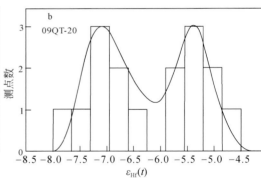

图 3-14 锆石 $\varepsilon_{Hf}(t)$ 值柱状图

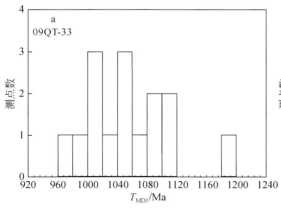
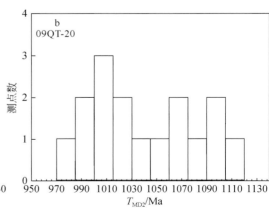

图 3-15 锆石 Hf 同位素单阶段模式柱状图

四、讨论

1. 岩浆成因

勐连花岗闪长岩和铁锅山石英二长岩都以长石为主要矿物组分，石英含量较低，含有少量角闪石。化学分析结果表明它们都有较高的 Al_2O_3 含量，但岩石中都未出现白云母、堇青石和石榴子石等标示强过铝质岩石的特征矿物（Miller and Bradfish，1980），以及大多数样品的 A/CNK 值都小于1.1，P_2O_5 在石英二长岩中含量仅为 0.02% ~ 0.07%，花岗闪长岩中也只有 0.13% ~ 0.15%，远低于 S 型花岗岩中 P_2O_5 的含量（0.65%；Chappell，1999），显示其 I 型花岗岩的属性（Wolf and London，1994）。花岗闪长岩中虽然有部分样品的 A/CNK 值大于1.1，但岩石中未出现过铝质花岗岩的标志性矿物，如白云母等（King et al.，1997），其较高的 A/CNK 值可能是样品中黑云母和角闪石矿物含量相对偏高引起的，因此其性质应属偏铝质的，岩石类型也是 I 型的。

勐连花岗闪长岩和铁锅山石英二长岩中较低的锆石 $^{176}Hf/^{177}Hf$ 初始值、负的锆石 $\varepsilon_{Hf}(t)$ 值及其对应的单阶段模式年龄（1120 ~ 975 Ma）、在 $\varepsilon_{Hf}(t)$ –U-Pb 年龄图解上所有样品都落在球粒陨石线和下地壳线之间（图 3-16），以及高 Al_2O_3 含量和 Th/Hf 值，揭示其壳源属性（Barry et al.，2006）。但锆石 $\varepsilon_{Hf}(t)$ 值变化范围较大，其绝对值远小于壳源岩浆岩（Yogodzinski et al.，2010），以及高 Th/Yb（3.5 ~ 13.2）、低 Ba/La（0.39 ~ 14.60）和 Yb/Hf（<1.2，除 09QT-20 和 09QT-22 略大于 1.2）等特征表明，除壳源物质外，还有幔源组分的加入（Woodhead et al.，2001；Barry et al.，2006；Bolhar et al.，2008；Zhu et al.，2009a；Gagnevin et al.，2011）。由此可见，腾冲早白垩世岩浆岩是以壳源为主，幔源组分不同程度加入的混合型岩浆岩。此外，岩石富钠、贫钾，并且在微量元素蛛网图和稀土配分曲线图上展示出 LILE（Rb、Sr、K 和 Ba）相对原始地幔强烈富集，Ba、Nb、Ta、Sr、P、Ti 和 Eu 的负异常，这与拉萨地块东缘察隅壳幔混合成因的 I 型花岗岩的地球化学特征（Zhu et al.，2009b）完全相似，有力的支持其壳源和幔源组分相互作用形成混合岩浆（Blichert-Toft and Albarède，1997；Beloisova et al.，2006；Bolhar et al.，2008）的推断。俯冲洋壳多由未蚀变的基性–超基性洋壳层、含水沉积物层和上部水化（蚀变）基性–超基性岩层组成（Nakamura and Iwamori，2009）。洋壳向下俯冲过程中，由于洋壳上部存在含水沉积物层和蚀变洋壳形成的含水矿物（蛇纹石、绿泥石等）层，随着洋壳向下俯冲，压力增大、温度升高，这些流体或从沉积物中挤出或因含水矿物发生脱水反应而析出，在压力梯度作用下进入俯冲板片上部的地幔楔形区，促使交代地幔橄榄岩部分熔融，形成基性–超基性岩浆（Iwamori，1998；Kepezhinskas et al.，1996；Iwamori et al.，2007；Nakamura and Iwamori，2009）。这种基性岩浆上升到壳幔边界的岩浆房后引起局部温度快速升高，诱发下地壳物质部分熔融形成酸性岩浆（Leeman，1983；Rapp et al.，1999；Winter，2001；Richards，2003；Annen et al.，2006；戚学祥等，2010），当这种壳源岩浆混合了少量幔源岩浆后形成具有幔–壳混合地球化学和 Lu-Hf 同位素特征的岩浆。锆石 Lu-Hf 同位素组成和岩石地球化学特征表明，腾冲早白垩世岩浆岩就是这种以壳源组分为主，加入了少量幔源组分混合岩浆的产物。

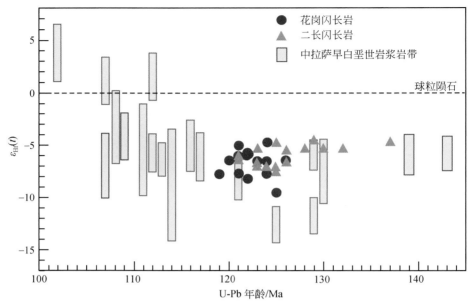

图 3-16　锆石 $\varepsilon_{Hf}(t)$ –U-Pb 年龄图解

2. 腾冲地块与拉萨地块早白垩世花岗岩的关系

腾冲地块内的早白垩世火成岩主要分布于地块东部，呈南北向带状展布。近年来，在腾冲地块东部边界——怒江（高黎贡）缝合带内（自泸水向北经福贡到贡山）相继厘定出一系列呈近南北向带状分布的早白垩世花岗岩带（杨启军等，2006），向北可与拉萨地块东缘的察隅-然乌-波密岩浆岩带相连，其锆石 U-Pb 定年都在 130 ~ 110 Ma 区间（杨启军等，2006；Chiu et al.，2009；Zhu et al.，2009b；Ji et al.，2009），锆石 $\varepsilon_{Hf}(t)$ 值分布于约-27.2 ~ 3.7 之间，绝大部分介于约-9.0 至-5.0 之间，单阶段模式年龄分布于 1418 ~ 760 Ma 之间，大部分集中于 1200 ~ 980 Ma 之间（Chiu et al.，2009；Zhu et al.，2009b；Ji et al.，2009），往西可延伸到中拉萨岩浆岩带，其岩浆活动主要集中于 143 ~ 102 Ma 之间，锆石 $\varepsilon_{Hf}(t)$ 值介于约-9.5 至-0.2 之间（图 3-16），单阶段模式年龄为 1.5 ~ 0.7 Ga（Zhu et al.，2009a）。

本研究测定的两个岩体锆石 SHRIMP U-Pb 年龄（125 ~ 122 Ma）与中拉萨及怒江缝合带（高黎贡）和拉萨地块东缘察隅-然乌-波密一带花岗岩形成时代一致。这些精确定年数据表明腾冲地块和拉萨地块一样，在早白垩世经历了一次广泛的岩浆活动。腾冲早白垩世岩浆岩锆石 $\varepsilon_{Hf}(t)$ 值和单阶段模式年龄与中拉萨和拉萨地块东缘岩浆岩非常吻合（图 3-16），更为重要的是它们都有相似的微量元素地球化学特征，如 LREE、LILE 相对原始地幔强烈富集，Eu、Ba、Nb、Ta、P 和 Ti 明显负异常等（图 3-11），暗示腾冲地块东部早白垩世岩浆岩带与中拉萨岩浆岩带形成环境相似，可能是中拉萨岩浆岩带向东南延伸的一部分。

3. 构造背景分析

腾冲地块早白垩世岩浆岩以高钠低钾、偏铝质、I 型为特征，LREE 和 LILE 强烈富集, Eu 和 Ba、Nb、Ta、P、Ti 负异常, 尤其是 Nb、Ta、P、Ti 负异常揭示其岛弧型岩浆岩的性质及其形成与俯冲-碰撞有成因联系 (Briqueu et al., 1984; Crawford et al., 1987; Wilson, 1989)。在 Pearce 等 (1984) 给出的构造环境判别图解上, 腾冲地块早白垩世岩浆岩主要落在岛弧花岗岩/岛弧-同碰撞花岗岩区, 少量落在洋中脊花岗岩区 (图3-17a, b), 从侧面证实了锆石 Lu-Hf 同位素揭示其物质主要来源于下地壳, 部分来源于上地幔的推论。在 Maniar 和 Piccoli (1989) 主量组分判别图解上落在岛弧-弧陆-陆陆碰撞型花岗岩区内 (图3-17c, d), 说明腾冲早白垩世岩浆岩形成于俯冲-碰撞的构造环境。

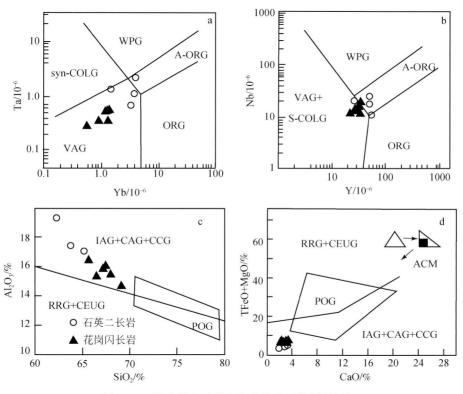

图 3-17　腾冲早白垩世岩浆岩构造环境判别图解

a 和 b 为花岗岩微量元素判别图解 (据 Pearce et al., 1984); c 和 d 为常量元素判别图解 (据 Maniar and Piccoli, 1989)

VAG-火山弧花岗岩; syn-COLG-同碰撞花岗岩; WPG-板内花岗岩; ORG-洋中脊花岗岩; IAG-岛弧花岗岩类; CAG-大陆弧花岗岩类; CCG-大陆碰撞花岗岩类; POG-后造山花岗岩类; RRG-与裂谷有关的花岗岩; CEUG-与大陆抬升有关的花岗岩

　　高黎贡和中拉萨及拉萨地块东缘早白垩世岩浆岩虽然以高钾低钠、过铝质的 S 型花岗岩类为主, 但其地球化学和同位素示踪结果表明, 它们主要为陆-陆碰撞型花岗岩, 部分具有岛弧型花岗岩特征, 其岩浆是以壳源为主, 有部分幔源组分加入的混合岩浆 (杨启军等, 2006; Zhu et al., 2009b; Chiu et al., 2009), 其构造成因模式主要有: ①新特提斯洋壳沿雅鲁藏布缝合带低角度或水平向北部的拉萨地块下俯冲形成的 (Scharer et al., 1984;

Coulon et al.，1986）；②中特提斯洋壳沿班公湖-怒江缝合带向南部的拉萨地块下俯冲形成的（杨启军等，2006；Zhu et al.，2009a，2009b）。中特提斯洋（班公湖-怒江）于中-晚三叠世打开，早白垩世闭合（李兴振等，1999；Metcalfe，2002），新特提斯洋沿雅鲁藏布缝合带向北俯冲时间为75 Ma（钟大赉等，1999）、印度板块与欧亚大陆始碰撞时间约65 Ma（莫宣学等，2003）、主碰撞期为45～38 Ma（莫宣学等，2003）。从中不难看出，中拉萨、拉萨地块东缘和腾冲地块内形成于俯冲碰撞背景下的早白垩世岩浆岩侵位时代远早于新特提斯洋壳向北俯冲的时间，而与中特提斯洋向南俯冲的时间一致，是对中特提斯洋壳沿班公湖-怒江缝合带向拉萨-腾冲地块下俯冲碰撞的响应。腾冲地块东缘的怒江（高黎贡）缝合带向西至腾冲地块内发育的一系列火成岩具有从高钾低钠的过铝质 S 型向高钠低钾的偏铝质的 I 型转变，前者位于俯冲碰撞带主碰撞带，岩石类型以陆-陆碰撞型为主，后者偏离主碰撞区，岩石类型以岛弧型为主，说明腾冲地块早白垩世岩浆岩的形成是中特提斯洋（班公湖-怒江）向腾冲地块下俯冲碰撞导致上地幔和下地壳物质部分熔融形成的岛弧型岩浆岩。

第三节　晚白垩世—古近纪花岗岩

一、晚白垩世—古近纪花岗岩研究现状

腾冲地区岩浆侵入岩、新生代陆相火山岩-沉积岩及构造断陷盆地从北向南由近南北向转为北东向，并相间分布于大盈江、龙川江等主要弧形断裂之间（图3-18）。晚白垩世—古近纪花岗岩类主体分布于大盈江断裂带北西侧，仅有少部分分布于大盈江断裂的南东侧，大盈江断裂带北西侧的新生代花岗岩分布于槟榔江两岸，主要以岩基、岩墙形式产出；大盈江断裂带南东侧的新生代花岗岩规模较小，以岩脉和岩株产出，在高黎贡剪切带和腾冲热海均有发现（董方浏等，2006）。

前人对腾冲地块晚白垩世—古近纪花岗岩岩石地球化学、年代学、构造背景等方面的研究，取得了许多重要认识（董方浏等，2006；杨启军等，2009；丛峰等，2010；江彪等，2012）。晚白垩世花岗岩主要以黑云母二长花岗岩、黑云母花岗岩、二长闪长岩为主，具有高钾钙碱性、过铝质-强过铝质的性质，糜棱岩化普遍发育，而古近纪时期的花岗岩则主要以二长花岗岩、白云母花岗岩、正长花岗岩、花岗斑岩为主，具有高钾钙碱性、偏铝-过铝、过铝-强过铝的性质。杨启军等（2009）通过对腾冲-梁河地区晚白垩世（约76～68 Ma）黑云母二长花岗岩、黑云钾长斑岩、二云母二长花岗岩岩石地球化学特征的研究，认为岩浆是由中、下地壳含黏土的变质硬砂岩部分熔融形成，且形成于岛弧-同碰撞环境。而江彪等（2012）通过对腾冲大松坡晚白垩世花岗岩地球化学特征的研究，认为其具有 A 型花岗岩特征，且产于造山后的伸展构造环境。董方浏等（2006）通过对腾冲地区新生代（约66～41 Ma）二长花岗岩、正长花岗岩、白云母花岗岩、白云母钠长花岗岩成因的研究，认为岩浆属于地壳来源，早期源岩属贫黏土的砂板岩，晚期属富黏土泥岩，且形成于后碰撞-板内构造环境。

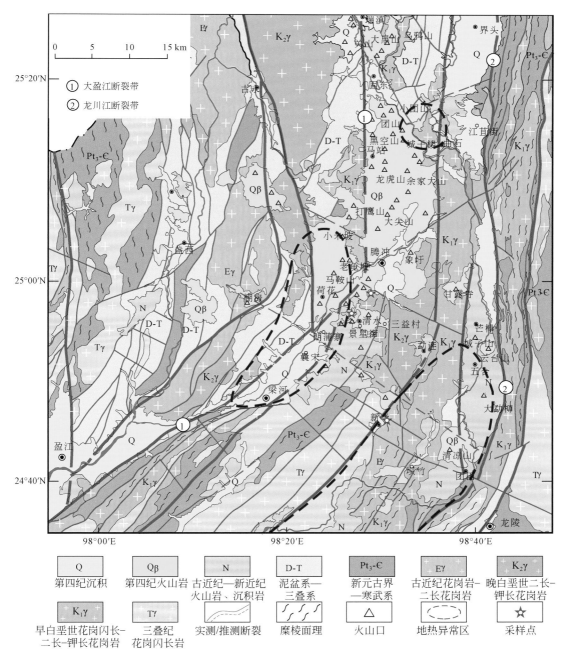

图 3-18 腾冲地块地质略图及采样位置

　　但前人对腾冲地块高地热异常区发育的花岗岩的成因、时代及构造背景，特别是与腾冲地块高地热异常区关系的研究还较少。本研究重点对腾冲市境内朗蒲–热海–马鞍山、五合–新华–蒲川两个高地热异常区中（白登海等，1994；楼海等，2002；叶建庆等，2003；赵慈平等，2006；赵慈平和张云新，2008；李辉等，2011；Xu et al.，2012）新确认的与新生代火山岩、热泉集中分布区紧密伴生的晚白垩世—新生代花岗岩的变形变质、岩石地球化学、年代学、成因构造背景，以及与高地热异常区的关系进行了研究和探讨。

二、岩相学特征

腾冲市城南约 7 km 清水左所营飞虎公园一带出露分布的初糜棱岩化黑云母二长花岗岩，在 1∶20 万腾冲幅区域地质调查中曾将其定为高黎贡山群混合花岗岩（云南省地质局，1982）。岩体呈近南北向展布，长约 25 km，宽约 5~10 km，出露面积约 70 km²，以发育近北北东走向、西倾低角度（<30°）韧性糜棱面理为特征（图 3-19a），其西部被第四纪沉积-火山岩不整合覆盖，东部与早白垩世花岗岩呈侵入接触关系，内部夹有少量残留的早期云母片岩。初糜棱岩化黑云母二长花岗岩，浅灰色，风化后呈褐黄色，条带状-眼球状构造，粗粒似斑状结构。主要矿物有：斜长石（25%~30%）、钾长石（25%~35%）、石英（20%~25%）、黑云母（5%~15%）、角闪石（5%），以及锆石、磁铁矿、钛铁矿等副矿物，在 QAP 定量矿物分类图解上落在二长花岗岩区（图 3-20）。残斑（斑晶）主要为钾长石、斜长石、石英，约占 70%，基质为长石、石英、黑云母等，约占 30%（图 3-19b）。斜长石斑晶呈自形-半自形，板柱状，粒径约为 10~15 mm，解理发育，聚片双晶和碎裂裂隙十分发育，绢云母化蚀变强烈。钾长石斑晶主要为微斜长石，半自形，短柱状，粒径 10~15 mm，两组近正交解理发育，常见碎裂裂隙，高岭土化蚀变普遍，沿钾长石斑晶不规则边界常见有细粒斜长石、石英动态重结晶颗粒。石英呈他形粒状，粒径可分为残斑和动态重结晶亚颗粒两个粒级：残斑粒径一般为 4~6 mm，波状消光普遍；动态重结晶亚颗粒粒径一般为 0.05~0.1 mm，边界锯齿状发育。黑云母呈黄棕色，他形-半自形短柱状，板片状，短轴一般为 0.5~1 mm，解理发育，受应力作用颗粒边界及解理常发生弯曲变形。

腾冲市南东新华乡南约 1 km 的新华乡至蒲川乡一带出露强糜棱岩化黑云母二长花岗岩，在 1∶20 万腾冲幅区域地质调查中曾将其定为高黎贡山群花岗质混合岩（云南省地质局，1982）。岩体呈北北东向展布，长约 30 km，宽约 3~5 km，出露面积约 90 km²。岩体以发育走向近南北，倾角约 70°~87° 的近垂直高角度糜棱面理和近水平走滑剪切糜棱线理为特征（图 3-19c），其西部为新近纪—第四纪火山沉积岩以不整合覆盖或断层接触，东部侵入早白垩世花岗岩。强糜棱岩化黑云母二长花岗岩，灰白色，风化后呈褐黄色，条带-条纹状、眼球状构造，细粒糜棱-超糜棱结构。主要矿物有：斜长石（25%~30%）、钾长石（30%~35%）、石英（30%~45%）、黑云母，在 QAP 定量矿物分类图解上落在二长花岗岩区（图 3-20）。残斑主要为钾长石、斜长石、石英、黑云母，约占 20%~25%，基质主要为长石、石英、黑云母、绢云母、磁铁矿、磷灰石、锆石、钛铁矿，约占 75%~80%。σ、δ 型残斑（斑晶）主要为钾长石、斜长石，S-C 面理发育，云母鱼变形构造常见，基质中常见动态重结晶石英（图 3-19d）。钾长石、斜长石残斑呈眼球状，粒径一般为 2~4 mm，双晶发育，表面裂隙常见。石英残斑为他形粒状、眼球状，粒径一般为 0.5~1 mm，无解理，波状消光普遍。

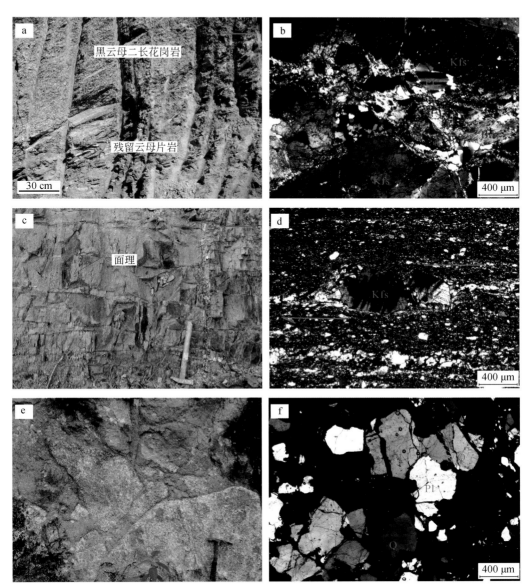

图 3-19　腾冲地块高地热异常区晚白垩世—古近纪花岗岩宏观及微观特征

a、b 为初糜棱岩化黑云母二长花岗岩宏观及微观特征；c、d 为强糜棱岩化黑云母二长花岗岩宏观及微观特征；

e、f 为硅化碎裂正长花岗岩宏观及微观特征

Q-石英，Pl-斜长石

　　腾冲市城南约 12 km 的热海硫磺塘大滚锅火山地热公园内出露有硅化碎裂正长花岗岩，在 1∶20 万腾冲幅区域地质调查中曾将其定为古近纪南林组下部花岗质砂砾岩（云南省地质局，1982），胡云中等（2002）则认为南林组下部花岗质砂砾岩实为强烈蚀变的角砾状、碎裂状碱长花岗岩。岩体受近南北向和东西向断裂控制，呈十字形出露，南北长约 3 km，东西长约 6 km，出露面积约 10 km²，并为新近纪—第四纪沉积砂砾岩地层和火山

岩沉积不整合覆盖。硅化碎裂正长花岗岩,灰白色,风化后呈浅褐黄色,块状构造,局部角砾状、碎裂状构造,角砾直径一般为 2 ~ 7 cm,大者可达 20 ~ 30 cm,中-粗粒花岗结构、似斑状结构、碎斑或碎裂结构(图3-19e),硅化、高岭土化、黏土化、绢云母化现象强烈,结合胡云中等(2002)对该花岗岩的研究,其主要矿物为:斜长石(25% ~ 40%)、钾长石(30% ~ 45%)、石英(30% ~ 40%)、黑云母(5%),以及磁铁矿、磷灰石、锆石、钛铁矿等副矿物(图3-19f),在QAP定量矿物分类图解上落在正长花岗岩区(图3-20)。钾长石呈他形-半自形柱状,粒径一般为 1 ~ 3 mm,表面裂隙发育,高岭土化、泥化蚀变强烈。斜长石呈他形-半自形柱状,粒径一般为 1 ~ 5 mm,聚片双晶不发育,表面裂隙发育,绢云母化,常见强烈蚀变黏土矿物。石英呈他形粒状,碎裂特征明显,粒径一般为 1 ~ 3 mm,大者可达 5 mm,波状消光发育。黑云母常见晶面弯曲现象,主要集中分布于长石颗粒之间。普遍见有硅化形成的隐晶质玉髓、蛋白石,这说明其形成后仍有强烈的断裂构造活动和持续的水热爆炸活动与蚀变作用。

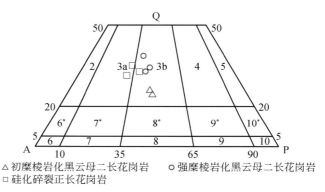

△初糜棱岩化黑云母二长花岗岩 ○强糜棱岩化黑云母二长花岗岩
□硅化碎裂正长花岗岩

图3-20 腾冲地块高地热异常区晚白垩世—古近纪花岗岩 QAP 图解(Maniar and Piccoli, 1989)

2-碱长花岗岩;3a-正长花岗岩或普通花岗岩;3b-二长花岗岩;4-花岗闪长岩;5-英云闪长岩;6*-碱长石英正长岩;7*-石英正长岩;8*-石英二长岩;9*-石英二长闪长岩/石英二长辉长岩;10*-石英闪长岩/石英辉长岩;6-碱长正长岩;7-正长岩;8-二长岩;9-二长闪长岩/二长辉长岩;10-闪长岩/辉长岩/斜长岩

三、地球化学特征

腾冲地区清水左所营初糜棱岩化黑云母二长花岗岩(TC-28-2、TC-28-3)、新华强糜棱岩化黑云母二长花岗岩(TC-XH-1、TC-XH-2、TC-XH-3),以及热海硫磺塘硅化碎裂正长花岗岩(TC-26-1、TC-26-2、TC-26-3)的常量元素具有以下基本特征(表3-7):初糜棱岩化黑云母二长花岗岩 SiO_2 含量为 68.8% ~ 69.8%,高 K_2O(5.13% ~ 7.62%),富碱($Na_2O+K_2O=7.87\%$ ~ 9.72%,$K_2O/Na_2O=1.87$ ~ 3.63,$CaO=1.02\%$ ~ 1.45%),高 Al_2O_3(14.9% ~ 15.2%,A/CNK=1.10 ~ 1.20),富铁($TFeO/MgO=3.60$ ~ 4.44)。强糜棱岩化黑云母二长花岗岩 SiO_2 含量为 74.6% ~ 75.1%,高 K_2O(5.90% ~ 5.91%),富碱($Na_2O+K_2O=7.77\%$ ~ 8.13%,$K_2O/Na_2O=2.66$ ~ 3.16,$CaO=0.51\%$ ~ 0.65%),高 Al_2O_3(13.9% ~ 14.3%,A/CNK=1.24 ~ 1.38),富铁($TFeO/MgO=2.48$ ~ 4.92)。而硅化碎裂

正长花岗岩的 SiO_2 含量很高（81.4% ~ 88.8%），低 K_2O（0.37% ~ 0.96%）、Na_2O（0.01% ~ 0.12%），低碱（Na_2O+K_2O = 0.38% ~ 1.08%），高 K_2O/Na_2O（8 ~ 37），CaO = 0.02% ~ 0.09%，低 Al_2O_3（5.85% ~ 12.6%），A/CNK = 4.18 ~ 27.8，富铁（$TFeO/MgO$ = 1.71 ~ 3.33）。

在 SiO_2–K_2O 图解（Peccerillo and Taylor，1976；Middlemost，1985）中，初糜棱岩化黑云母二长花岗岩、强糜棱岩化黑云母二长花岗岩均落入钾玄质花岗岩区（图3-21）。硅化碎裂正长花岗岩由于受后期强烈构造碎裂硅化等蚀变作用的影响，SiO_2 含量明显偏高，而 Na_2O、K_2O、CaO、Al_2O_3 的带出导致含量明显偏低。硅化碎裂正长花岗岩实际上已蚀变为硅英岩或硅化碎裂花岗岩，但在不活动微量元素 Zr/TiO_2–Nb/Y 岩石化学分类图解上，落在粗面安山岩区，其对应的侵入岩在 TAS 分类图解中为二长岩区，这与镜下鉴定结果基本吻合。这表明，硅化碎裂正长花岗岩常微量元素已发生明显的迁移，已很难准确反映其原岩基本地球化学特征，但高场强不活动微量元素和稀土元素仍保留了原岩基本地球化学特征。

表 3-7　腾冲地块晚白垩世—古近纪花岗岩常量元素含量（%）、稀土元素和微量元素含量（×10^{-6}）

成分	TC-28-2	TC-28-3	TC-XH-1	TC-XH-2	TC-XH-3	TC-26-1	TC-26-2	TC-26-3
	初糜棱岩化黑云母二长花岗岩		强糜棱岩化黑云母二长花岗岩			硅化碎裂正长花岗岩		
SiO_2	68.80	69.82	74.80	75.05	74.60	88.80	88.10	81.37
TiO_2	0.66	0.43	0.15	0.15	0.16	0.12	0.08	0.08
Al_2O_3	15.20	14.85	13.90	14.19	14.32	5.85	6.16	12.61
Fe_2O_3	2.34	1.10	0.58	0.28	0.33	0.010	0.02	0.09
FeO	1.13	1.28	0.12	0.37	0.40	0.19	0.10	0.16
MnO	0.05	0.03	0.01	0.01	0.01	0.01	0.01	0.01
MgO	0.73	0.63	0.13	0.25	0.26	0.06	0.07	0.12
CaO	1.45	1.02	0.65	0.52	0.51	0.09	0.02	0.02
Na_2O	2.74	2.10	2.22	1.98	1.87	0.12	0.10	0.01
K_2O	5.13	7.62	5.91	5.90	5.90	0.96	0.95	0.37
P_2O_5	0.22	0.18	0.01	0.06	0.07	0.01	0.01	0.05
H_2O+	1.39	0.66	1.36	1.06	1.41	2.65	2.79	4.39
CO_2	0.04	0.04	0.04	0.02	0.04	0.06	0.05	0.10
Total	99.88	99.76	99.88	99.86	99.88	98.93	98.5	99.38
A/CNK	1.20	1.10	1.24	1.34	1.38	4.18	4.73	27.82
$TFeO/MgO$	4.44	3.60	4.92	2.48	2.69	3.33	1.71	2
K_2O/Na_2O	1.87	3.63	2.66	2.98	3.16	8.00	9.50	37
Ba	657.00	974.00	152.00	162.00	160.00	9.33	32.20	16.60

成分	TC-28-2	TC-28-3	TC-XH-1	TC-XH-2	TC-XH-3	TC-26-1	TC-26-2	TC-26-3
	初糜棱岩化黑云母二长花岗岩		强糜棱岩化黑云母二长花岗岩			硅化碎裂正长花岗岩		
Rb	235.00	274.00	457.00	439.00	446.00	109.00	95.2	20.00
Sr	179.00	193.00	55.00	52.20	50.40	1.98	7.63	5.87
Y	33.60	37.60	39.30	61.10	70.60	38.10	48.90	59.20
Zr	106.00	120.00	146.00	148.00	132.00	115.00	71.50	94.80
Nb	30.70	21.90	33.90	42.50	32.20	42.30	47.50	48.90
Th	25.90	9.96	63.8	77.40	77.50	15.30	22.60	26.40
Pb	28.00	42.30	62.40	58.40	63.60	8.67	26.70	240.00
Ga	21.20	18.60	18.50	19.90	20.90	8.06	9.61	29.30
Zn	48.60	30.50	25.70	27.90	35.50	6.10	5.68	5.47
Cu	5.24	4.37	0.62	0.75	0.92	0.20	0.29	2.08
Ni	4.74	3.35	0.99	0.63	0.61	5.34	1.58	0.69
V	37.90	23.50	5.17	6.59	6.21	2.39	2.97	2.48
Cr	6.62	4.84	1.69	1.23	1.53	1.47	1.21	1.07
Hf	2.65	3.40	5.11	5.08	4.59	6.56	3.88	6.26
Cs	6.09	7.67	9.38	8.69	8.84	5.65	8.26	1.44
Sc	6.29	5.21	3.17	4.37	4.55	2.79	3.06	2.88
Ta	2.22	1.43	4.24	5.76	3.71	4.49	5.35	6.26
Co	56.80	45.30	33.10	18.10	23.30	273.00	95.30	34.10
Li	21.60	18.40	20.20	22.40	27.70	8.93	10.00	3.94
Be	2.94	2.32	4.87	4.94	5.00	1.14	2.95	2.48
U	2.94	2.29	10.70	14.80	12.20	10.10	8.38	16.40
La	95.70	43.10	56.30	67.20	102.00	13.00	16.80	12.80
Ce	181.00	81.20	123.00	144.00	230.00	34.50	53.20	29.40
Pr	20.00	8.26	13.10	14.80	21.20	4.11	5.11	3.15
Nd	65.00	28.80	44.60	50.20	73.00	15.10	19.30	11.80
Sm	10.10	5.49	9.24	11.00	15.50	4.21	5.50	4.20
Eu	1.43	1.66	0.46	0.57	0.78	0.11	0.19	0.14
Gd	8.03	5.38	7.87	9.78	13.90	4.05	5.09	5.22
Tb	1.12	0.93	1.27	1.70	2.22	0.80	0.99	1.13
Dy	6.15	5.99	7.22	10.30	12.50	5.49	6.92	8.24
Ho	1.11	1.23	1.31	1.95	2.25	1.13	1.43	1.77

续表

成分	TC-28-2	TC-28-3	TC-XH-1	TC-XH-2	TC-XH-3	TC-26-1	TC-26-2	TC-26-3
	初糜棱岩化黑云母二长花岗岩		强糜棱岩化黑云母二长花岗岩			硅化碎裂正长花岗岩		
Er	3.59	3.84	3.82	5.70	6.27	3.84	4.87	5.72
Tm	0.54	0.58	0.55	0.88	0.96	0.64	0.79	1.02
Yb	3.56	3.30	3.49	5.60	5.87	4.41	5.30	6.97
Lu	0.50	0.48	0.50	0.79	0.83	0.70	0.79	1.02
ΣREE	397.83	190.24	272.73	324.47	487.28	92.09	126.28	92.58
LREE	373.23	168.51	246.7	287.77	442.48	71.03	100.10	61.49
HREE	24.60	21.73	26.03	36.70	44.80	21.06	26.18	31.09
LREE/HREE	15.17	7.75	9.48	7.84	9.88	3.37	3.82	1.98
δEu	0.47	0.92	0.16	0.16	0.16	0.08	0.11	0.09
δCe	0.96	0.99	1.07	1.07	1.15	1.15	1.39	1.10
$(La/Sm)_N$	6.12	5.07	3.93	3.94	4.25	1.99	1.97	1.97
$(Gd/Yb)_N$	1.87	1.35	1.87	1.44	1.96	0.76	0.79	0.62

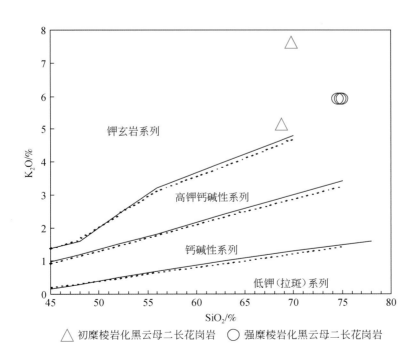

△ 初糜棱岩化黑云母二长花岗岩　　○ 强糜棱岩化黑云母二长花岗岩

□ 硅化碎裂正长花岗岩

图 3-21　腾冲地块高地热异常区晚白垩世—古近纪花岗岩 SiO_2-K_2O 图解（实线据 Peccerillo and Taylor，1976；虚线据 Middlemost，1985）

初糜棱岩化黑云母二长花岗岩、强糜棱岩化黑云母二长花岗岩和硅化碎裂正长花岗岩的稀土元素具有以下基本特征（图3-22）：初糜棱岩化黑云母二长花岗岩稀土元素总量 $\Sigma REE = 190.2 \times 10^{-6} \sim 397.8 \times 10^{-6}$（不含 Y，下同），LREE/HREE = 7.75 ~ 15.17，$(La/Sm)_N = 5.07 \sim 6.12$，$(Gd/Yb)_N = 1.35 \sim 1.87$，具负 Eu 异常（$\delta Eu = 0.47 \sim 0.92$），无明显 Ce 异常（$\delta Ce = 0.96 \sim 0.99$），表现出轻稀土较富集，重稀土相对亏损的稀土配分型式特点。强糜棱岩化黑云母二长花岗岩稀土元素总量 REE $= 272.7 \times 10^{-6} \sim 487.3 \times 10^{-6}$，

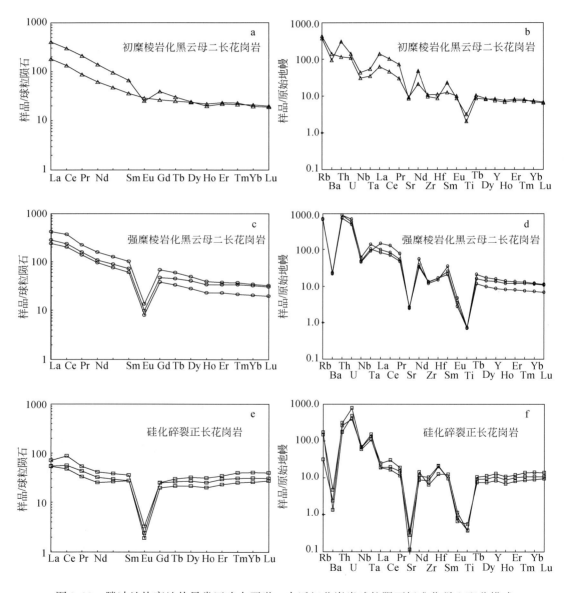

图3-22　腾冲地块高地热异常区晚白垩世—古近纪花岗岩球粒陨石标准化稀土配分模式和原始地幔标准化微量元素蛛网图（标准化值据 Sun and McDonough，1989）

LREE/HREE = 7.84 ~ 9.88，（La/Sm）$_N$ = 3.93 ~ 4.25，（Gd/Yb）$_N$ = 1.44 ~ 1.96，具强烈负 Eu 异常（δEu = 0.16），无明显 Ce 异常（δCe = 1.07 ~ 1.15），表现出轻稀土较富集，重稀土平坦，轻重稀土略有分异，Eu 强烈亏损的深 V 海鸥形稀土配分型式特点。而硅化碎裂正长花岗岩稀土元素总量 REE = 92.1×10^{-6} ~ 126.3×10^{-6}，LREE/HREE = 1.98 ~ 3.82，（La/Sm）$_N$ = 1.97 ~ 1.99，（Gd/Yb）$_N$ = 0.62 ~ 0.79，具有强烈负 Eu 异常（δEu = 0.09 ~ 0.11），弱 Ce 正异常（δCe = 1.10 ~ 1.39），表现出轻重稀土分异不明显，Eu 强烈亏损的深 V 海鸥形稀土配分型式特点。此外，硅化碎裂正长花岗岩具有典型的 M 型稀土元素四分组效应，这表明其属高程度演化花岗质岩浆，且晚期经历了流体/熔体相互作用（Masuda et al.，1987；赵振华和熊小林，1999，赵振华，1992）。

在微量元素在原始地幔标准化蛛网图上（图 3-22），初糜棱岩化黑云母二长花岗岩普遍富集 Rb、Th、U、Ce 和 Sm，不同程度地亏损 Ba、Nb、Ta、Sr 和 Ti，尤其是 Nb、Ta 的亏损，显示具有岛弧或活动大陆边缘火山弧环境形成的特征；强糜棱岩化黑云母二长花岗岩和硅化碎裂正长花岗岩则普遍富集 Rb、Th、U、Ce、Sm 和 Ta，不同程度地亏损 Ba、Nb、Sr 和 Ti，这与 A 型花岗岩的稀土配分模式类似，显示后碰撞-板内构造过渡环境形成的花岗岩特征（Pearce et al.，1984）。从初糜棱岩化黑云母二长花岗岩到强糜棱岩化黑云母二长花岗岩和硅化碎裂正长花岗岩，Th、U 的富集程度越来越高，而 Nb、Sr、Ti 亏损不断增强，分配曲线的总体斜率及富集与亏损的反差愈来愈大，呈现出一种递进演化的关系，可能反映了连续过渡或转换的构造环境特征，暗示从洋-陆俯冲体制向大陆碰撞体制转变的地球动力学环境。这三个花岗岩岩体的主微量元素特征与腾冲地区同时期的钾玄质强过铝花岗岩特征基本一致（董方浏等，2006；杨启军等，2009；江彪等，2012）。

在 Whalen 等（1987）的 A 型花岗岩 10000Ga/Al-Zr、Nb、Ce、Y 微量元素判别图解中，初糜棱岩化黑云母二长花岗岩部分落在 A 型花岗岩区，部分落在 A 型花岗岩区与 I、S 型花岗岩区交界处，强糜棱岩化黑云母二长花岗岩和硅化碎裂正长花岗岩则落在 A 型花岗岩区范围（图 3-23）。

在 Pearce 等（1984）和 Pearce（1996）的 Rb-Y+Nb 和 Rb-Yb+Ta 构造环境判别图解中，强糜棱岩化黑云母二长花岗岩和硅化碎裂正长花岗岩大多落在板内构造环境区，或后碰撞与板内构造环境交界区（图 3-24），显示形成于后碰撞-板内构造环境。而初糜棱岩化黑云母二长花岗岩则落在同碰撞与后碰撞构造环境交汇区（图 3-24），结合其稀土元素、微量元素蛛网图显示出火山弧形成花岗岩的一些特征，并与强糜棱岩化黑云母二长花岗岩和硅化碎裂正长花岗岩具有明显差异，因而推断其形成于火山弧-后碰撞转换构造环境。

综上所述，初糜棱岩化黑云母二长花岗岩为活动大陆边缘火山弧-后碰撞转换构造环境形成的钾玄质强过铝花岗岩，而强糜棱岩化黑云母二长花岗岩和硅化碎裂正长花岗岩则属后碰撞-板内构造环境形成的钾玄质强过铝质 A 型花岗岩。

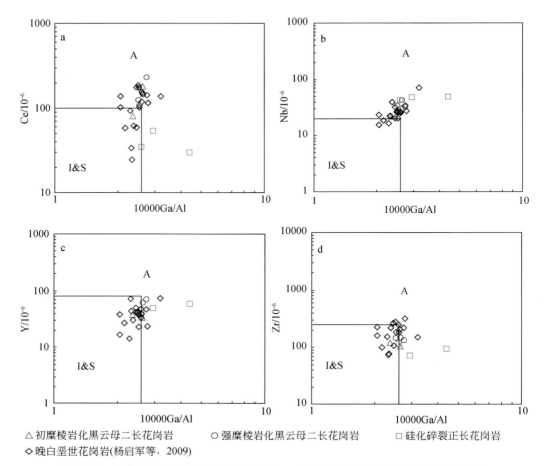

△ 初糜棱岩化黑云母二长花岗岩　　　○ 强糜棱岩化黑云母二长花岗岩　　　□ 硅化碎裂正长花岗岩
◇ 晚白垩世花岗岩(杨启军等，2009)

图 3-23　腾冲地块高地热异常区晚白垩世—古近纪花岗岩岩浆成因类型判别图解

（据 Whalen et al.，1987）

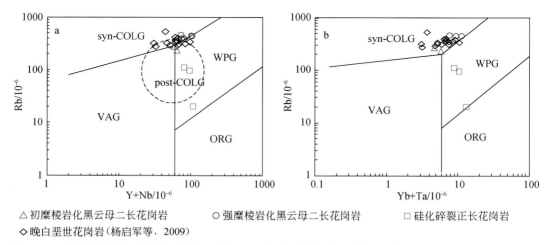

△ 初糜棱岩化黑云母二长花岗岩　　　○ 强糜棱岩化黑云母二长花岗岩　　　□ 硅化碎裂正长花岗岩
◇ 晚白垩世花岗岩(杨启军等，2009)

图 3-24　腾冲地块高地热异常区晚白垩世—古近纪花岗岩构造环境判别图解 （据 Pearce et al.，1984；

Pearce，1996）

VAG-火山弧花岗岩；syn-COLG-同碰撞花岗岩；WPG-板内花岗岩；ORG-洋中脊花岗岩

四、晚白垩世—古近纪花岗岩年代学特征

1. 锆石形态结构和微量元素成分

清水左所营初糜棱岩化黑云母二长花岗岩（TC-28-2，TC-28-3）、新华强糜棱岩化黑云母二长花岗岩（TC-XH-2，TC-XH-3）和热海硫磺塘硅化碎裂正长花岗岩（TC-26-1，TC-26-2）的锆石晶型特征非常相似，大部分呈自形–半自形柱状、短柱状，晶面整洁光滑，粒度大多在约 70 μm×100 μm ~ 100 μm×180 μm 之间，长宽比一般为 2：1，个别可达4：1。锆石阴极发光图像显示三个花岗岩样品的锆石都是边界形态清晰，发育典型岩浆生长韵律环带，未见继承性锆石核和新生变质锆石边的存在（图 3-25）。初糜棱岩化黑云母二长花岗岩锆石的 Th/U 值为 0.32 ~ 1.36，强糜棱岩化黑云母二长花岗岩锆石的 Th/U 值为 0.20 ~ 4.20，硅化碎裂正长花岗岩锆石的 Th/U 值为 0.21 ~ 1.27（表 3-8），这些特征均显示岩浆结晶锆石的基本特征。

2. 锆石结晶温度

根据锆石 Ti 温度计（Watson and Harrison，2005；Watson et al.，2006；Ferry and Watson，2007；高晓英和郑永飞，2011），对清水左所营初糜棱岩化黑云母二长花岗岩、新华强糜棱岩化黑云母二长花岗岩和热海硫磺塘硅化碎裂正长花岗岩形成结晶时的锆石饱和温度进行了估算。本研究采用 Ferry 和 Watson（2007）校正的锆石饱和温度公式：$lg(Ti\text{-}in\text{-}zircon,ppm) = (5.711\pm0.072) - (4800\pm86)/T(K) - lg\alpha_{SiO_2} + lg\alpha_{TiO_2}$ 进行计算，对于花岗岩等地壳岩石，通常 $\alpha_{SiO_2} = 0.5 ~ 1$，取 $\alpha_{SiO_2} = 0.9$，而对于 α_{TiO_2}，当锆石存在时，$\alpha_{TiO_2} \geqslant 0.5$，钛铁矿存在时，$\alpha_{TiO_2} \geqslant 0.6$，榍石和钛磁铁矿存在时，$\alpha_{TiO_2} \geqslant 0.7$，金红石存在时，$\alpha_{TiO_2} \geqslant 1$，因所研究花岗岩普遍存在钛铁矿、钛磁铁等副矿物，故取 $\alpha_{TiO_2} = 0.6$（Watson and Harrison，2005）。据此，计算获得三个花岗岩岩体形成的锆石 Ti 饱和温度分别为：初糜棱岩化黑云母二长花岗岩形成温度介于 781 ~ 799 ℃（平均 790 ℃）；强糜棱岩化黑云母二长花岗岩形成温度介于 696 ~ 702 ℃（平均 699 ℃）；硅化碎裂正长花岗岩形成温度介于678 ~ 705 ℃（平均 692 ℃）。

清水左所营初糜棱岩化黑云母二长花岗岩形成温度与全球铝质 A 型花岗岩形成的锆石饱和温度 712 ~ 855 ℃（平均 800 ℃）（刘昌实等，2003）、我国华南 A 型花岗岩形成的锆石饱和温度 680 ~ 885 ℃（平均 790 ℃）（钟玉婷和徐义刚，2009）基本一致；而新华强糜棱岩化黑云母二长花岗岩、热海硫磺塘硅化碎裂正长花岗岩形成温度略低于全球铝质 A 型花岗岩和华南 A 型花岗岩形成的平均温度，显示出中–高温花岗岩的特征，这可能与受后期硅化碎裂作用和强糜棱岩化变形变质改造作用有关。

3. 锆石 LA-ICP-MS U-Pb 定年

清水左所营初糜棱岩化黑云母二长花岗岩、新华强糜棱岩化黑云母二长花岗岩和热海硫磺塘硅化碎裂正长花岗岩锆石 LA-ICP-MS U-Pb 的定年测试分析结果表明（表 3-8），锆石测年分析点绝大部分都位于 U-Pb 谐和曲线上或其附近（图 3-26）。初糜棱岩化黑云母二长花岗岩的两个样品锆石 U-Pb 的 $^{206}Pb/^{238}U$ 加权平均年龄分别为：73±1 Ma（$n = 19$，MSWD = 3.7）和 73±1 Ma（$n = 24$，MSWD = 5），置信度为 95%。强糜棱岩化黑云母二长

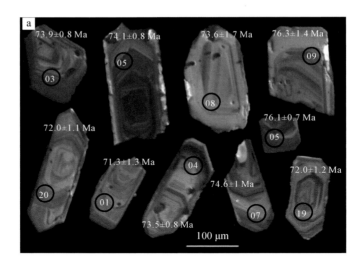

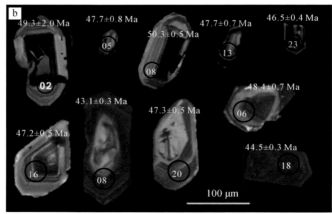

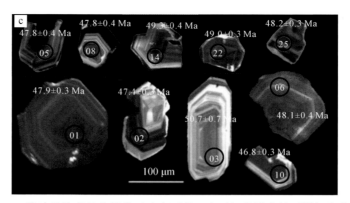

图 3-25　腾冲地块高地热异常区晚白垩世—古近纪花岗岩锆石阴极发光图像

a. 初糜棱岩化黑云母二长花岗岩（TC-28-2，TC-28-3）；b. 强糜棱岩化黑云母二长花岗岩（TC-XH-2，TC-XH-3）；

c. 硅化碎裂正长花岗岩（TC-26-1，TC-26-2）

表 3-8　腾冲地块高地热异常区晚白垩世—古近纪花岗岩岩石锆石 LA-ICP-MS U-Pb 定年数据

测点号	Th /10⁻⁶	U /10⁻⁶	Th/U	同位素								年龄/Ma			
				$\frac{^{207}Pb}{^{206}Pb}$	1σ	$\frac{^{207}Pb}{^{235}U}$	1σ	$\frac{^{206}Pb}{^{238}U}$	1σ	$\frac{^{207}Pb}{^{206}Pb}$	1σ	$\frac{^{207}Pb}{^{235}U}$	1σ	$\frac{^{206}Pb}{^{238}U}$	1σ
TC-28-2, 初糜棱岩化黑云母二长花岗岩															
TC-28-2-01	284	475	0.60	0.0512	0.0027	0.0833	0.0043	0.0119	0.0001	250.07	120.36	81.23	4.05	76.42	0.91
TC-28-2-02	148	156	0.95	0.0671	0.0048	0.1060	0.0076	0.0115	0.0002	838.89	150.00	102.28	6.98	73.50	1.57
TC-28-2-03	245	761	0.32	0.0478	0.0021	0.0756	0.0033	0.0115	0.0001	100.09	90.73	74.02	3.16	73.90	0.82
TC-28-2-04	493	643	0.77	0.0527	0.0023	0.0968	0.0041	0.0134	0.0002	322.28	98.14	93.81	3.80	85.95	1.02
TC-28-2-05	567	1118	0.51	0.0499	0.0021	0.0790	0.0034	0.0116	0.0001	190.82	99.99	77.17	3.16	74.07	0.79
TC-28-2-06	160	193	0.83	0.0583	0.0052	0.0879	0.0072	0.0118	0.0002	538.93	196.27	85.56	6.76	75.39	1.39
TC-28-2-07	133	156	0.85	0.0886	0.0069	0.1289	0.0091	0.0110	0.0002	1394.45	151.40	123.11	8.17	70.69	1.38
TC-28-2-08	127	135	0.94	0.0795	0.0068	0.1203	0.0091	0.0115	0.0003	1187.04	168.52	115.39	8.23	73.57	1.65
TC-28-2-09	193	214	0.90	0.0513	0.0040	0.0809	0.0062	0.0119	0.0002	257.47	181.46	78.95	5.83	76.27	1.41
TC-28-2-10	558	757	0.74	0.0485	0.0023	0.0723	0.0032	0.0109	0.0001	124.16	109.24	70.87	3.04	69.79	0.74
TC-28-2-11	203	255	0.80	0.0697	0.0054	0.1015	0.0074	0.0110	0.0002	920.37	161.11	98.16	6.79	70.56	1.34
TC-28-2-12	155	165	0.94	0.0666	0.0059	0.1035	0.0082	0.0116	0.0002	825.61	184.10	99.97	7.56	74.56	1.53
TC-28-2-13	91	100	0.90	0.0893	0.0092	0.1263	0.0112	0.0115	0.0003	1410.19	198.92	120.78	10.08	73.58	1.92
TC-28-2-14	276	217	1.27	0.0645	0.0047	0.1016	0.0075	0.0116	0.0002	766.67	155.54	98.26	6.93	74.57	1.44
TC-28-2-15	147	108	1.36	0.1136	0.0112	0.1542	0.0113	0.0113	0.0003	1858.34	175.00	145.62	9.98	72.45	1.90
TC-28-2-16	192	144	1.33	0.0775	0.0053	0.1135	0.0075	0.0109	0.0003	1144.45	135.34	109.16	6.84	69.81	1.61
TC-28-2-17	101	97	1.04	0.1042	0.0088	0.1560	0.0135	0.0122	0.0003	1701.85	156.64	147.19	11.82	78.39	2.23
TC-28-2-18	1134	3009	0.38	0.0482	0.0013	0.0769	0.0021	0.0115	0.0001	109.35	58.33	75.22	1.95	73.5	0.54
TC-28-2-19	56	56	1.01	0.1539	0.0166	0.2273	0.021	0.0121	0.0004	2390.74	184.10	207.98	17.39	77.62	2.62
TC-28-2-20	325	402	0.81	0.0508	0.0030	0.0767	0.0044	0.0112	0.0002	231.55	137.02	75.00	4.13	71.96	1.07

续表

TC-28-3，钠长石化黑云母二长花岗岩

测点号	Th /10⁻⁶	U /10⁻⁶	Th/U	同位素						年龄/Ma					
				$\frac{207Pb}{206Pb}$	1σ	$\frac{207Pb}{235U}$	1σ	$\frac{206Pb}{238U}$	1σ	$\frac{207Pb}{206Pb}$	1σ	$\frac{207Pb}{235U}$	1σ	$\frac{206Pb}{238U}$	1σ
TC-28-3-01	220	232	0.95	0.0621	0.0043	0.0922	0.0063	0.0111	0.0002	679.64	148.90	89.53	5.87	71.27	1.25
TC-28-3-02	541	613	0.88	0.0477	0.0024	0.0739	0.0035	0.0113	0.0001	83.43	111.10	72.43	3.31	72.50	0.82
TC-28-3-03	115	87.8	1.31	0.1047	0.0081	0.1514	0.0124	0.0113	0.0003	1709.26	142.60	143.16	10.96	72.49	2.13
TC-28-3-04	260	487	0.53	0.0505	0.0024	0.0795	0.0037	0.0115	0.0001	216.74	111.10	77.72	3.44	73.48	0.82
TC-28-3-05	846	1240	0.68	0.0462	0.0015	0.0760	0.0024	0.0119	0.0001	9.36	74.07	74.40	2.30	76.12	0.70
TC-28-3-06	419	603	0.69	0.0508	0.0027	0.0808	0.004	0.0116	0.0001	231.55	122.21	78.93	3.79	74.59	0.91
TC-28-3-07	268	348	0.77	0.0506	0.0028	0.0797	0.0044	0.0116	0.0002	220.44	129.61	77.83	4.16	74.59	1.03
TC-28-3-08	167	173	0.97	0.0636	0.0054	0.0937	0.0069	0.0114	0.0002	729.33	179.61	90.97	6.42	73.15	1.42
TC-28-3-09	109	123	0.89	0.0770	0.0059	0.1274	0.0093	0.0125	0.0002	1120.37	152.62	121.76	8.40	80.34	1.55
TC-28-3-10	69.7	61.5	1.13	0.1662	0.0154	0.2316	0.0184	0.0111	0.0003	2520.06	183.33	211.51	15.13	71.12	2.15
TC-28-3-11	140	168	0.84	0.0676	0.0064	0.0967	0.0082	0.0112	0.0002	855.24	200.00	93.71	7.63	71.81	1.46
TC-28-3-12	237	267	0.89	0.0548	0.0037	0.0839	0.0059	0.0112	0.0002	466.71	151.84	81.79	5.52	71.77	1.23
TC-28-3-13	417	574	0.73	0.0472	0.0023	0.0728	0.0036	0.0112	0.0001	61.21	114.81	71.32	3.38	71.66	0.80
TC-28-3-14	204	229	0.89	0.0718	0.0039	0.1098	0.0059	0.0113	0.0002	988.89	111.12	105.77	5.43	72.52	1.27
TC-28-3-15	294	489	0.60	0.0475	0.0023	0.0747	0.0037	0.0115	0.0001	76.02	111.10	73.13	3.47	73.71	0.93
TC-28-3-16	128	147	0.87	0.0788	0.0061	0.1278	0.0103	0.0116	0.0003	1168.52	158.33	122.14	9.28	74.42	1.60
TC-28-3-17	222	256	0.87	0.0565	0.0043	0.0919	0.0060	0.0124	0.0002	472.27	165.72	89.31	5.62	79.14	1.50
TC-28-3-18	253	234	1.08	0.0585	0.0039	0.0913	0.0060	0.0115	0.0002	550.04	150.91	88.72	5.56	74.01	1.33
TC-28-3-19	366	409	0.89	0.0526	0.0029	0.0805	0.0044	0.0112	0.0002	309.32	121.28	78.57	4.10	72.02	1.15
TC-28-3-20	497	965	0.52	0.0467	0.0020	0.0717	0.0030	0.0111	0.0001	35.28	96.29	70.32	2.84	71.34	0.73
TC-28-3-21	321	449	0.72	0.0513	0.0026	0.0864	0.0045	0.0123	0.0002	257.47	84.25	84.14	4.23	78.95	1.09

续表

测点号	Th /10⁻⁶	U /10⁻⁶	Th/U	同位素						年龄/Ma					
				$^{207}Pb/^{206}Pb$	1σ	$^{207}Pb/^{235}U$	1σ	$^{206}Pb/^{238}U$	1σ	$^{207}Pb/^{206}Pb$	1σ	$^{207}Pb/^{235}U$	1σ	$^{206}Pb/^{238}U$	1σ
TC-28-3-22	308	335	0.92	0.0515	0.0034	0.0836	0.0056	0.0120	0.0002	264.88	151.83	81.53	5.23	77.11	1.10
TC-28-3-23	162	168	0.96	0.0624	0.0045	0.0938	0.006	0.0114	0.0002	700.01	157.39	91.08	5.55	73.00	1.50
TC-28-3-24	271	225	1.20	0.0763	0.0050	0.1199	0.0072	0.0118	0.0002	1103.39	131.18	114.96	6.53	75.51	1.25
TC-28-3-25	660	1299	0.51	0.0458	0.0017	0.0695	0.0026	0.0110	0.0001			68.25	2.49	70.52	0.66
TC-XH-2，强糜棱岩化黑云母二长花岗岩															
TC-XH-2-01	1082	2428	0.45	0.048	0.0061	0.0513	0.0067	0.0077	0.0004	101.94	274.04	50.75	6.49	49.7	2.25
TC-XH-2-02	526	418	1.26	0.0514	0.0062	0.0513	0.0063	0.0077	0.0003	257.47	264.79	50.82	6.07	49.25	1.97
TC-XH-2-03	798	444	1.80	0.0561	0.0056	0.0555	0.0056	0.0073	0.0002	457.45	222.20	54.80	5.41	47.06	1.50
TC-XH-2-04	319	219	1.46	0.0870	0.0087	0.0837	0.0087	0.0073	0.0002	1361.11	193.98	81.62	8.13	46.76	1.40
TC-XH-2-05	1115	730	1.53	0.0487	0.0027	0.0496	0.0028	0.0074	0.0001	131.57	125.90	49.15	2.71	47.73	0.80
TC-XH-2-06	411	255	1.61	0.0703	0.0059	0.0703	0.0062	0.0074	0.0001	936.72	165.74	68.99	5.85	47.42	0.90
TC-XH-2-07	472	489	0.97	0.0619	0.0035	0.0640	0.0037	0.0076	0.0001	672.24	120.36	62.95	3.55	48.54	0.74
TC-XH-2-08	860	1173	0.73	0.0466	0.0019	0.0501	0.0020	0.0078	0.0001	33.43	87.03	49.62	1.94	50.32	0.52
TC-XH-2-09	638	2911	0.22	0.0484	0.0015	0.0500	0.0015	0.0075	0.0001	116.76	75.92	49.57	1.47	48.28	0.39
TC-XH-2-10	189	944	0.20	0.0513	0.0017	0.1152	0.0040	0.0162	0.0002	257.47	77.77	110.73	3.62	103.78	1.03
TC-XH-2-11	758	351	2.16	0.0551	0.0032	0.0547	0.0032	0.0074	0.0001	416.72	131.47	54.07	3.05	47.78	0.84
TC-XH-2-12	4496	9933	0.45	0.0481	0.0009	0.0472	0.0009	0.0071	0.0000	105.65	44.44	46.78	0.83	45.43	0.28
TC-XH-2-13	1131	479	2.36	0.0523	0.0034	0.0528	0.0033	0.0074	0.0001	298.21	146.28	52.28	3.14	47.73	0.67
TC-XH-2-14	1260	865	1.46	0.0503	0.0022	0.0488	0.0020	0.0071	0.0001	205.63	101.84	48.40	1.97	45.48	0.51
TC-XH-2-15	2795	3250	0.86	0.0545	0.0062	0.0575	0.0063	0.0077	0.0001	390.79	252.74	56.82	6.08	49.17	0.41
TC-XH-2-16	1561	945	1.65	0.0460	0.0021	0.0518	0.0024	0.0081	0.0001			51.27	2.33	52.23	0.56

续表

测点号	Th$/10^{-6}$	U$/10^{-6}$	Th/U	同位素						年龄/Ma					
				$^{207}Pb/^{206}Pb$	1σ	$^{207}Pb/^{235}U$	1σ	$^{206}Pb/^{238}U$	1σ	$^{207}Pb/^{206}Pb$	1σ	$^{207}Pb/^{235}U$	1σ	$^{206}Pb/^{238}U$	1σ
TC-XH-2, 强糜棱岩化黑云母二长花岗岩															
TC-XH-2-17	878	642	1.37	0.0561	0.0028	0.0595	0.0028	0.0078	0.0001	457.45	109.25	58.66	2.66	50.09	0.68
TC-XH-2-18	580	1228	0.47	0.0560	0.0026	0.0578	0.0027	0.0075	0.0001	450.05	103.69	57.04	2.55	48.41	0.64
TC-XH-2-19	321	271	1.19	0.0598	0.0038	0.0598	0.0036	0.0075	0.0002	594.47	137.02	59.00	3.43	47.95	0.99
TC-XH-2-20	1394	770	1.81	0.0533	0.0030	0.0524	0.0027	0.0073	0.0001	342.65	125.91	51.83	2.61	46.59	0.54
TC-XH-2-21	572	496	1.15	0.0659	0.0044	0.0683	0.0043	0.0077	0.0001	805.56	140.73	67.09	4.12	49.28	0.76
TC-XH-2-22	1039	1619	0.64	0.0478	0.0017	0.0516	0.0018	0.0078	0.0001	100.09	-113.87	51.12	1.75	50.20	0.45
TC-XH-2-23	1365	1066	1.28	0.0472	0.0021	0.0467	0.002	0.0072	0.0001	57.50	103.70	46.31	1.97	46.47	0.45
TC-XH-2-24	975	2290	0.43	0.0492	0.0012	0.1004	0.0029	0.0147	0.0003	166.75	53.70	97.17	2.65	94.33	1.64
TC-XH-2-25	1846	2294	0.80	0.0486	0.0015	0.0533	0.0016	0.008	0.0001	127.87	72.22	52.72	1.55	51.11	0.42
TC-XH-3, 强糜棱岩化黑云母二长花岗岩															
TC-XH-3-01	262	279	0.94	0.0594	0.0047	0.0633	0.0048	0.0081	0.0002	588.92	172.20	62.35	4.58	52.23	1.03
TC-XH-3-02	4012	11392	0.35	0.0480	0.0010	0.0461	0.0009	0.0069	0.0000	101.94	48.14	45.72	0.90	44.52	0.28
TC-XH-3-03	2949	7182	0.41	0.0458	0.0010	0.0442	0.0010	0.0070	0.0000			43.92	0.95	44.82	0.30
TC-XH-3-04	434	1217	0.36	0.0476	0.0015	0.1206	0.0037	0.0183	0.0002	79.72	-124.98	115.61	3.38	117.01	0.99
TC-XH-3-05	754	419	1.80	0.0946	0.0075	0.0859	0.0063	0.0069	0.0001	1520.37	149.69	83.71	5.90	44.22	0.74
TC-XH-3-06	827	1369	0.60	0.0448	0.0022	0.0460	0.0022	0.0075	0.0001			45.70	2.18	48.38	0.69
TC-XH-3-07	347	262	1.33	0.0722	0.0060	0.0720	0.0054	0.0079	0.0002	994.45	170.38	70.60	5.10	50.41	1.17
TC-XH-3-08	1477	4993	0.30	0.0503	0.0015	0.0469	0.0014	0.0067	0.0000	209.33	66.66	46.58	1.36	43.11	0.30
TC-XH-3-09	747	1213	0.62	0.0489	0.0016	0.1109	0.0035	0.0166	0.0003	142.68	77.77	106.78	3.23	105.98	1.64
TC-XH-3-10	1986	4051	0.49	0.0497	0.0015	0.0481	0.0014	0.007	0.0001	183.42	72.21	47.75	1.37	45.1	0.40

续表

测点号	Th /10^{-6}	U /10^{-6}	Th/U	同位素						年龄/Ma					
				$\dfrac{^{207}Pb}{^{206}Pb}$	1σ	$\dfrac{^{207}Pb}{^{235}U}$	1σ	$\dfrac{^{206}Pb}{^{238}U}$	1σ	$\dfrac{^{207}Pb}{^{206}Pb}$	1σ	$\dfrac{^{207}Pb}{^{235}U}$	1σ	$\dfrac{^{206}Pb}{^{238}U}$	1σ
TC-XH-3, 强糜棱岩化黑云母二长花岗岩															
TC-XH-3-11	955	512	1.87	0.0742	0.0070	0.0835	0.0099	0.0076	0.0002	1047.23	192.59	81.45	9.28	48.61	0.97
TC-XH-3-12	320	964	0.33	0.0561	0.0016	0.2965	0.0093	0.0381	0.0006	453.75	62.96	263.70	7.25	241.27	3.45
TC-XH-3-13	651	657	0.99	0.0481	0.0019	0.1314	0.0049	0.0200	0.0002	105.65	94.44	125.32	4.38	127.51	1.31
TC-XH-3-14	1527	5749	0.27	0.0463	0.0011	0.0438	0.0010	0.0068	0.0001	16.77	55.55	43.49	0.99	43.89	0.33
TC-XH-3-15	332	371	0.89	0.0542	0.0045	0.0512	0.0040	0.0071	0.0002	388.94	188.87	50.73	3.91	45.78	1.05
TC-XH-3-16	5080	1208	4.20	0.0455	0.0022	0.0462	0.0022	0.0074	0.0001			45.82	2.17	47.24	0.52
TC-XH-3-17	1486	1269	1.17	0.0468	0.0020	0.0488	0.0020	0.0076	0.0001	42.69	96.29	48.42	1.92	48.87	0.53
TC-XH-3-18	3442	9548	0.36	0.0464	0.0010	0.0447	0.0010	0.0069	0.0001	20.47	57.40	44.38	0.94	44.52	0.34
TC-XH-3-19	832	1113	0.75	0.0534	0.0025	0.0572	0.0027	0.0078	0.0001	346.35	110.18	56.44	2.55	49.89	0.58
TC-XH-3-20	1435	1317	1.09	0.0479	0.0022	0.0488	0.0022	0.0074	0.0001	94.54	116.65	48.38	2.17	47.31	0.50
TC-XH-3-21	568	1551	0.37	0.0496	0.0018	0.0708	0.0031	0.0103	0.0003	188.97	78.69	69.41	2.89	65.89	1.60
TC-XH-3-22	578	212	2.72	0.0773	0.0059	0.0800	0.0054	0.0078	0.0002	1127.79	152.62	78.12	5.08	49.79	1.01
TC-XH-3-23	337	1364	0.25	0.0473	0.0022	0.0511	0.0024	0.0078	0.0001	64.91	107.40	50.58	2.35	50.13	0.62
TC-XH-3-24	581	960	0.61	0.0504	0.0017	0.1296	0.0043	0.0187	0.0002	213.04	84.25	123.76	3.84	119.60	1.42
TC-XH-3-25	554	1776	0.31	0.0463	0.0015	0.0764	0.0028	0.0120	0.0003	16.77	83.33	74.72	2.67	76.72	1.72
TC-26-1, 硅化碎裂正长花岗岩															
TC-26-1-01	1982	3630	0.55	0.0466	0.0014	0.0482	0.0014	0.0075	0.0001	31.58	70.36	47.78	1.38	48.14	0.44
TC-26-1-02	903	857	1.05	0.0536	0.0028	0.0563	0.0028	0.0078	0.0001	353.76	123.14	55.59	2.69	49.98	0.72
TC-26-1-03	330	286	1.16	0.0563	0.0043	0.0572	0.0044	0.0076	0.0002	464.86	174.98	56.48	4.26	48.76	1.00
TC-26-1-04	4672	8847	0.53	0.0468	0.0009	0.0487	0.0010	0.0075	0.0001	42.69	44.44	48.25	0.94	48.19	0.35

续表

TC-26-1，硅化碎裂正长花岗岩

测点号	Th /10^-6	U /10^-6	Th/U	同位素						年龄/Ma					
				$\frac{207Pb}{206Pb}$	1σ	$\frac{207Pb}{235U}$	1σ	$\frac{206Pb}{238U}$	1σ	$\frac{207Pb}{206Pb}$	1σ	$\frac{207Pb}{235U}$	1σ	$\frac{206Pb}{238U}$	1σ
TC-26-1-05	1422	1839	0.77	0.0464	0.0016	0.0477	0.0016	0.0074	0.0001	16.77	81.48	47.28	1.57	47.80	0.43
TC-26-1-06	2552	6079	0.42	0.0466	0.0010	0.0483	0.0011	0.0075	0.0001	27.88	55.55	47.91	1.06	47.97	0.34
TC-26-1-07	2083	7091	0.29	0.0482	0.0012	0.0482	0.0012	0.0072	0.0001	109.35	54.63	47.80	1.12	46.43	0.35
TC-26-1-08	2236	3075	0.73	0.0492	0.0014	0.0505	0.0014	0.0074	0.0001	166.75	60.18	50.05	1.38	47.78	0.44
TC-26-1-09	1570	2825	0.56	0.0911	0.0046	0.1004	0.0057	0.0078	0.0001	1450.01	95.84	97.12	5.27	49.85	0.56
TC-26-1-10	2343	8421	0.28	0.0502	0.0012	0.0513	0.0012	0.0074	0.0001	211.19	53.69	50.80	1.14	47.49	0.34
TC-26-1-11	1361	5830	0.23	0.0484	0.0012	0.0510	0.0013	0.0076	0.0001	120.46	59.26	50.48	1.24	48.91	0.39
TC-26-1-12	2042	9929	0.21	0.0483	0.0010	0.0523	0.0011	0.0078	0.0001	122.31	50.00	51.72	1.03	50.24	0.33
TC-26-1-13	1534	2482	0.62	0.0500	0.0021	0.0505	0.0020	0.0074	0.0001	194.53	99.99	49.98	1.97	47.31	0.72
TC-26-1-14	3377	4656	0.73	0.0488	0.0013	0.0517	0.0013	0.0077	0.0001	200.08	61.11	51.22	1.27	49.35	0.36
TC-26-1-15	1634	5454	0.30	0.0481	0.0013	0.0509	0.0013	0.0077	0.0001	105.65	61.11	50.42	1.29	49.17	0.37
TC-26-1-16	3531	8027	0.44	0.0462	0.0009	0.0473	0.0010	0.0074	0.0001	9.36	48.14	46.88	0.94	47.46	0.33
TC-26-1-17	689	604	1.14	0.0553	0.0031	0.0574	0.0031	0.0077	0.0001	433.38	121.29	56.63	2.93	49.51	0.70
TC-26-1-18	2298	7975	0.29	0.0493	0.0013	0.0511	0.0014	0.0075	0.0000	161.20	69.43	50.58	1.35	48.05	0.32
TC-26-1-19	1020	4774	0.21	0.0461	0.0013	0.0478	0.0012	0.0075	0.0001	400.05	-335.14	47.42	1.21	48.27	0.42
TC-26-1-20	1041	1687	0.62	0.0470	0.0016	0.0494	0.0017	0.0076	0.0001	50.10	81.48	49.00	1.60	49.00	0.48
TC-26-1-21	2276	8675	0.26	0.0540	0.0017	0.0551	0.0019	0.0073	0.0001	372.28	72.22	54.51	1.84	47.12	0.35
TC-26-1-22	2955	6856	0.43	0.0468	0.0010	0.0493	0.0011	0.0076	0.0001	38.99	48.15	48.90	1.03	48.97	0.35
TC-26-1-23	3519	7642	0.46	0.0479	0.0010	0.0493	0.0010	0.0074	0.0000	100.09	50.00	48.85	0.99	47.78	0.31
TC-26-1-24	2131	4388	0.49	0.0471	0.0011	0.0547	0.0013	0.0084	0.0001	53.80	55.55	54.10	1.28	53.84	0.41
TC-26-1-25	1618	7756	0.21	0.0478	0.0010	0.0496	0.0010	0.0075	0.0001	100.09	80.55	49.14	1.01	48.24	0.34

续表

测点号	Th /10^{-6}	U /10^{-6}	Th/U	同位素						年龄/Ma					
				$\frac{207Pb}{206Pb}$	1σ	$\frac{207Pb}{235U}$	1σ	$\frac{206Pb}{238U}$	1σ	$\frac{207Pb}{206Pb}$	1σ	$\frac{207Pb}{235U}$	1σ	$\frac{206Pb}{238U}$	1σ
TC-26-2, 硅化碎裂正长花岗岩															
TC-26-2-01	2331	4382	0.53	0.0476	0.0012	0.0491	0.0013	0.0075	0.0001	79.72	59.25	48.67	1.23	47.85	0.32
TC-26-2-02	2152	4650	0.46	0.0478	0.0011	0.0487	0.0012	0.0074	0.0000	87.13	55.55	48.33	1.12	47.42	0.31
TC-26-2-03	513	468	1.10	0.0530	0.0031	0.0568	0.0033	0.0079	0.0001	327.84	133.32	56.13	3.18	50.72	0.75
TC-26-2-04	2916	7698	0.38	0.0481	0.0010	0.0513	0.0011	0.0077	0.0001	101.94	48.14	50.75	1.02	49.48	0.35
TC-26-2-05	1682	7998	0.21	0.0464	0.0011	0.0490	0.0011	0.0076	0.0001	16.77	55.55	48.59	1.08	49.07	0.36
TC-26-2-06	1797	3262	0.55	0.0478	0.0014	0.0495	0.0015	0.0075	0.0001	100.09	74.99	49.04	1.47	48.05	0.40
TC-26-2-08	1951	4257	0.46	0.0502	0.0013	0.0540	0.0015	0.0077	0.0001	205.63	59.25	53.43	1.41	49.77	0.38
TC-26-2-09	3220	5156	0.62	0.0479	0.0012	0.0490	0.0012	0.0074	0.0001	94.54	57.40	48.58	1.14	47.52	0.34
TC-26-2-10	4402	7523	0.59	0.0471	0.0011	0.0475	0.0011	0.0073	0.0001	57.50	51.85	47.14	1.08	46.77	0.33
TC-26-2-11	1013	869	1.17	0.0521	0.0024	0.0518	0.0023	0.0073	0.0001	300.06	103.69	51.26	2.20	46.86	0.53
TC-26-2-12	2669	4793	0.56	0.0469	0.0011	0.0482	0.0011	0.0074	0.0001	55.65	46.29	47.79	1.08	47.70	0.32
TC-26-2-13	427	410	1.04	0.0613	0.0041	0.0613	0.0038	0.0076	0.0001	650.02	145.20	60.43	3.67	48.54	0.72
TC-26-2-14	438	570	0.77	0.0531	0.0020	0.1445	0.0056	0.0198	0.0002	331.54	87.03	137.00	4.95	126.33	1.34
TC-26-2-15	2544	8406	0.30	0.0472	0.0011	0.0495	0.0011	0.0076	0.0001	57.50	-138.87	49.05	1.09	48.72	0.35
TC-26-2-16	356	656	0.54	0.0569	0.0030	0.0717	0.0040	0.0093	0.0002	487.08	114.80	70.28	3.74	59.38	1.05
TC-26-2-17	860	677	1.27	0.0501	0.0029	0.0527	0.0031	0.0077	0.0001	198.23	135.17	52.19	2.96	49.47	0.66
TC-26-2-18	1893	2712	0.70	0.0466	0.0015	0.0486	0.0016	0.0075	0.0001	27.88	77.77	48.16	1.51	48.22	0.36
TC-26-2-19	901	1165	0.77	0.0510	0.0025	0.0523	0.0025	0.0075	0.0001	242.66	112.95	51.74	2.37	48.01	0.52
TC-26-2-20	2983	6143	0.49	0.0483	0.0010	0.0498	0.001	0.0074	0.0001	122.31	50.00	49.37	0.99	47.77	0.33

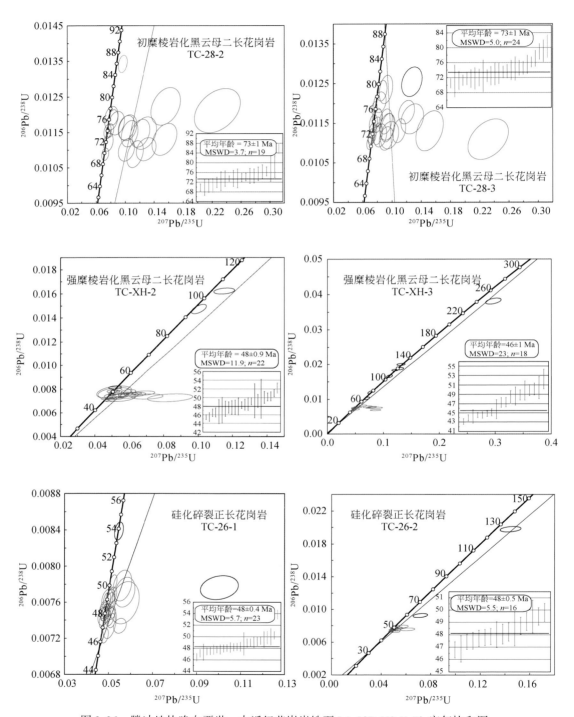

图 3-26　腾冲地块晚白垩世—古近纪花岗岩锆石 LA-ICP-MS U-Pb 定年协和图

花岗岩的两个样品锆石 U-Pb 的 $^{206}Pb/^{238}U$ 加权平均年龄分别为 48 ± 0.9 Ma（$n=22$，MSWD $=11.9$）和 46 ± 1 Ma（$n=18$，MSWD $=23$），置信度为 95%。硅化碎裂正长花岗岩的两个样品锆石 U-Pb 的 $^{206}Pb/^{238}U$ 加权平均年龄分别为 48 ± 0.4 Ma（$n=23$，MSWD $=5.7$）和 48 ± 0.5 Ma（$n=16$，MSWD $=5.5$），置信度为 95%。初糜棱岩化黑云母二长花岗岩、强糜棱岩化黑云母二长花岗岩和硅化碎裂正长花岗岩中锆石放射性成因铅（普通铅）均有一定程度丢失，其中晚白垩世的初糜棱岩化黑云母二长花岗岩锆石中放射性成因铅（普通铅）的丢失更为严重，尽管后期岩浆侵入和韧性构造变形变质事件均可能对铅丢失造成影响，但后期在其附近古近纪岩浆岩侵入活动热事件的影响可能更大一些。

因此，初糜棱岩化黑云母二长花岗岩、强糜棱岩化黑云母二长花岗岩和硅化碎裂正长花岗岩的锆石 U-Pb 年龄代表了花岗岩的形成结晶年龄，但均不同程度地受到了后期岩浆热液和构造变形变质热事件的影响。

五、讨论

1. 腾冲地块晚白垩世—古近纪花岗岩岩浆活动的构造环境

腾冲地区清水左所营、新华黑石河热田、热海热田硫磺塘晚白垩世—古近纪（约 73 ~46 Ma）的初糜棱岩化黑云母二长花岗岩、强糜棱岩化黑云母二长花岗岩和硅化碎裂正长花岗岩，其主要矿物为斜长石、钾长石、石英、黑云母。初糜棱岩化黑云母二长花岗岩表现为活动大陆边缘火山弧-后碰撞转换构造环境形成的钾玄质强过铝花岗岩特征，而强糜棱岩化黑云母二长花岗岩和硅化碎裂正长花岗岩则表现为后碰撞或板内构造环境形成的钾玄质强过铝 A 型花岗岩的特征。稀土元素配分、微量元素地球化学特征也显示出从晚白垩世到古近纪花岗岩的形成构造环境，既具有继承性，又具有明显转换的特征，暗示腾冲地区从洋-陆俯冲-碰撞体制向后碰撞-陆内体制转变的地球动力学过程。董方浏等（2006）对腾冲地区新生代古近纪（约 66 ~41 Ma）二长花岗岩、正长花岗岩、白云母花岗岩、白云母钠长花岗岩成因的研究，杨启军等（2009）对腾冲-梁河地区晚白垩世—古近纪（约 76 ~53 Ma）古永岩群、槟榔江岩群黑云母二长花岗岩、黑云钾长斑岩、二云母二长花岗岩岩石地球化学特征的研究，以及江彪等（2012）对腾冲大松坡晚白垩世花岗岩地球化学特征的研究，也表明晚白垩世—古近纪花岗岩具有钾玄质强过铝花岗岩的重要特征。因此，腾冲地块晚白垩世—古近纪花岗岩属中-高温钾玄质强过铝花岗岩岩浆活动的产物，而且古近纪花岗岩具铝质 A 型花岗岩特征（刘昌实等，2003；李小伟等，2010），这与腾冲地区早白垩世（约 126 ~118 Ma）高钾钙碱性过铝-强过铝花岗岩相比有明显的差异（杨启军等，2006）。

研究表明，当上部存在含水沉积物和含水矿物（如蛇纹石、绿泥石等）的洋壳板片向大陆岩石圈下俯冲时，随着洋壳板片向深部俯冲的压力增大、温度升高，这些沉积物和含水矿物中流体挤出或发生脱水反应析出，并与其上部地幔楔发生交代作用导致地幔橄榄岩部分熔融，形成基性-超基性岩浆（Kepezhinskas et al.，1996；Iwamori，1998；Iwamori et al.，2007；Nakamura and Iwamori，2009），基性岩浆上升到壳幔边界后又引发下地壳物质的部分熔融（Leeman，1983；Rapp et al.，1999；Winter，2001；Richards，2003；Annen et al.，2006）。而钾玄质系列岩浆岩主要起源于与俯冲作用有关的富钾和 LILE 的交代地幔，Nb、Ta 的负异常表明，源区的交代作用可能与俯冲带流体有关，主量元素、微量元素反映出钾玄质系列岩浆岩经历了单斜辉石低程度（<10%）的分离结晶作用（Foley and Peccerillo，1992），而相对平缓的稀土元素配分型式则反映岩浆来源于存在富钾金云母矿物相对较浅的尖晶石相地幔的部分熔融。钾玄质系列岩石形成的构造环境主要为大洋岛弧、大陆弧、后碰撞弧和板内构造环境（Foley and Peccerillo，1992）。一般认为，俯冲带内钾玄质岩石的出现是大洋岩石圈俯冲结束，陆内碰撞造山作用或碰撞后构造环境开始的岩石学标志（邓晋福等，1996）。由于新特提斯喜马拉雅洋的封闭始于约 65 Ma（莫宣学等，2003；Mo et al.，2007）或约 55 Ma（Klootwijk and Peirce，1979；吴福元等，2008），因此，腾冲地区晚白垩世（73 Ma）钾玄质强过铝花岗岩的出现与喜马拉雅期印度板块（缅甸板块）向腾冲地块的俯冲–碰撞密切相关，可能是大洋岩石圈俯冲结束的响应，而古近纪（约 48～46 Ma）中–高温钾玄质强过铝 A 型花岗岩的出现代表了后碰撞向板内构造环境转换的开始。

2. 腾冲地块中–新生代主要构造变形期次及其构造背景

腾冲地区清水左所营–热海热田硫磺塘、新华黑石河热田高地热异常区及其附近中–高温温泉密集分布区晚白垩世—古近纪（约 73～46 Ma）花岗岩构造变形变质特征的野外观察和研究显示，晚白垩世（73 Ma）花岗岩的变形以普遍发育早期近水平—低角度（<30°）韧性伸展剪切糜棱面理，局部发育晚期高角度右旋走滑挤压韧性糜棱面理为特征，这一变形特点也为杨启军等（2009）对腾冲地区其他一些晚白垩世花岗岩变形特征的研究所证实。近水平—低角度透入性韧性剪切变形糜棱面理主要发育于高黎贡构造带的西缘和东缘，西缘糜棱面理以西倾为主，东缘糜棱面理则以东倾为主，而高黎贡构造带的核部地区则以发育高角度（70°～87°）右旋走滑韧性剪切糜棱带为特征（刘俊来等，2006；吴小奇等，2006；王刚等，2006），这表明腾冲地块晚白垩世花岗岩形成之后，大规模右旋走滑韧性剪切变形作用发生之前，还有一次重要的伸展韧性剪切构造变形变质事件。

远离大规模走滑韧性剪切高黎贡构造带的腾冲热海地区古近纪（约 48～46 Ma）花岗岩则未见右旋走滑韧性剪切变形，近高黎贡构造带的新华地区局部发育有典型的高角度（70°～87°）右旋走滑韧性剪切糜棱面理，高黎贡构造带西侧龙川江东岸的邦腊掌地区早白垩世花岗岩中也普遍见有早期形成的低角度韧性伸展剪切糜棱面理，并被后期的右旋走滑韧性剪切面理所叠加和切割，这表明近直立右旋挤压走滑韧性剪切的变形时代应在古近纪之后，可能与约 22～20 Ma 时期快速顺时针旋转的高黎贡大型右旋走滑韧性剪切带的形成有关（刘俊来等，2006）。新近纪晚期以来腾冲地块以及高黎贡构造带隆起区西侧北段南部构造变形则主要以高角度西倾（主要）脆性正断层发育为特征，而南段北东向断裂主要表现出左旋走滑拉分脆性正断活动特征（樊春和王二七，2004；王刚等，2006）。腾冲地块内部新生代盆地主要表现为在晚白垩世—古近纪花岗岩沉积角度不整合面之上普遍发育近南北—北北东走向（北段），北东—北东东向（南段）的构造断陷沉积盆地，并且一般西倾正断层切割较深，而东倾正断层切割相对较浅，形成典型的掀斜构造断陷沉积盆地（何科昭等，1996）。

　　腾冲地块及其邻区地震地球物理的深部推断成果也表明，晚白垩世—新生代由于印度板块（缅甸地块）与腾冲地块的俯冲-碰撞（Huang and Zhao，2006），岩石圈发生强烈挤压造山隆升，以及紧随其后发生伸展垮塌、拆沉或板片断离作用，上地幔软流圈物质上涌造成玄武质岩浆底侵（金振民和高山，1996；高山和金振民，1997），导致地壳物质减压增温熔融形成大规模的中-高温钾玄质强过铝花岗岩岩浆（Leeman，1983；Rapp et al.，1999；Winter，2001；Richards，2003；Annen et al.，2006；戚学祥等，2010）和基性火山岩浆活动。晚白垩世—新生代俯冲-碰撞后发生拆沉或板片断离形成的 OIB 型基性岩浆岩活动的时代约为 40 Ma（张玉泉等，2000；蓝江波等，2007）也进一步说明，腾冲地块及其邻区经历了晚白垩世的俯冲-碰撞造山和随后古近纪的伸展垮塌和拆沉或板片断离，以及伴随的伸展韧性剪切作用和岩浆活动。

参 考 文 献

白登海，廖志杰，赵国泽，等.1994.从 MT 探测结果推论腾冲热海热田的岩浆热源.科学通报，（4）：344-347.

陈松永，杨经绥，徐向珍，等.2008.西藏拉萨地块松多榴辉岩的锆石 Lu/Hf 同位素研究及 LA-ICPMS U-Pb 定年.岩石学报，24（7）：1528-1538.

丛峰，林仕良，唐红峰，等.2010.滇西梁河三叠纪花岗岩的锆石微量元素、U-Pb 和 Hf 同位素组成.地质学报，84（8）：1155-1164.

邓晋福，杨建军，赵海玲，等.1996.格尔木-额济纳旗断面走廊域火成岩-构造组合与大地构造演化.现代地质，10（3）：330-343.

董方浏，侯增谦，高永丰，等.2006.滇西腾冲新生代花岗岩：成因类型与构造意义.岩石学报，（4）：927-937.

樊春，王二七.2004.滇西高黎贡山南段左行剪切构造形迹的发现及其大地构造意义.自然科学进展，14（10）：110-114.

高山，金振民.1997.拆沉作用及其壳-幔演化动力学意义.地质科技情报，16（1）：1-9.

高晓英，郑永飞.2011.金红石 Zr 和锆石 Ti 含量地质温度计.岩石学报，27（2）：417-432.

何科昭，何浩生，蔡红飙.1996.滇西造山带的形成与演化.地质论评，42（2）：97-106.

胡云中，郭唯明，陈淑卿.2002.腾冲热海热田碱长花岗岩的时代与地球化学特征.矿床地质，（S1）：963-966.

黄志英，戚学祥，唐贯宗，等.2013.腾冲地块内早印支期构造事件的厘定——来自那邦闪长岩锆石 U-Pb 定年和 Lu-Hf 同位素证据.中国地质，40（3）：730-741.

江彪，龚庆杰，张静，等.2012.滇西腾冲大松坡锡矿区晚白垩世铝质 A 型花岗岩的发现及其地质意义.岩石学报，28（5）：1477-1492.

金振民，高山.1996.底侵作用（underplating）及其壳-幔演化动力学意义.地质科技情报，15（2）：1-7.

蓝江波，徐义刚，杨启军，等.2007.滇西高黎贡带 ~40 MaOZB 型基性岩浆活动消减特提斯洋片与印度板块断离的产物.岩石学报，23（6）：1334-1346.

李恒忠，杨存宝.2000.腾冲热海地下流体观测研究.地震研究，23（2）：231-238.

李化启，蔡志慧，陈松永，等.2008.拉萨地体中的印支造山事件及年代学证据.岩石学报，24（7）：1595-2004.

李化启，许志琴，蔡志慧，等.2011.滇西三江构造带西部腾冲地块内印支期岩浆热事件的发现及其地质意义. 岩石学报, 27 (7): 2165-2172.

李辉, 彭松柏, 乔卫涛, 等. 2011. 根据多时相夜间 MODIS LST 推断的腾冲地区新生代火山岩岩浆囊分布与活动特征. 岩石学报, 27 (10): 2873-2882.

李小伟, 莫宣学, 赵志丹, 等. 2010. 关于 A 型花岗岩判别过程中若干问题的讨论. 地质通报, (2): 278-285.

李兴振, 刘文均, 王义昭, 等. 1999. 西南三江地区特提斯构造演化与成矿. 北京: 地质出版社, 12-276.

刘昌实, 陈小明, 王汝成, 等. 2003. 广东龙口南昆山铝质 A 型花岗岩的成因. 矿物岩石学杂志, 22 (1): 1-10.

刘俊来, 宋志杰, 曹淑云, 等. 2006. 印度–欧亚侧向碰撞构造–岩浆演化的动力学背景与过程——以藏东三江地区构造演化为例. 岩石学报, 22 (4): 775-786.

楼海, 王椿镛, 皇甫岗, 等. 2002. 云南腾冲火山区上部地壳三维地震速度层析成像. 地震学报, 24 (3): 243-251.

莫宣学, 赵志丹, 邓晋福, 等. 2003. 印度–亚洲大陆主碰撞过程的火山作用响应. 地学前缘, 10 (3): 135-148.

戚学祥, 王秀华, 朱路华, 等. 2010. 滇西印支地块东北缘新元古代侵入岩形成时代的厘定及其构造意义: 锆石 LA-ICP-MS U-Pb 定年及地球化学证据. 岩石学报, 26 (7): 2141-2154.

王刚, 万景林, 王二七. 2006. 高黎贡山脉南部的晚新生代构造–重力垮塌及其成因. 地质学报, 80 (9): 1262-1273.

吴福元, 徐义刚, 高山, 等. 2008. 华北岩石圈减薄与克拉通破坏研究的主要学术争论. 岩石学报, 24 (6): 1145-1174.

吴小奇, 刘德良, 李振生, 等. 2006. 滇西主高黎贡韧性剪切带糜棱岩形成时限的初探. 大地构造与成矿学, 30 (2): 136-141.

徐向珍, 杨经绥, 李天福, 等. 2007. 青藏高原拉萨地块松多榴辉岩的锆石 SHRIMP U-Pb 年龄及锆石中的包裹体. 地质通报, 26 (10): 1340-1355.

杨经绥, 许志琴, 李天福, 等. 2007. 青藏高原拉萨地块中的大洋俯冲型榴辉岩: 古特提斯洋盆的残留?. 地质通报, 26 (10): 1277-1287.

杨启军, 徐义刚, 黄小龙, 等. 2006. 高黎贡构造带花岗岩的年代学和地球化学及其构造意义. 岩石学报, 22 (4): 817-834.

杨启军, 徐义刚, 黄小龙, 等. 2009. 滇西腾冲–梁河地区花岗岩的年代学, 地球化学及其构造意义. 岩石学报, (5): 1092-1104.

叶建庆. 1998. 丽江地震场地响应分析研究. 地震研究, 21 (2): 115-121.

叶建庆, 蔡绍平, 刘学军, 等. 2003. 腾冲火山地震群的活动特征. 地震地质, 25 (S1): 128-137.

云南省地质局. 1982. 区域地质调查报告 (1:20 万腾冲幅和盈江幅). 昆明: 云南省地质局, 12-217.

张玉泉, 谢应雯, 李献华, 等. 2000. 青藏高原东部钾玄岩系岩浆岩同位素特征: 岩石成因及其构造意义. 中国科学: D 辑, 30 (5): 493-498.

赵慈平, 冉华, 陈坤华. 2006. 由相对地热梯度推断的腾冲火山区现存岩浆囊. 岩石学报, 22 (6): 1517-1528.

赵慈平, 冉华, 张云新. 2008. 腾冲火山区的地幔隆升: 来自幔源氦释放特征的证据. 贵阳: 2008 年全国岩石学与地球动力学研讨会, 29-30.

赵振华. 1992. 稀有金属花岗岩的稀土元素四分组效应. 地球化学, (3): 221-233.

赵振华, 熊小林. 1999. 花岗岩稀土元素四分组效应形成机理探讨: 以千里山和巴尔哲花岗岩为例. 中国科学: D 辑, 29 (4): 331-338.

钟大赉, 季建清, 胡世玲. 1999. 新特提斯洋俯冲时间: 变质洋壳残片^{39}Ar/^{40}Ar 微区年龄. 科学通报, 44: 1782-1785.

钟玉婷, 徐义刚. 2009. 与地幔柱有关的 A 型花岗岩的特点——以峨眉山大火成岩省为例. 吉林大学学报 (地球科学版), 39 (5): 828-838.

朱弟成, 莫宣学, 赵志丹, 等. 2009. 西藏南部二叠纪和早白垩世构造岩浆作用与特提斯演化: 新观点. 地学前缘, 16 (2): 1-20.

Annen C, Blundy J, Sparks S. 2006. The genesis of intermediate and silicic magmas in deep crustal hot zones. Journal of Petrology, 47: 505-539.

Bailey J C. 1981. Geochemical criteria for a refined tectonic discrimination of orogenic andesites. Chemical Geology, 32 (1-4): 139-154.

Barbarin B. 1999. A review of the relationships between granitoid types, their origins and their geodynamic environments. Lithos, 46: 605-626.

Barry T L, Pearce J A, Leat P T, et al. 2006. Hf isotope evidence for selective mobility of high-field-strength elements in a subduction setting: south Sandwich Islands. Earth and Planetary Science Letters, 25: 223-244.

Beloisova B A, Griffin W L, O'Reilly S Y. 2006. Zircon crystal morphology, trace element signatures and Hf isotope composition as a tool for petrogenetic modeling: examples from Eastern Australian granitoids. Journal of Petrology, 47: 329-353.

Blichert-Toft J, Albarède F. 1997. The Lu-Hf geochemistry of chondrites and the evolution of the mantle-crust system. Earth and Planetary Science Letters, 148: 243-258.

Bolhar R., Weaver S D, Whitehouse M J, et al. 2008. Sources and evolution of arc magmas inferred from coupled O and Hf isotope systematics of plutonic zircons from the Cretaceous Separation Point Suite (New Zealand). Earth and Planetary Science Letters, 268 (3-4): 312-324.

Briqueu L, Bougault H, Joron J L. 1984. Quantification of Nb, Ta, Ti and V anomalies in magmas associated with subduction zones: petrogenetic implications. Earth and Planetary Science Letters, 68: 297-308.

Chappell B W. 1999. Aluminium saturation in I- and S-type granites and the characterization of fractionated haplogranites. Lithos, 46: 535-551.

Chiu H Y, Chung S L, Wu F Y, et al. 2009. Zircon U-Pb and Hf isotopic constraints from eastern Transhimalayan batholiths on the precollisional magmatic and tectonic evolution in southern Tibet. Tectonophysics, 477 (1-2): 3-19.

Condie K C. 1986. Geochemistry and tectonic setting of early Proterozoic supracrustal rocks in the southwestern united states. The Journal of Geology, 94: 845-861.

Coulon C, Maluski H, Bollinger C, Wang S. 1986. Mesozoic and Cenozoic volcanic rocks from central and southern Tibet: ^{39}Ar/^{40}Ar dating, petrological characteristics and geodynamical significance. Earth and Planetary Science Letters, 79: 281-302.

Crawford A J, Falloon T J, Eggins S. 1987. The origin of island arc high-alumina basalts. Contributions to Mineralogy and Petrology, 97: 417-430.

Ferry J M, Watson E B. 2007. New thermodynamic models and revised calibrations for the Ti-in-zircon and Zr-in-rutile thermometers. Contributions to Mineralogy and Petrology, 154 (4): 429-437.

Foley S, Peccerillo A. 1992. Potassic and ultrapotassic magmas and their origin. Lithos, 28 (3-6): 181-185.

Gagnevin D, Daly J S, Horstwood M S A, et al. 2011. Insitu zircon U-Pb, oxygen and hafnium isotopic evidence for magma mixing and mantle metasomatism in the Tuscan Magmatic Province, Italy. Earth and Planetary Science Letters, 305: 45-56.

Griffin W L, Pearson N J, Belousova E, et al. 2000. The Hf isotope composition of cratonic mantle: LA-MC-ICP MS analysis of zircon megacrysts in kimberlites. Geochimica ET Cosmochimica Acta, 64: 133-147.

Huang J, Zhao D. 2006. High-resolution mantle tomography of China and surrounding regions. Journal of Geophysical Research: Solid Earth, 111 (B9): B09305.

Iwamori H, Richardson C, Maruyama S. 2007. Numerical modeling of thermal structure, circulation of H_2O, and magmatism-metamorphism in subduction zones: implications for evolution of arcs. Gondwana Research, 11: 109-119.

Iwamori H. 1998. Transportation of H_2O and melting in subduction zones. Earth and Planetary Science Letters, 160: 65-80.

Ji W Q, Wu F Y, Chung S L, et al. 2009. Zircon U-Pb chronology and Hf isotopic constraints on the petrogenesis of Gangdese batholiths, southern Tibet. Chemical Geology, 262: 229-245.

Kepezhinskas P, Defant M J, Drummond M S. 1996. Progressive enrichment of island arc mantle by melt-peridotite interaction inferred from Kamchatka xenoliths. Geochimica et Cosmochimica Acta, 60: 1217-1229.

Kepezhinskas P, McDermott F, Defant M J, et al. 1997. Trace element and Sr-Nd-Pb isotopic constraints on a three-component model of Kamchatka Arc petrogenesis. Geochimica et Cosmochimica Acta, 61 (3): 577-600.

King P L, White A J R, Chappell B W, et al. 1997. Characterization and origin of aluminous A-type granites from the Lachlan Fold belt, south-eastern Australia. Journal of Petrology, 38: 371-391.

Klootwijk C T, Peirce J W. 1979. India's and Australia's pole path since the late Mesozoic and the India-Asia collision. Nature, 282 (5739): 605-607.

Leeman W. 1983. The influence of crustal structure on subduction-related magmas. Journal of Volcanology and Geothermal Research, 87: 561-588.

Maniar P D, Piccoli P M. 1989. Tectonic discrimination of granifoids. Geological Society of American Bulletin, 101: 635-643.

Masuda K, Mizutani H, Yamada I. 1987. Experimental study of strain-rate dependence and pressure dependence of failure properties of granite. Journal of Physics of the Earth, 35 (1): 37-66.

Metcalfe. 2002. Permian tectonic framework and palaegeography of SE Asia. Journal of Asian Earth Sciences, 20 (6): 551-566.

Middlemost E A. 1985. Magma and magmatic Rocks: an introduction to igneous petrology. New York: Longmans.

Miller C F, Bradfish L J. 1980. An inner Cordilleran belt of muscovite-bearing plutons. Geology, 8 (9): 412-416.

Mo X X, Hou Z Q, Niu Y L, et al. 2007. Mantle contributions to crustal thickening during continental collision: evidence from Cenozoic igneous rocks in southern Tibet. Lithos, 96: 225-242.

Nakamura H, Iwamori H. 2009. Contribution of slab-fluid in arc magmas beneath the Japan arcs. Gondwana Research, 16: 431-445.

Pearce J A, Harris B W, Tindle A G. 1984. Trace element discrimination diagrams for the tectonic interpretation of granitic rocks. Journal of Petrology, 4: 956-983.

Pearce J. 1996. Sources and settings of granitic rocks. Episodes, 19: 120-125.

Peccerillo A, Taylor S R. 1976. Geochemistry of Eocene calc-alkaline volcanic rocks from the Kastamonu area, northern Turkey. Contributions to Mineralogy and Petrology, 58 (1): 63-81.

Qi X X, Zeng L S, Zhu L H, et al. 2012. Zircon U-Pb and Lu-Hf isotopic systematics on the Daping plutonic rocks: implications for the Neoproterozoic tectonic evolution in the northeastern margin of the Indochina Block, Southwest China. Gondwana Research, 21: 180-193.

Rapp R P, Shimizu N, Norman M D, et al. 1999. Reaction between slab-derived melts and peridotite in the mantle wedge: experimental constraints at 3.8 GPa. Chemical Geology, 160: 335-356.

Richards J. 2003. Tectono-magmatic precursors for porphyry Cu-(Mo-Au) deposit formation. Economic Geology, 98: 1515-1533.

Scharer U, Xu R H, Allegre C J. 1984. U-Pb Geochronology of Gangdese (Transhimalaya) plutonism in the Lhasa-Xigaze region, Tibet. Earth and Planetary Science Letters, 69: 311-320.

Sun S S, McDonough W F. 1989. Chemical and isotope systematics of oceanic basalts: implications for mantle composition and processes. In: Saunders A D, eds. Magmatism in Ocean Basins. Geological Society, London, Special Publications, 42: 313-345.

Tatsumi Y. 1989. Migration of fluid phases and genesis of basalt magmas in subduction zones. Journal of Geophysical Research Solid Earth, 94: 4697-4707.

Watson E B, Harrison T M. 2005. Zircon thermometer reveals minimum melting conditions on earliest Earth. Science, 308 (5723): 841-844.

Watson E B, Wark D A, Thomas J B. 2006. Crystallization thermometers for zircon and rutile. Contributions to Mineralogy and Petrology, 151 (4): 413.

Whalen J B, Currie K L, Chappell B W. 1987. A-type granites: geochemical characteristics, discrimination and petrogenesis. Contributions to Mineralogy and Petrology, 95 (4): 407-419.

Wilson M. 1989. Igneous Petrogenesis. New York: Chapman & Hall, 243-416 (Chapters 9, 10, 11 and 12).

Winter J. 2001. An introduction to igneous and metamorphic petrology. New Jersey: Prentice Hall, 697.

Wolf M B, London D. 1994. Apatite dissolution into peraluminous haplogranitic melts: an experimental study of solubilities and mechanism. Geochimica et Cosmochimica Acta, 58: 4127-4145.

Woodhead J D, Hergt J M. 1997. Application of the "double spilke" technique to Pb-isotope geochronology. Chemical Geology, 138 (3-4): 311-321.

Woodhead J, Hergt J, Davidson J, et al. 2001. Hafnium isotope evidence for "conservative" element mobility during subduction zone processes. Earth and Planetary Science Letters, 192: 331-346.

Xu Y G, Yang Q J, Lan J B, et al. 2012. Temporal-spatial distribution and tectonic implications of the batholiths in the Gaoligong-Tengliang-Yingjiang area, western Yunnan: constraints from zircon U-Pb ages and Hf isotopes. Journal of Asian Earth Sciences, 53: 151-175.

Yang J, Xu Z, Li Z, et al. 2009. Discovery of an eclogite belt in the Lhasa block, Tibet: a new border for Paleo-Tethys?. Journal of Asian Earth Sciences, 34 (1): 76-89.

Yogodzinski G M, Vervoort J D, Brown S T, et al. 2010. Subduction controls of Hf and Nd isotopes in lavas of the Aleutian island arc. Earth and Planetary Science Letters, 300 (3-4): 226-238.

Zhu D C, Mo X X, Niu Y L, et al. 2009a. Geochemical investigation of Early Cretaceous igneous rocks along an east-west traverse throughout the central Lhasa Terrane, Tibet. Chemical Geology, 268: 298-312.

Zhu D C, Mo X X, Wang L Q, et al. 2009b. Petrogenesis of highly fractionated I-type granites in Chayu area of easternGangdese, Tibet: constraints from zircon U-Pb geochronology, geochemistry and Sr-Nd-Hf isotopes. Science in China Series D: Earth Science, 52 (9): 1223-1239.

第四章　新近纪–第四纪火山活动

　　火山活动是唯一可直接观测的岩浆活动样式，其活动过程和产物是地球科学中许多分支学科的研究对象，并由此产生了一个综合性学科——火山学（volcanology）。结果，一方面通过共同揭示火山活动的奥秘实现了地球科学的大联合；另一方面，由于不同领域众多学者的参与，极大地推动了火山学的发展。近二十年来，由于火山学的研究进展，有关岩浆系统的传统观念发生了巨大变化，甚至岩浆的基本含义也被重新厘定（罗照华等，2007a，2007b，2007c，2014a；Miller and Wark，2008）。特别是由于岩浆系统物理过程的研究取得了重要进展（Petford et al.，2000），使人们认识到岩浆过程本质上是化学标定的物理过程（Marsh，2013）。因此，火山岩浆系统是一种复杂的动力系统，其基本特征是长期性停歇与瞬时性喷发交替发生。这种火山活动样式一方面可为人类社会带来巨大的财富，另一方面又可对人类社会造成严重的伤害。因此，火山，特别是超级火山，引起了学术界和社会的广泛关注（Wilson，2008）。

　　中国的火山学研究起步较晚，迄今仍未形成一支强有力的研究队伍，甚至大多数人尚留有这样的错误印象：中国不存在活火山（刘若新，2000）。不过，经过近二十年的努力，火山学研究得到了越来越广泛的关注。《中国火山》一书（刘嘉麒，1999）的问世标志着中国火山学的全面兴起，而《长白山天池火山》一书（魏海泉，2014）则反映了中国火山学的研究现状。目前，我国在长白山天池火山、五大连池火山和腾冲火山还建立了火山观测站。尽管如此，有关火山学的研究依然很薄弱，火山过程本身没有得到应有的重视。例如，在腾冲火山群的研究中，主要偏重于火山岩的化学及其形成时所处的构造环境方面的研究，而对火山岩浆系统的论述甚少。另外，对取得的科学证据也缺乏深度理解，往往用一般规律来推断所研究对象的具体属性。结果，许多科学证据成为孤证，难以建立整合的火山学模型。为此，本章提出建立结构（包括地质结构、岩石结构、矿物结构和数据结构）可控的地质解释的诉求，试图结合前人的研究成果和作者自己的观测资料阐明腾冲火山岩浆系统的特征和演化规律。

第一节　火山岩浆系统的时空结构

　　火山岩浆系统的时空结构指其三维空间特征随时间的变化，是理解火山活动的基础。时空结构的概念类似但又不同于时空展布和时空演化，其强调了火山岩浆系统的发生、发展、现状与未来。根据复杂系统科学的基本原理，火山系统的演化可以划分为若干阶段，每一个阶段由一个事件和一个过程组成；事件是系统对于外部输入能量的瞬时性强烈响应，而过程则是系统对剩余能量的长期耗损；因此，事件与过程的划分具有时间尺度依赖性，亦即火山岩浆系统具有多重分支现象。据此，每一种过程都具有自己独特的触发机制，低阶过程不能越过事件而直接与高阶过程相联系。

近年来，有关腾冲火山岩浆系统的最主要研究进展可以概括为以下三个方面：①查明了腾冲新生代火山岩的空间分布范围；②证实了腾冲火山群之下存在活动岩浆房；③揭示火山岩浆系统的排气作用具有非线性特征（赵慈平，2008）。

越来越多的证据表明，腾冲火山群深部迄今仍存在活动的岩浆房（囊），而其最早一期大规模岩浆活动则至少发生在 N_2 时期，表明腾冲火山岩浆系统存活了数百万年。根据赵慈平（2008）的研究，腾冲火山区之下可能存在 3 个活动岩浆房（囊）：热海（直径 20 km，埋深 5~25 km）、马站（直径 19 km，埋深>10 km）和团田（直径 28 km，埋深 7~14 km）。腾冲火山岩分布区的初始半径约 55 km，现今减小为分布范围有限的三个岩浆房，这是火山系统死亡的象征还是超级喷发前的沉默？为了回答这个问题，必须揭示腾冲火山的活动历史，包括火山岩浆系统的时间结构和空间结构，并在此基础上阐明腾冲火山岩浆系统的活动样式，为火山监测和预报奠定基础。

一、时间结构

火山岩浆系统的时间结构指系统演化在时间坐标上的记录，这可以通过地质年代学和同位素年代学两种途径来阐明。火山喷发产物在地表堆叠形成的火山岩层序是利用地质年代学方法阐明火山岩浆系统时间结构的基本依据。但是，地质年代学方法极大地依赖于火山产物的剥蚀和保留程度，也依赖于火山产物的出露情况。此外，一个火山岩浆系统有时可以同时喷出不同属性的岩浆，为地质年代学方法增加了难以克服的困难。因此，火山学研究也要用到精细的同位素年代学方法。然而，对于年轻火山岩来说，常规定年体系中母体元素的长半衰期决定了精细同位素定年往往很困难。因此，尽管已积累了大量观测资料和测年数据，但腾冲火山岩迄今尚缺乏系统的年代学研究。

1. 火山喷发期次划分

腾冲火山群的喷发期次存在不同的划分方案（表 4-1）。有三期（如李大明等，2000）、四期（如姜朝松，1998a）、五期（佟伟和章铭陶，1989）甚至七期（如樊祺诚等，1999）等划分方法，目前多数学者趋向于四期划分方案。但是，文献中没有详细报道它们的划分依据。根据 1∶20 万腾冲幅区域地质调查报告，腾冲火山群的岩浆活动可以划分为四期，从早到晚依次为 N_2m^2、Q_1、Q_3 和 Q_4。N_2m^2 火山岩在地层系统中被归属于上新统芒棒组中段，厚度为 32 m，由灰黄色、紫灰色橄榄玄武岩、粒玄岩和辉石玄武岩组成。Q_1 主要为冲积砾石、砂、黏土，含有孢粉化石。火山岩为英安岩、安山质英安岩、安山岩（Q_1^b）。Q_3 为冲积砾石、砂、黏土；早期为橄榄玄武岩（Q_3^{1b}），晚期为安山质玄武岩（Q_3^{2b}），风化壳含野牛和象化石。Q_4 为冲积、洪积、坡积、湖积砾石、砂、黏土，含藻类化石；火山岩为安山岩（Q_4^{2b}）、安山玄武岩（Q_4^{1b}，Q_4^{2b}）。李大明等（2000）对前人的分类方案进行了总结（表 4-1），并依据火山岩基质 K-Ar 法测年结果提出了自己的三分法划分方案。

　　造成火山喷发期次划分方案出现分歧的主要原因可能是腾冲火山群缺乏像长白山那样的巨型层火山，喷口比较分散。因此，难以根据地层学关系确定孤立火山喷发物之间的先后关系。因此，结合其他火山地质证据进行喷发期次划分是一种可行的方案。

表 4-1　腾冲火山喷发期次划分方案（据李大明等，2000）

地质时代	云南省地质厅第20地质队（1963）	腾冲地热资源联合调查组（1974）	"腾冲地热"（1985）	姜朝松（1998a）	李大明等（2000）
全新世（Q$_h$）	第五期：含橄玄武岩	第五期：含橄安山玄武岩和橄榄安山玄武岩		第四期：安山岩和粗安岩	第三期：橄榄玄武岩、含橄安山岩、斜长安山岩、粗面岩、安山岩
晚更新世（Q$_{p3}$）	第四期：橄斜斑状玄武岩	第四期：橄榄玄武岩	第四期：含橄安山岩、斜长安山岩、粗安岩	第三期：橄榄玄武岩	
	第三期：粗粒橄榄玄武岩				
中更新世（Q$_{p2}$）	第二期：角闪安山岩和玄武安山岩		第三期：橄榄玄武岩		
早更新世（Q$_{p1}$）	第一期：全晶质橄榄玄武岩	第三期：安山岩、安山英安岩、英安岩	第二期：安山岩、英安岩	第二期：辉石安山质英安岩、橄榄玄武岩	第二期：橄榄玄武岩、安山岩、英安岩、粗玄岩
上新世（N$_2$）		第二期：橄榄粗玄岩、绿帘石化辉石玄武岩	第一期：辉石玄武岩、粗玄岩	第一期：橄榄玄武岩	第一期：橄榄玄武岩、辉石玄武岩、英安岩

　　根据王书兵等（2015），腾冲地块中部的腾冲–梁河盆地地层出露较好（图 4-1），阶梯状地貌发育，并有多期火山活动。如果河流阶地的产生是腾冲火山岩浆系统活动造成的岩石圈重力均衡作用的结果，这样的阶地分布样式可以很好地说明表层系统对深部地质过程的响应。如图 4-1 所示，第Ⅶ级阶地是腾冲–梁河盆地保存最老的一级构造地貌面，残存阶地面的海拔约为 1300～1350 m。在关障东南阶地冲沟底部及侧部均见有玄武岩（4.0 ± 0.02 Ma）；阶地面上也见有玄武岩（1.03 ± 0.34 Ma）覆盖于其上。前者不整合覆盖在南木林组砂砾岩之上，后者则整合或平行不整合覆盖于 Q$_1$ 砂砾岩之上，暗示了两期岩浆活动。第二期玄武岩也见于马茂村北侧，被阶地堆积覆盖。值得注意的是，第一期玄武岩发生了明显的变形，具有倾斜的地层产状，可能暗示了火山喷发后岩浆房顶板的坍塌或区域岩石圈伸展变形。根据类似的现象，结合同位素测年结果，王书兵等（2015）认为火山活动至少可以划分为 4 期：①上新世（5～3 Ma）玄武岩；②上新世末期或早更新世（2.3～1.5 Ma）早期玄武岩；③早更新世（1.5～1.0 Ma）玄武岩；④中更新世（1.0～0.5 Ma）玄武岩。此外，太平村一带的火山活动发生于约 0.1 Ma。据此，腾冲火山群至少有 5 期岩浆喷发。然而，一方面由于火山通道的迁移，另一方面阶地的产生也可以纯粹由于河流的切割（罗照华等，2009a，b），上述喷发期次划分方案仍有瑕疵。

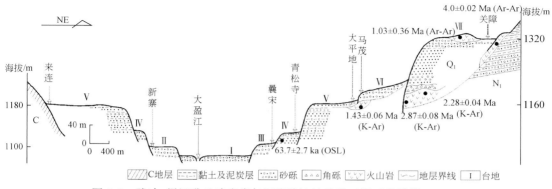

图 4-1　腾冲–梁河盆地喷出岩与河流阶地的关系（据王书兵等，2015）

2. 同位素测年结果

腾冲火山岩的大规模测年工作始于穆治国和佟伟（1987），所使用的测年方法主要是K-Ar 法。根据他们的测年结果，腾冲火山岩的形成时间被认为介于 0.09～17.84 Ma 之间。李大明等（1999，2000）注意到过剩氩的存在可能严重影响测年结果的可信度，采用了火山岩基质 K-Ar 法限定火山岩的形成年龄。此后，陆续有作者利用其他方法对火山岩进行了零星测年，如石玉若等（2012）报道了龙川江河谷上新世火山岩的 SHRIMP 锆石 U-Pb 年龄（2.81 ± 0.11 Ma）；王非等（1999）利用高精度热电离质谱（HP-TIMS）技术获得了腾冲火山群晚更新世以来的 4 次喷发年龄：227 ± 20 ka，79.6 ± 5.5 ka，21.9 ± 3.0 ka 和 7.5 ± 1.0 ka；尹功明和李盛华（2000）测得马鞍山最后一次喷发的热释光年龄约 0.003 Ma。

将前人新近获得的 68 个火山岩测年结果进行统计，结果如图 4-2 所示。由图可见，测年结果显示了相对的峰值年龄，且采用不同的组间距可获得不同的年龄分组。图 4-2a 中，0.6 Ma、2.6 Ma、3.8 Ma 和 6.6 Ma 为 4 个较为明显的峰值；在图 4-2b 中，则显示了 0.06 Ma、0.48 Ma、0.70 Ma、0.86 Ma 和 1.0 Ma 等 5 个峰值年龄。由于缺少面积或体积加权，这些峰值年龄不能代表火山喷发的相对强度。但是，它们可以传达这样的信息：①近年来年轻火山岩的形成年龄成为学者们关注的焦点；②火山喷发具有不同时间尺度的节律，暗示了复杂系统的多重分支现象，即大节律包含了次级的较小节律，因而腾冲火山岩浆系统应当是一种复杂性动力系统。此外，前人划分的喷发期持续时间尺度与火山岩年龄正相关，这很可能与测试方法的分辨率有关。换句话说，对于年龄较小的火山喷发，前人有可能将喷发次当成了喷发期；对于较老的火山喷发，则有可能将喷发期当成了喷发次。根据岩浆过程时间尺度的研究成果（Turner and Costa，2007），喷发期次划分标准的差异显然不利于揭示火山岩浆系统的活动规律。

3. 马鞍山火山的喷发期次划分

为了同时避免地质年代学和同位素年代学的缺陷，本书选择马鞍山火山作为重点解剖对象。根据前人的报道（陶奎元，1998），徐霞客于 1639 年 4 月对腾冲火山进行了实地观察、民间查访和实物标本采集，记录了腾冲火山群在马鞍山和打鹰山的最新一次火山喷发。马鞍山可能也是腾冲火山岩系最下部的火山岩，因为明朗河河谷的玄武岩在该区具有

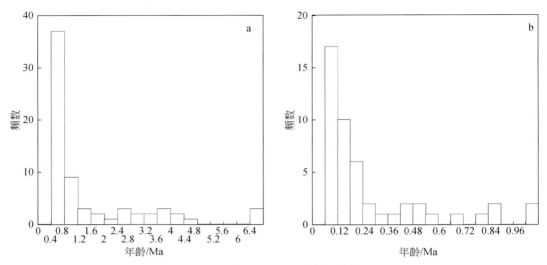

图 4-2　腾冲火山岩的测年结果直方图

最低的层位，且其岩性特征与芒棒玄武岩类似。因此，马鞍山火山既具有最年轻的火山喷发物，也具有年龄最老的熔岩，适合于用来揭示整个腾冲火山群的活动历史。

通过马鞍山地区 1∶1000 地质剖面测量，得出不同期次火山岩平面与剖面分布特征如图 4-3 所示，马鞍山火山的喷发物可以划分为 6 个填图单元，由于可直接观察不同填图单元之间的接触关系或根据分布高程和岩貌特征判断形成先后次序，马鞍山火山岩的喷发历史基本清楚，由老至新分别表示为 MF1、MF2、MF3、MF4、MF5 和 MF6。MF1 火山岩以熔岩被的形式出露于明朗河谷底，被沉积层和后续的 MF3 火山岩覆盖，火山岩层厚度稳定（~30 m）。MF2 火山岩具有线状分布的特点，分布在马鞍山的东侧和南侧，火山喷发明显受断裂构造的控制。MF3 火山岩位于马鞍山西南，其分布明显受到古地形控制，也是黏度较低熔岩的分布特征。MF4 火山岩位于 MF2 的东侧，也大致呈线状排列，熔岩性质与 MF2 类似。MF5 火山岩分布在马鞍山北侧，具有较平坦的现代地貌，也是低黏度熔岩的特征。MF6 熔岩是马鞍山火山锥体的主要组成部分。根据这些熔岩相对于马鞍山的分布位置，可以认为它们均喷出于马鞍山火山。

岩性上，MF1 为玄武岩，总体呈灰黑色、结构致密、块状构造、未见气孔、杏仁构造。MF2 为安山岩，新鲜面灰色黑色，无气孔构造，结构致密，基质细晶状，主要斑晶为斜长石（图 4-4a），其含量可达 10%（体积分数）以上。MF3 为粗面安山岩，垂直于层理面的柱状节理发育，暗示了较大的熔岩厚度（图 4-4b）。岩石中含少量颗粒细小的长石斑晶。MF4 为玄武安山岩，岩石表面风化较强烈，局部具白色钙化表皮；新鲜面呈钢灰色，局部气孔发育。玄武岩样品中可偶见粒状暗色矿物，斑晶含量极少（图 4-4c）。MF5 熔岩气孔构造发育，多风化，岩石钙化（碳酸盐网状细脉）。岩石较新鲜断面上可见少量粒、柱状暗色矿物斑晶（图 4-4d）。MF6 为深灰色安山岩，肉眼可见斜长石斑晶。安山岩气孔构造发育，具拉长、定向性，几乎无杏仁体充填（图 4-4e）。此外，MF6 熔岩层的顶、底部可见红褐色自碎屑角砾（图 4-4f），形成于岩浆流动过程中。

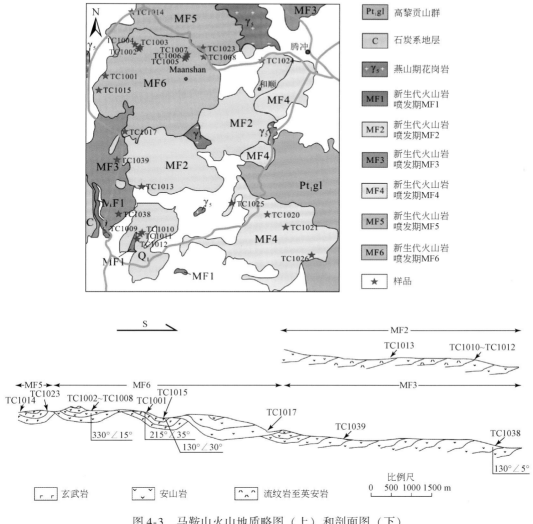

图4-3　马鞍山火山地质略图（上）和剖面图（下）

　　马鞍山地区还出露有燕山期（也可能为喜马拉雅期）花岗岩类和早元古代高黎贡山群变质岩，与本研究实施过程中马站科学钻揭露的深部情况类似，表明马鞍山火山具有造山带基底。这与前面章节中将腾冲地块看作是冈底斯造山带东延部分的认识一致。

　　对马鞍山地区新生代不同喷发期火山岩进行详细的野外观察，选择了33件新鲜的代表性样品，样品编号、岩性、喷发期次及采样位置见图4-3及表4-2。样品分布位置总体均匀，且与不同期次火山岩的出露厚度相称，因而分析结果可以代表马鞍山火山的基本特征。

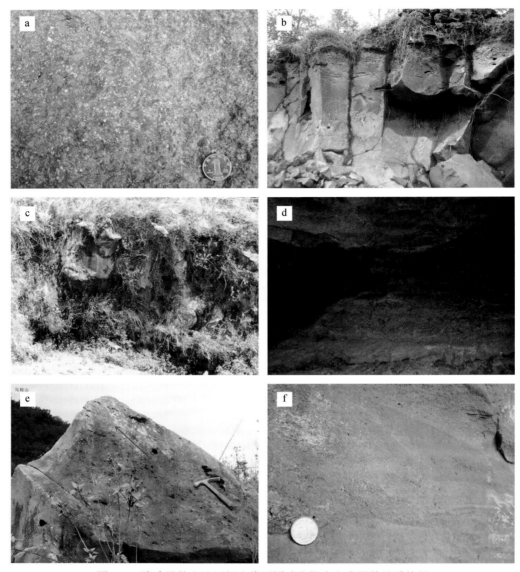

图 4-4 腾冲马鞍山地区新生代不同喷发期火山岩野外地质特征

二、空间结构

火山岩浆系统的空间结构系指其各组成部分在三维空间的展布样式。对于腾冲火山群，大多数作者则主要聚焦于腾冲市附近的一些火山，而赵慈平（2008）进行了最全面的研究。因此，本章关于火山岩浆系统空间结构的论述主要依据赵慈平（2008）的资料。根据赵慈平（2008），腾冲火山区分布着 220 多个火山岩体，位于半径约 55 km、面积 9000 km² 的范围内（图 4-5），其中全新世火山有四座：黑空山、打鹰山、马鞍山和老龟坡，徐霞客游记中记载马鞍山火山在 1609 年仍有过小规模喷发。

表 4-2　腾冲新生代火山岩采样位置及岩性

样品号	岩性	喷发期次	位置	经度（E）	纬度（N）
TC1001	安山岩	MF6	荷花村北采石场	98°23.120′	25°01.026′
TC1001-1	安山岩	MF6	荷花村北采石场	98°23.120′	25°01.026′
TC1002	安山岩	MF6	达利采石场山顶	98°24.300′	25°01.817′
TC1003	安山岩	MF6	达利采石场山坡	98°24.287′	25°01.895′
TC1003-1	安山岩	MF6	达利采石场山坡	98°24.287′	25°01.895′
TC1004	安山岩	MF6	达利采石场山坡	98°24.203′	25°01.924′
TC1005	安山岩	MF6	马鞍山北坡	98°25.522′	25°01.159′
TC1005-1	安山岩	MF6	马鞍山北坡	98°25.522′	25°01.159′
TC1006	安山岩	MF6	马鞍山北坡	98°25.587′	25°01.284′
TC1007	安山岩	MF6	马鞍山北坡	98°25.682′	25°01.349′
TC1007-1	安山岩	MF6	马鞍山北坡	98°25.682′	25°01.349′
TC1008	安山岩	MF6	马鞍山东北坡文星采石场	98°26.092′	25°01.140′
TC1009	玄武质熔岩	MF1	明朗河东岸朗烟村明朗河大桥旁	98°22.973′	24°59.455′
TC1009-1	玄武岩	MF1	明朗河东岸朗烟村明朗河大桥旁	98°22.973′	24°59.455′
TC1010	英安岩	MF2	荷花乡杏塘村	98°24.428′	24°56.395′
TC1010-1	英安岩	MF2	荷花乡杏塘村	98°24.428′	24°56.395′
TC1011	英安岩	MF2	荷花乡杏塘村	98°24.216′	24°56.351′
TC1012	流纹岩	MF2	荷花乡杏塘村	98°23.668′	24°55.817′
TC1013	英安岩	MF2	荷花乡黄果树村路旁	98°24.486′	24°57.743′
TC1013-1	流纹岩	MF2	荷花乡黄果树村路旁	98°24.486′	24°57.743′
TC1014	玄武安山岩	MF5	马鞍山至荷花公路开挖陡崖	98°24.091′	25°02.944′
TC1015	安山岩	MF6	腾冲至荷花公路旁某采石场	98°23.018′	25°00.712′
TC1017	安山岩	MF6	荷花乡雨伞村小园子采石场	98°23.887′	24°59.528′
TC1020	玄武安山岩	MF4	机场公路	98°28.305′	24°56.982′
TC1021	玄武安山岩	MF4	机场公路	98°28.858′	24°56.594′
TC1023	玄武安山岩	MF5	老龟坡景福洞	98°26.373′	25°01.890′
TC1023-1	玄武安山岩	MF5	老龟坡景福洞	98°26.373′	25°01.890′
TC1024	英安岩	MF2	和顺古镇北东公路旁崖壁	98°28.213′	25°01.603′
TC1025	安山岩	MF4	热海兴乐桥旁河南岸崖壁	98°27.194′	24°57.485′
TC1026	安山岩	MF4	驼峰村南某废弃采石场	98°29.627′	24°55.662′
TC1031	安山岩	MF2	清凉山茶场南公路上崖壁	98°37.800′	24°45.209′
TC1038	玄武安山岩	MF3	坝派解石场采坑	98°23.647′	24°56.986′
TC1039	玄武安山岩	MF3	荷花池新农村内崖壁	98°23.606′	24°58.558′

　　如图 4-5 所示，尽管许多证据表明火山机构的出露位置与断裂有关，腾冲火山岩总体上分布在一个大致呈圆形的区域内。此外，火山岩的分布范围随时间发生变化：从 N_2 经 Q_1、Q_2、Q_3 到 Q_4，火山岩的出露面积逐渐减小，最后集中在马站-梁河一线。这种近乎连续的变化趋势表明：①腾冲火山岩构成了一个喷发旋回，其喷发规模逐渐缩小；②腾冲火山岩浆系统的岩浆喷发主要受主应力分布在竖直方向的近场应力场控制，早期的火山喷发尤其如此。但是，火山区的东部边界较为平直，明显受到高黎贡山的约束。这表明，火山喷发也受到远场应力场的约束。

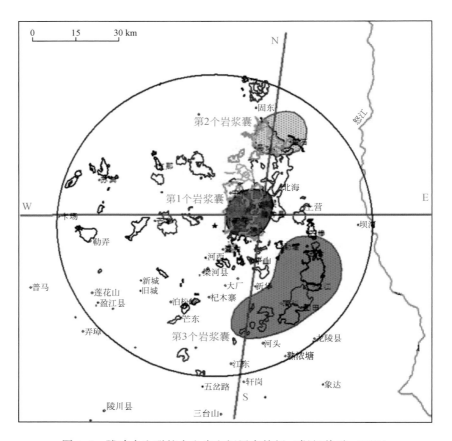

图 4-5　腾冲火山群的火山岩空间展布特征（据赵慈平，2008）

　　在深部，根据相对地热梯度、幔源物质释放、地震及形变观测结果以及前人的深部探测成果，赵慈平（2008）认为腾冲火山区现今存在三个岩浆囊（图 4-5），分别位于北部永安-马站-曲石一带（马站岩浆囊）、中部腾冲-和顺-热海一带（热海岩浆囊）和南部五合-龙江-蒲川（团田岩浆囊）一带。三个岩浆囊的分布深度分别为>10 km、5~25 km 和 7~14 km。王椿镛等（2002）利用云南地区地震台网的区域地震走时所作层析成像结果表明，除上地壳呈低速异常外，上地幔也呈低速异常，而下地壳为正常速度分布。据此，管烨（2005）认为腾冲地区存在的低速异常为深部上涌的管状低速柱，该低速柱上下贯通，是该区最为显著的深部热物质上升柱。然而，由于地球物理探测具有分辨率随深度降低的特点，没有确切的证据可以将地壳和地幔中的两个低速异常直接连接在一起称为"管状低速柱"。更为可能的是地壳和地幔中均存在低速异常，异常之间可能有某些小型管道相连通。如果这种认识可信，并将低速体理解为岩浆房，就可以认为腾冲火山群是一个具有多重岩浆房的火山岩浆系统。

三、火山岩浆系统的活动样式

腾冲火山群的火山喷发主要为中心式喷发，局部可能存在裂隙式喷发。火山岩主要有4种产状：广布熔岩流、中心式火山机构、火山碎屑层和潜火山侵入体。

上新世芒棒组玄武岩是广布熔岩流的代表。这种基性熔岩分布广泛，但厚度不大，一般见于河谷的底部，是基性岩浆宁静溢流的产物。芒棒玄武岩的广泛分布暗示了地壳通道的普遍开放，因而也暗示了一个强大、主应力分布在竖直方向的近场应力场，赵慈平（2008）将其归咎为软流圈的上涌。而薄的熔岩层厚度则暗示了岩浆的高温和低黏度，因而具有快速上升的特点。这类火山岩通常呈熔岩流产出，很难见到火山喷口，但在龙川江河谷见到一处火山颈与熔岩流直接相连的现象（图4-6a），表明了岩浆宁静溢出的特点。图4-6a左下角为玄武质潜火山岩或火山颈，柱体的横截面较小，但形态规则，延深大；上部为喷出地表的玄武质熔岩，柱体横截面较大，常过渡为块状节理。

图 4-6　腾冲火山岩的代表性特征

a. 火山颈相潜火山岩与熔岩流的过渡关系，示镁铁质岩浆的宁静溢出；b. 熔结条带与焊接条带相间产出，示火山碎屑流的基本特征；c. 流动自碎角砾岩及其与熔岩的关系；d. 低黏度（富挥发分）岩浆注入高黏度（贫挥发分）岩浆导致的岩浆混合作用现象。人高为 180 cm，硬币直径为 1.9 cm

　　长英质岩浆的喷发常形成中心式火山机构，但很少得到详细研究。李霓等（2014）首次报道了大六冲火山机构的基本特征，根据他们的报道，大六冲火山机构由一系列巨厚层爆发相火山碎屑堆积物和少量溢流相熔岩构成。喷发物类型极其丰富，总体上靠近山顶的岩石以火山通道相岩石为主，也有近源相熔结角砾岩；山腰中上部有少量熔岩；中、远源相为熔结程度不等的火山碎屑岩类（图 4-6b）。在大六冲最高峰以南约 100 m 处，存在着一个直径超百米的火山通道，可能是区内早期火山喷发的主通道之一。火山颈、熔岩穹丘、岩墙、爆发相与溢出相堆积物构成了大六冲完整的火山机构，在其周边多处地方还发现了山体岩石破碎后形成的垮塌和滑坡堆积物。爆发相的存在表明岩浆曾经遭受了较多挥发分的注入，后者甚至可能是冻结岩浆房活化的主要原因（罗照华等，2011）。

　　安山质岩浆具有介于玄武质和英安质岩浆之间的黏度，在地表具有一定的流动性，但常见流动自碎角砾岩（图 4-6c）。这表明，熔岩流表层固结之后其内部的岩浆仍具有流动性，老龟坡火山西坡熔岩隧道的发现可以证明这一点。腾冲火山岩中也可以观察到宏观的岩浆混合作用现象，表现为一种岩浆团产出于另一种岩浆中（图 4-6d）。这种岩浆团的成因不同于花岗质岩基中的暗色微粒包体，后者一般认为是注入花岗质岩浆中的镁铁质岩浆团。图 4-6d 中岩浆团具有塑性形态，其色率与寄主岩浆差别不大，表明它们的成分相近，在相同的温度条件下岩浆团与寄主岩浆应当有相同的黏度。但是，寄主岩含有较多的气孔，暗示岩浆较富含挥发分。据此，推测岩浆团是较浅部岩浆房中经过排气作用的岩浆，而寄主岩则代表新注入该岩浆房中的新鲜富挥发分岩浆。因此，这种岩浆团也暗示了挥发分对于冻结岩浆房活化过程的影响。

　　综上所述，可以得出以下结论：①腾冲火山群的岩浆活动具有不同级次的节律，所有火山活动可以认为构成了一个较大喷发旋回，后者由三个较小旋回构成，每一个小旋回又可识别出若干喷发次；②火山喷发活动是近场应力场与远场应力场相互作用的结果，早期近场应力场占优势，火山岩分布面积较大，晚期远场应力场逐渐取得优势地位，火山喷发向马站–梁河断裂集中；③腾冲火山群产出有不同类型的喷发相，深部流体的注入可能对火山喷发样式的改变起了重要作用。

第二节　火山岩的岩石学特征

　　火山岩一般具有斑状结构，基质为隐晶质、玻璃质或显微全晶质结构。因此，通常认为火山岩经历了两个明显不同的结晶阶段：斑晶形成于深部的稳定 p-T 环境，基质的结晶作用发生在地表或地壳浅部，那里有利于岩浆的快速冷却（Marsh，2013）。由于基质颗粒细小到肉眼难以分辨，火山岩通常采用化学分类。此外，基于理想系统的假定，可以认为火山岩中的斑晶矿物曾经与基质熔体处于热力学平衡，代表岩浆的近液相线矿物。因此，火山岩也经常采用矿物学分类方案，野外工作中尤其如此。

一、地球化学特征

　　前人报道了大量有关腾冲火山岩的化学测试数据。将这些测试数据换算成无水组成后投在 TAS 图解（图 4-7a）中，投点落在 B、O1、O2、O3、R、S1、S2、S3 和 T 区，分别相当于玄武岩、玄武安山岩、安山岩、英安岩、流纹岩、粗面玄武岩、玄武粗安岩、粗安岩和粗面英安岩，表明火山岩具有宽广的主量元素成分变化范围。

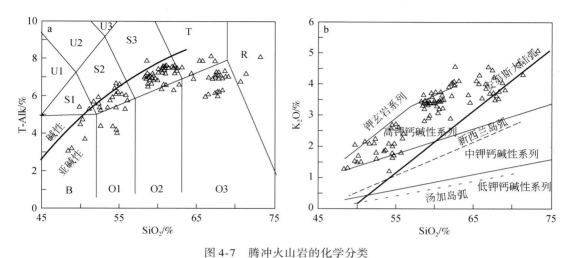

图 4-7　腾冲火山岩的化学分类

B-玄武岩；O1-玄武安山岩；O2-安山岩；O3-英安岩；R-流纹岩；S1-粗面玄武岩；S2-玄武粗安岩；

S3-粗安岩；T-粗面英安岩

　　腾冲火山岩具有较高的碱含量，特别是钾。但是，它们仍主要属于亚碱性系列，只有少数投点落在碱性系列区域（图 4-7a）。在 SiO_2-K_2O 图解（图 4-7b）中，绝大部分投点落在高钾钙碱性区，只有少数投点落在钾玄岩系列和中钾钙碱性系列区。需要特别注意的是，腾冲火山岩构成了一个既不同于安第斯大陆边缘弧，也不同于新西兰岛弧的成分变异趋势（图 4-7b）。这表明了腾冲火山岩的特殊性，简单地将其归属为弧岩浆（如赵崇贺和陈廷方，1992）可能欠妥。化学分类的优点在于可避免因矿物颗粒细小而难以鉴定造成的分类命名错误，甚至无法确定火山岩的种属的情况。但是，也正因为如此，仅根据火山岩的化学组成难以识别火山岩的矿物学变化。哈克图解可以作为一种补充，因为元素对的变异趋势实际上反映了矿物量比的变化。例如，Al_2O_3 含量对 SiO_2 的变化可能反映了长石组分的变化，CaO 含量对 SiO_2 的变化可反映富钙辉石和斜长石组分的变化，而 TiO_2 含量对 SiO_2 的变化则反映了 Fe-Ti 氧化物组分的变化。因此，利用哈克图解可以反演火山岩的矿物学特征。图 4-8 是利用前人发表数据制作的哈克图解。由图 4-8 可见，腾冲火山岩的 TiO_2、Al_2O_3、FeO^T（FeO^T=FeO+0.9Fe_2O_3）、MgO 和 CaO 含量与 SiO_2 含量总体上呈负相关，K_2O 呈正相关，而 Na_2O 和 P_2O_5 与 SiO_2 含量的相关性则不明显。需要特别注意的是，SiO_2 含量在 57% 似乎是一个分界线。对于 TiO_2、Na_2O 和 P_2O_5 来说，SiO_2<57% 时为正相关，SiO_2>57% 时为负相关。如果腾冲火山岩是同源岩浆演化的结果，这种特征应当反映了富含这些元素的晶体的分馏结晶作用。大多数学者认为腾冲火山岩经历过分馏结晶作用可能与此有关。但是，问题好像不是这样简单，因为在 SiO_2 含量近乎不变时某些元素的含量可以出现大幅度变化。例如，当 $SiO_2 \approx 55\%$ 时，TiO_2 含量可以从 0.5% 变化到 1.9%，Al_2O_3 为 16%～20%，MgO 为 3%～8%，Na_2O 2.5%～4.5%，P_2O_5 为 0.05%～0.45%。

这样的变化特点难以从任一矿物或矿物组合的分馏结晶作用模型得到解释。即使对于经常发生镁铁质矿物分馏结晶作用的镁铁质岩浆（如芒棒组玄武岩）来说，$Mg^{\#}$［100Mg/（Mg+Fe^{2+}+Fe^{3+}）］－FeO・（FeO+0.9Fe$_2$O$_3$）图解中的投点变异趋势也难以仅仅解释为镁铁质矿物的分馏结晶作用。这表明，化学参数展现的特征必须得到其他参数的限定，特别是火成岩的岩相学观察结果。

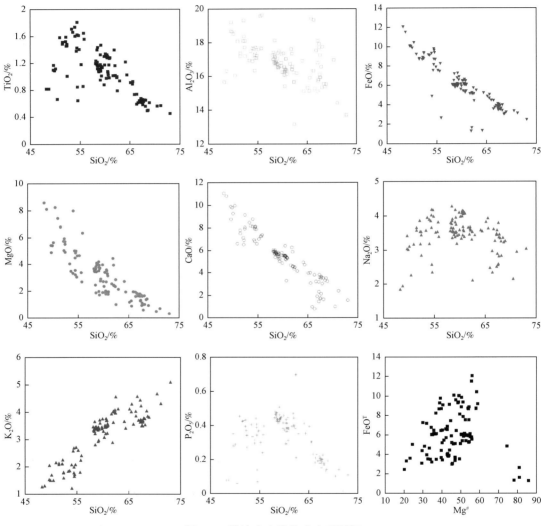

图4-8　腾冲火山岩的哈克型图解

二、火山岩的类型

腾冲火山岩的岩石学特征较少得到详细描述，所查阅到的资料中，只有陈廷方（2003）较详细地报道了腾冲火山岩的岩石学特征，本节主要利用他的资料。根据陈廷方

（2003）的报道，腾冲火山岩按矿物学分类方案主要包括：①玄武岩类（橄榄玄武岩、辉橄玄武岩、辉石玄武岩、橄榄粗面玄武岩）；②玄武岩与安山岩过渡类型（玄武安山岩、粗面玄武安山岩）；③安山岩类（辉石安山岩、角闪安山岩、粗面安山岩）；④英安岩类（方辉闪石英安岩、斜辉英安岩、玄闪英安岩）。

1. 玄武岩类

玄武质岩石是幔源岩浆活动的典型代表，对于阐明腾冲火山群的岩浆活动特征具有重要意义。

（1）橄榄玄武岩

橄榄玄武岩主要出现在陈廷方（2003）划分的第一期火山岩中，相当于本章的芒棒组玄武岩。岩石呈黑色、灰绿色、深灰色，块状构造和气孔状构造，斑状结构，基质为间粒结构。岩石结晶度高，斑晶矿物主要为斜长石、橄榄石及少量辉石，含量在15%～20%之间，橄榄石和斜长石各占一半。斑晶橄榄石为半自形不等粒状，粒度为0.2～0.5 mm，裂隙发育，伊丁石化明显，Fo=81～83；斑晶斜长石为自形–半自形板条状晶体，粒度为0.2×1.0 mm左右，卡钠复合双晶发育，长石牌号An=65～71。基质由全晶质斜长石（60%）、橄榄石（20%）、辉石（8%）及少量不透明矿物组成。此外，岩石中有时可见聚斑结构（罗照华等，2011），也可见微小的橄榄岩、辉石岩和麻粒岩捕虏体。

（2）辉橄玄武岩

辉橄玄武岩也产于其划分的第一期火山岩中。岩石为深灰色–灰色，块状构造，斑状结构，基质为间粒结构、拉斑玄武结构。斑晶由斜长石、橄榄石及辉石组成，约占20%左右，其中斜长石8%，橄榄石及辉石各占6%左右。斑晶橄榄石为半自形不等粒状，粒径为0.3～0.5 mm，裂纹发育，可见辉石反应边，Fo=81。辉石主要为钛普通辉石，粒度为0.5 mm左右，也有少量斜方辉石。个别单斜辉石颗粒具有较大的粒径，达1.2 mm×2.0 mm，且具有扭折带。基质由微晶斜长石（60%）、辉石（30%）、磁铁矿及少量隐晶质（10%）组成。

（3）辉石玄武岩

辉石玄武岩产于陈廷方（2003）划分的第一期和第三期火山岩中。岩石为黑色–深灰色，拉斑玄武结构，致密块状构造，部分（第三期火山岩）具有气孔状构造。斑晶由斜长石、普通辉石、橄榄石组成，含量约为20%，其中斜长石10%，普通辉石7%，橄榄石3%。斑晶斜长石为自形–半自形板条状，粒度较均匀，粒径为0.2 mm左右。辉石为半自形不等粒柱状，粒径为0.3～0.8 mm，解理发育。橄榄石为不等粒粒状，粒径为0.5 mm左右，Fo=82。基质由微晶斜长石、辉石、橄榄石、磁铁矿及少量隐晶质组成。第三期火山岩中的辉石玄武岩具有类似的特征，但斑晶含量较少（约10%），且缺乏橄榄石。此外，岩石中还可见斜长石和辉石组合形成的聚斑晶。

（4）含橄玄武岩

含橄玄武岩为橄榄玄武岩和辉橄玄武岩之间的过渡类型，见于陈廷方（2003）划分的第三期火山岩中。岩石呈深灰色–灰色，厚层块状构造，拉斑玄武结构。斑晶由单斜辉石、斜长石、橄榄石组成，含量约10%，其中斜长石4%、辉石4%、橄榄石2%，并见有斜长石–辉石–橄榄石聚斑晶及辉石–橄榄石聚斑晶。基质由微晶斜长石、辉石、磁铁矿、隐晶质及少量玻璃质组成。

（5）橄榄粗面玄武岩

见于陈廷方（2003）划分的第三期火山岩中。岩石呈深灰色，块状构造，气孔状构造，拉斑玄武结构，结晶度高。斑晶矿物由橄榄石和斜长石组成，含量为20%，其中橄榄石12%，斜长石8%。橄榄石伊丁石化明显，见较大的橄榄石聚斑晶，粒径一般为1.0 mm×2.0 mm左右。基质为斜长石和辉石，板条状斜长石组成的格架内充填有微晶辉石及少量玻璃质。

2. 玄武安山岩类

玄武安山岩属于玄武岩与安山岩之间的过渡类型，见于陈廷方（2003）划分的第三期和第四期火山岩中。

（1）辉石玄武安山岩

岩石呈黑色至灰色，块状构造，气孔状构造，间粒间隐结构。斑晶矿物为斜长石、辉石及橄榄石，含量约10%，其中斜长石6%、辉石3%、橄榄石1%。辉石为普通辉石，橄榄石无伊丁石化，见橄榄石-辉石、辉石-斜长石聚斑晶。基质由微晶斜长石、辉石、隐晶质及玻璃质组成。

（2）粗面玄武安山岩

岩石呈黑色-深灰色，块状构造，斑状结构，基质为交织结构。斑晶由斜长石、普通辉石组成，含量约10%，其中斜长石6%、普通辉石4%，并见有斜长石聚斑晶。基质由微晶斜长石、少量微晶辉石及隐晶质和玻璃质组成。

3. 安山岩类

安山岩类是成熟岛弧和大陆边缘弧的主要岩石类型，在喷出岩总体积中占有重要的地位。但是，在腾冲地区，这类岩石的数量明显低于典型的岩浆弧。

（1）辉石安山岩

腾冲火山区的辉石安山岩呈黑色至深灰色，块状构造，斑状结构，基质为玻基交织结构。斑晶为斜长石、单斜辉石，含量约为10%，其中斜长石8%，辉石2%。单斜辉石斑晶具扭折带，见有斜长石聚斑晶。基质由微晶斜长石、单斜辉石及玻璃质组成。岩石中常见微小的捕房体，由磁铁矿、单斜辉石及长石组成。作为辉石安山岩的一个变种，当岩石中出现两种辉石时被称为二辉安山岩（陈廷方，2003）。这种岩石的基本特征同上，但斑晶矿物组合中出现古铜辉石，且常见普通辉石-古铜辉石聚斑晶或斜长石-辉石聚斑晶，呈浅灰色。

（2）角闪安山岩

腾冲火山岩中不太常见含角闪石斑晶的安山岩，但在第二期（Q2）火山岩中可见。角闪安山岩呈灰色，致密块状构造，斑状结构，基质为交织结构。斑晶由斜长石和角闪石组成，含量约为30%，其中斜长石16%，角闪石14%。斜长石常被熔蚀成筛状结构，发育正环带；角闪石常具暗化边，有的颗粒甚至全部被暗化。基质由微晶斜长石、隐晶质及玻璃质组成。

（3）粗面安山岩

粗面安山岩见于第四期（Q4）火山岩中。岩石呈黑色至深灰色，块状构造，气孔状构造，斑状结构，基质为玻基交织结构。斑晶矿物为斜长石、辉石及橄榄石，含量约7%，其中斜长石4%，辉石2%，橄榄石1%，见斜长石聚斑晶和橄榄石聚斑晶。基质由长条状微晶斜长石、微晶辉石、隐晶质及玻璃质组成。

4. 英安岩类

腾冲火山岩中的较富硅岩石为英安岩，前人也曾经报道有流纹岩。

（1）斜辉英安岩

岩石为灰色–浅灰色，块状构造，斑状结构，基质为隐晶质结构。斑晶主要为普通辉石，还有少量斜长石及石英捕掳晶，含量约8%，其中辉石约占6%。基质由少量微晶斜长石、辉石、隐晶质及玻璃质组成。

（2）方辉角闪石英安岩

岩石呈浅灰色–灰白色，块状构造，斑状结构，基质为显微晶质结构。斑晶由斜长石、角闪石、斜方辉石组成，含量约30%，其中斜长石15%、角闪石12%、辉石3%，常见斜长石–角闪石聚斑晶。基质由斜长石微晶、隐晶质及玻璃质组成。

（3）云闪英安岩

岩石呈浅灰色，块状构造，斑状结构，基质为玻基交织结构。斑晶由斜长石、角闪石、黑云母组成，含量约35%，其中斜长石20%、角闪石13%、黑云母2%。斜长石表面干净，少熔蚀，振荡环带发育，常见角闪石–斜长石聚斑晶。基质由微晶斜长石、隐晶质及玻璃质组成。

三、火山岩中的晶体群

综上所述，无论是化学分类还是矿物学分类，腾冲火山岩都表现出一些矛盾的现象，矿物命名也往往与化学命名不一致。例如，火山岩中普遍出现辉石斑晶，但辉石类矿物至少不应当是英安岩的近液相线矿物；矿物学命名方案中存在大量玄武岩，而化学命名方案中玄武岩却很少（图4-7）。出现这种矛盾的主要原因在于岩浆房的开放特性，即不同深度水平上的岩浆房可以发生强烈的相互作用，以及火成岩中矿物晶体的多来源。

1. 火成岩晶体群分类

传统上，岩浆被默认为熔体，岩浆系统经常被假定为单岩浆房系统。结果，火成岩中的矿物晶体主要是由熔体结晶产生，少数由环境中捕获而来。目前，岩石学家普遍认识到矿物晶体的多来源属性（如Jerram and Martin，2008），特别是循环晶（antecryst）的概念已经得到普遍承认。根据岩浆的新定义和晶体进入携带岩浆中的方式，罗照华等（2013）提出了1个晶体群划分方案，包括3个晶体群和10个晶体亚群（图4-9）。

（1）固体晶体群

所谓固体晶体群，即呈固态进入岩浆系统的晶体构成的晶体群，其中残留晶亚群和捕掳晶亚群已经广为人知，转熔晶（peritectic crystal）的概念目前还不是很普及。这些晶体既不是从熔体中晶出的，也不是从固态岩石中捕获的，而是源区岩石在部分熔融过程中发生转熔反应产生的。例如，在地幔橄榄岩发生部分熔融过程中，斜方辉石的转熔（不一致熔融）反应为 $Opx = Ol + SiO_2$（L），其中的生成物 Ol 就是转熔晶。

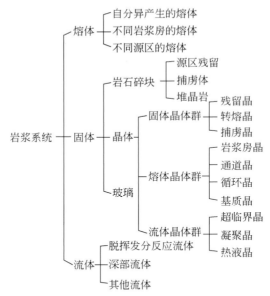

图 4-9　岩浆系统的基本组分（据罗照华等，2013 修改）

在固体晶体群中，残留晶曾经在源区与寄主岩浆达到过热力学平衡，因而利用晶-液平衡关系可以再造岩浆的起源条件。捕房晶和转熔晶从来就没有与寄主岩浆达到过热力学平衡，它们的加入只能扰乱火成岩的地球化学性质。因此，在火山岩地球化学数据的解释中应当特别给予关注。文献中也常常将残留晶与捕房晶混淆在一起，导致对岩浆过程理解的偏差。

（2）熔体晶体群

熔体晶体群中的两个极端是岩浆房晶亚群和基质晶亚群，它们分别形成于深部岩浆房中和岩浆就位之后，即传统岩石学中定义的斑晶和基质（微晶）。此外，有些晶体可能是岩浆在上升过程中晶出的，即变压结晶作用的产物，罗照华等（2013）称其为通道晶。通道晶与寄主岩浆在不同深度水平上平衡，可利用晶体-熔体平衡关系再造岩浆的上升路径。

循环晶亚群的理解涉及多重岩浆房和冻结岩浆房的活化问题。理论上，多数岩浆不太可能直接从源区上升到地表，而可能在上升途中作多次停留。因此，火山岩浆系统一般具有多个位于不同深度水平上的岩浆房。由于岩浆的温度高于环境温度，这些岩浆房中的岩浆都将因冷却而发生结晶作用。因此，当不同深度水平的岩浆汇合在一起并均匀混合时，新的岩浆不与任意先存晶体处于热力学平衡。严格说来，这些晶体不是从携带岩浆中晶出的，而是在后者上升过程中结合进来的。因此，当火成岩中富含这样的晶体时，也容易造成化学命名和矿物学命名的矛盾，难以用传统的岩石学模型解释。

（3）流体晶体群

众所周知，熔体发生结晶作用是因为某种晶体组分在熔体中达到饱和。类似地，如果岩浆中存在自由流体，流体中的过饱和组分也应当可以发生结晶作用。传统上，由于假定岩浆中挥发分不饱和，可以忽略流体组分的结晶作用，流体晶仅出现在岩浆期后阶段。但是，近年来的许多观察表明，某些岩浆可以是流体过饱和的，且流体中可以溶解大量的一般认为不溶解在流体中的组分。例如，郝金华等（2014）描述了河南外方山地区的一种石英脉，含有包括霓辉石在内的 12 种矿物，证实了超临界流体的强溶解能力。因此，随着岩浆的温度和压力下降，这些溶解在流体中的组分也可以达到饱和，从而发生结晶作用。据此，罗照华等（2013）划分出流体晶体群，并进一步细分成超临界晶亚群、凝聚晶亚群和热液晶亚群，分别对应于传统理论中的岩浆阶段、岩浆射气阶段和热液阶段。

2. 矿物学特征

如前所述，火成岩理论中一般将组成矿物划分成两大类：斑晶和基质（包括微晶和玻璃），前者具有明显大的粒径，被视为与携带岩浆（carrier magma）处于热力学平衡状态。但是，根据晶体群的概念，火山岩中的"斑晶"未必是传统意义上的斑晶，它们可能来自另一种岩浆的结晶作用（循环晶），也可能形成于岩浆产生过程中（转熔晶），还可能从岩浆流体中晶出（流体晶，特别是超临界晶）。腾冲火山岩中既有残留晶、捕虏晶，也有流体晶，且存在大量循环晶。这些晶体的混入将对岩浆的总成分产生深远的影响。因此，阐明斑晶矿物的含量和成分特征具有重要的意义。

（1）橄榄石

如前所述，橄榄石是腾冲火山岩中常见的斑晶矿物，特别是在玄武质岩石中，也可以出现在安山岩中。根据陈廷方（2003），橄榄石大多数属于贵橄榄石，其 Fo 含量明显低于地幔橄榄岩中的橄榄石，成分变化范围主要为 $Fo_{83}Fa_{17} \sim Fo_{79}Fa_{21}$，也见有透铁橄榄石 $Fo_{56}Fa_{44}$。李晓惠（2011）测得的橄榄石成分变化范围为 $Fo_{84} \sim Fo_{55}$，其中玄武质岩石中为 $Fo_{83.40} \sim Fo_{55.38}$，安山质岩石中为 $Fo_{81.57} \sim Fo_{55.39}$。

橄榄石很少见到自形晶，即使在玄武质岩石中，也大多为半自形，部分橄榄石还具有斜方辉石的反应边或熔蚀边（图 4-10a）。但是，也见有少量自形橄榄石晶体（图 4-10b）。崔笛（2015）对马鞍山样品 TC1001（MF6）、TC1014-1（MF5）、TC1020（MF4）、TC1038（MF3）中的橄榄石斑晶进行了成分剖面分析，揭示了其正成分环带，Fo 的变化范围依次为 $81 \sim 66$、$76 \sim 64$、$79 \sim 63$、$65 \sim 46$。

橄榄石的这种产出特征、粒径不均一及其成分变化范围表明，腾冲火山岩中的橄榄石斑晶至少有一部分很可能不是真斑晶（true phenocryst），而是属于循环晶。众所周知，在 Di（透辉石）-Pl（斜长石）-Fo（镁橄榄石）三元系中，Fo 的稳定区随着压力的减小而扩大。这意味着，如果橄榄石在岩浆房中已经开始结晶，它在岩浆上升过程中及就位以后只会生长而不会被熔蚀（罗照华等，2014b）。如图 4-10a 所示，橄榄石斑晶不仅被熔蚀成港湾状，而且熔蚀港湾中还充填有斜长石微晶和玻璃质，表明了橄榄石斑晶与基质岩浆之间的不平衡。因此，这些橄榄石晶体必然是外来的。但是，橄榄石颗粒呈单晶的形式存在，且可以大致再造它们的自形外貌，它们又不应当是捕虏晶或残留晶。据此，本章认为它们属于循环晶。换句话说，橄榄石形成于一个深度水平较高的岩浆房，直到最后才结合进喷发岩浆中。由于本区最早一期玄武岩（N_2 芒棒组玄武岩）也主要含有这样的橄榄石，可以推测腾冲火山群开始喷发之前已经有幔源岩浆活动，只是这些岩浆没有喷出地表，而是侵位于地壳或岩石圈深部。

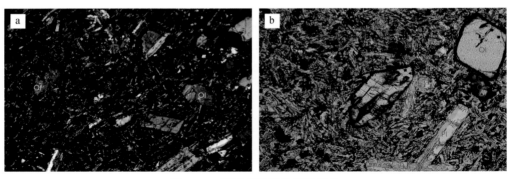

图 4-10　腾冲玄武岩的显微照片

Ol-橄榄石；Pl-斜长石

（2）辉石

辉石是腾冲火山岩中的主要斑晶矿物之一，主要为单斜辉石，也见有少量斜方辉石。根据陈廷方（2003），单斜辉石为普通辉石，具有明显的成分环带：由环带中心至边缘，TiO_2、Al_2O_3、FeO 经历了由低到高再降低的变化，而 MgO 则表现为由高→低→高。斜方辉石成分较稳定（$En_{77} \sim En_{75}$），属古铜辉石。李晓惠（2011）测得单斜辉石的成分范围为 $Wo_{34.0 \sim 47.3}En_{37.0 \sim 74.2}Fs_{11.0 \sim 26.0}$，斜方辉石为 $Wo_{2.0 \sim 3.9}En_{56.0 \sim 78.7}Fs_{18.0 \sim 42.0}$，均显示了较大的变化范围（图 4-11）。崔笛（2015）对 MF2 喷发期的辉石进行了成分剖面分析，揭示：英安岩样品 TC1024 的辉石斑晶为普通辉石，而流纹岩样品 TC1013-1 和英安岩样品 TC1010 中的辉石为紫苏辉石，其成分变化范围为 $Wo_{5 \sim 10}En_{75 \sim 50}Fs_{20 \sim 40}$。特别需要注意的是，基性、中性和酸性岩中的辉石可以出现成分分布范围的重叠（图 4-11），也表明了循环晶、甚至捕虏晶的存在。

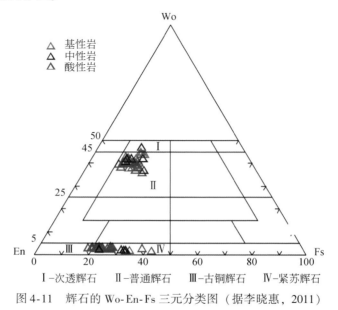

Ⅰ-次透辉石　Ⅱ-普通辉石　Ⅲ-古铜辉石　Ⅳ-紧苏辉石

图 4-11　辉石的 Wo-En-Fs 三元分类图（据李晓惠，2011）

（3）斜长石

斜长石是腾冲新生代火山岩样品中最主要的斑晶矿物，且颗粒直径较大，一般为1~2 mm。斜长石斑晶的产出形态多种多样，可呈浑圆状、柱状或板状（图4-10），也常与橄榄石和/或辉石形成聚斑晶。电子探针分析表明，斜长石斑晶具有大的成分变化范围（An_{30} ~ An_{72}），并且基性、中性和酸性岩中的斜长石具有类似的成分变化范围（图4-12）。于红梅（2011）报道的黑空山斜长石也具有大的成分变化范围，为An78→An28。崔笛（2015）提供的马鞍山斜长石颗粒测试结果不仅具有大的成分变化范围，而且具有异常的成分环带。例如，样品KC837英安岩中的一个斜长石颗粒由中心至边缘的牌号变化为An60→An72→An60→An57→An71→An57→An40，表明晶体生长过程中有两次An值异常升高。所有这些都表明，斜长石的宽广成分范围在腾冲火山岩中具有普遍性，而这样的变化范围出现在一个斜长石晶体中则表明了斜长石结晶过程的复杂性。这可以解释为高温富钙岩浆的输入（覃锋等，2006），也可以解释为水流体的输入，因为水压的增加可以导致更富钙斜长石的结晶（如Lange et al.，2009）。

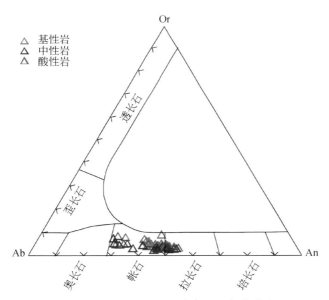

图4-12　长石的Or-Ab-An三元分类图（据李晓惠，2011）

但是，结合岩相学观察结果，斜长石成分的复杂性还应当包括晶体来源的复杂性。换句话说，腾冲火山岩中可能含有不同成因的斜长石。例如，图4-13a所示的斜长石显示出明显的振荡环带，可以用过饱和→成核→耗尽机制来解释。这样的晶体应当归属为岩浆房晶（罗照华等，2013），是真正的斑晶。腾冲火山岩中斜长石斑晶的另一种典型特征是熔蚀结构。如4-13b所示，具有密集聚片双晶的斜长石斑晶具有均一的成分和熔蚀结构，但没有再生长的现象。这种现象可单独地解释为岩浆不饱和斜长石，因而发生净转移反应。但是，岩石中也见有大量的自形斜长石斑晶，这样的解释有点牵强，或者说不能解释所有斜长石晶体的成因。一种很可能的解决方案为：被熔蚀的斜长石来自其他岩浆房（循环晶），而自形斜长石则结晶于携带岩浆（通道晶）。因此，图4-13b中至少包含两种不同成因的斜长石。图4-13c展示了腾冲火山岩中的三类斜长石出现在同一个显微镜视域中，左边的斜长石呈自形晶产出，由于没有明显的环带，可能是通道晶；右面的斜长石具有筛状结构的核部和新的生长边，应当属于捕虏晶或循环晶；而中央的大斜长石颗粒则有两个具振荡环带的域和两个具有筛状结构的域。罗照华等（2013）认为是透岩浆流体多次脉动式注入的结果，因而属于循环晶。

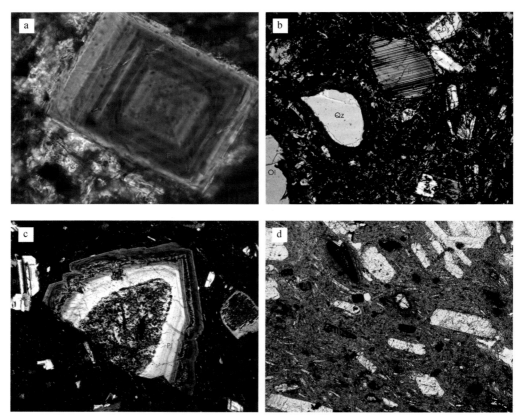

图4-13　腾冲火山岩中斜长石斑晶的典型特征
Ol-橄榄石；Cpx-单斜辉石；Pl-斜长石；Hb-角闪石；Bi-黑云母

　　总之，腾冲火山岩中的斜长石表现出复杂多样的特征，很难用一种成因模型来解释，甚至分离结晶作用+岩浆混合作用也难以解释斜长石斑晶的结构和成分特点。例如，MF2安山岩、英安岩中的斜长石大多属于拉长石（崔笛，2015），后者是玄武质岩石中的典型斜长石类型，理论上不应当出现在安山岩和英安岩中。Gao等（2015）也指出，腾冲第四纪英安岩中的斜长石可以划分为三类：①大斑晶表现出明显的反环带，核部为An_{55}而边部为An_{72}；②少量大颗粒显示微弱的正环带；③较小的斑晶成分相对均一，成分变化范围为$An_{56} \sim An_{50}$。原位Sr同位素分析表明，斜长石的Sr同位素成分不显示与全岩CaO、Al_2O_3和LOI的任何相关性，这更进一步证实了本章的分析结果。

（4）角闪石和黑云母

腾冲火山岩中也见有钙质闪石和镁铁质黑云母的斑晶（陈廷方，2003），但没有得到详细研究。显微镜观察表明，角闪石和黑云母往往具有暗化边，甚至完全分解（图4-13d）。Gao等（2015）报道了余家大山英安岩中的自形新鲜角闪石和黑云母。根据他们的描述，这种英安岩含有20%～25%（体积分数）斑晶，主要为斜长石（10%～12%，体积分数）和角闪石（8%～10%，体积分数），黑云母含量较少（2%～3%，体积分数）。含水暗色矿物作为斑晶产出可以认为是岩浆富含挥发分的标志（Frey and Lange，2011），岩浆减压排气作用将造成含水暗色矿物的分解。但是，饱和水玄武安山质熔体的结晶作用实验表明，角闪石仅形成于固相线附近（Mercer and Johnston，2007）。因此，这两种矿物到底是从富水熔体中晶出还是从超临界流体中晶出，尚需要进一步证实。

（5）聚斑晶

火山岩中的斑晶常常聚集在一起形成中尺度结构（meso-scale structure），习惯上称为聚斑结构，这种结构的成因有多种不同的解释。Burgisser等（2005）将其与岩浆流体动力学联系在一起，认为聚斑结构的出现是紊流的标志。对于低黏度的镁铁质岩浆来说，这种解释是比较合理的。但是，对于高黏度的长英质岩石来说，除非岩浆含有大量的流体，岩浆一般表现为层流的性质。此外，晶体聚集体也可能是上升岩浆从冷却岩浆房的晶体捕获带撕裂下来的半固结岩块。

图4-14展示了腾冲火山岩中的两种常见聚斑结构，其中图4-14a是真正的聚斑结构，而图4-14b则可能是捕获的晶体集合体。如图4-14a所示，斜长石与单斜辉石和橄榄石聚集在一起，粒间充填着玻璃质和气泡，晶体没有被折断的现象，保持完好的晶形，也没有反应边或熔蚀边，暗示晶体与熔体大致是平衡的。这两点与图4-14b明显不同，后者不但晶体形态不完整，而且具有反应边。因此，推测图4-14a展示的聚斑晶是岩浆快速运动的产物，具有通道晶的特点，而图4-14b展示的聚斑晶则实际上是捕虏晶。

图4-14　腾冲火山岩中的两种聚斑结构

a. 通道晶；b. 捕虏晶

Ol-橄榄石；Opx-斜方辉石；Cpx-单斜辉石；Pl-斜长石

四、矿物结晶的温度压力估算

上述内容表明，腾冲火山岩中的斑晶矿物具有复杂的来源。这一方面为揭示火山岩浆系统的演化路径提供了便利，另一方面又为温度压力的估算及其估算结果的理解提出了难题。

1. P-T 估算结果

李晓惠（2011）和崔笛（2015）等都对腾冲火山岩进行了晶体–熔体平衡热力学计算，估算结果如图 4-15 所示。于红梅（2011）依据斑晶–熔体平衡计算结果认为黑空山火山岩中斑晶的结晶温度介于 998～1108 ℃之间，辉石岩和辉长岩捕虏体的平衡温度介于 1000～1125 ℃之间，辉长岩捕虏体的平衡压力为 4.9～9.9 kbar[①]，由于所利用的温度计和温压计有所不同，其温度估算值略低于李晓惠（2011）的估算值。

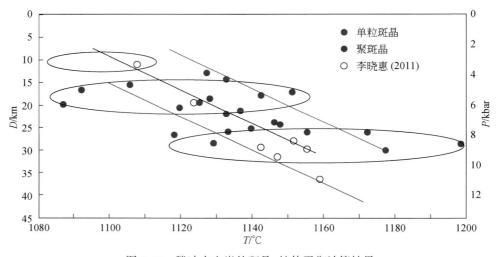

图 4-15　腾冲火山岩的斑晶–熔体平衡计算结果

由图 4-15 可见，斑晶–熔体的平衡温度分布在 1085～1198 ℃之间，压力变化于 3～12 kbar 之间，相当于 10～40 km 深度。值得注意的是，这些估算结果在 P-T 图解中似乎展现了不同的变化趋势。根据李晓惠（2011）和崔笛（2015）的估算结果可以拟合出三条具有大致相等斜率（2.4 ℃/km）的趋势线，暗示了较快的岩浆上升速率。此外，多数投点分布在两个深度范围内：30～25 km 和 20～15 km，还有一个投点落在 10 km 深度左右。

2. 对 P-T 估算结果的解释

P-T 估算结果的解释与研究样品的鉴定以及对岩浆系统的理解有关，也与温压计的适应范围有关。据于红梅（2011），辉长岩捕虏体中存在矿物粒间熔体，实际上相当于本章

[①]　1 bar = 10^5 Pa；1 kbar = 10^8 Pa。

描述的聚斑晶，而辉石岩则可能是捕虏体，不具有堆晶岩的特点。此外，作者所获得的压力估算值都来自"辉长岩捕虏体"。

李晓惠（2011）采用了较新的火山岩温压计（Putirka et al., 2003；Putirka, 2008），这些温压计具有排除不平衡晶体–熔体对的功能，因而估算结果较为可信，以下的讨论将以此估算结果为基础。

现代火山学观察和研究发现，一个火山岩浆系统通常有多个位于不同深度水平上的岩浆房。对于许多火山来说，有很好的证据表明地壳中有一个岩浆储集区，一个最终开

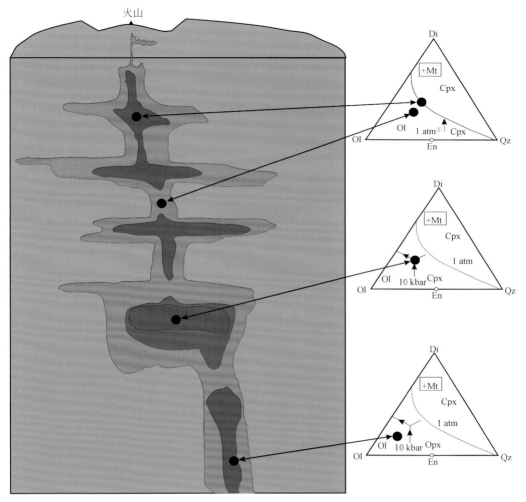

图 4-16　火山岩浆系统的基本特征（据 Marsh，1996 修改）

表示高度活动系统（如夏威夷的 Kilauea 火山）中存在的岩浆晶粥柱。岩浆系统存在位于不同深度水平的岩浆房和供给系统，各岩浆房之间具有不同的冷却时间尺度和相平衡体制。注入这种岩浆房的岩浆将与先存岩浆混合形成新的混合岩浆，触发新的火山事件，并继承早期结晶事件产生的晶体（循环晶）

Cpx-单斜辉石；Opx-斜方辉石；Di-透辉石；En-顽火辉石；Ol-橄榄石；Qz-石英；Mt-磁铁矿

———————

① 1 atm = 1.01325×10^5 Pa。

始上升的岩浆储源（岩浆房）。这些近地表（约 5 ~ 15 km）储源的存在也得到了岩石学资料的证实，表明斑晶组合与储源平衡（Hammer and Rutherford，2003）。岩浆与围岩之间的密度差（Ryan，1993）也表明，在许多钙碱性火山之下似乎既存在深的、也存在浅的岩浆储源。例如，岩石学资料表明，在 Rainier 山之下，最近一次（2200 年前）爆发式喷发时两个这样的储源存在于 3 ~ 5 km 和 >8 km（Venezky and Rutherford，1997）的地方。另一方面，岩浆房的不同部分将具有不同的温度，其结晶作用将从边缘向中心推进，而不是全岩浆房同时结晶（Marsh，1996）。同时，岩浆房的方向比（高/宽）是一个非常重要的物理参数（Gutiérrez and Parada，2010）。大方向比的岩浆房有利于岩浆的对流分异作用，岩浆房的存活时间较短；小方向比岩浆房一般难以发生对流作用，岩浆固结时间较长。数值模拟表明，当方向比为 1∶1，一个 50 km^3 圆柱形株状储源的堆晶作用在 10 ka 结束时可生成一个体积显著的超基性岩，这将有效阻止深部岩浆的补给（Gutiérrez and Parada，2010）。由此，当前普遍认同图 4-16 这样的岩浆系统模型，即具有多重岩浆房和岩浆房具有小方向比（<1.0）的碟状。

由此，本章将图 4-15 所列出的 p-T 计算结果理解为晶体在不同岩浆房和通道中的结晶条件，而不是在同一岩浆房中的不同深度位置。这是与于红梅（2011）的本质区别。按照这种理解，图 4-15 表明，腾冲火山区至少存在三个位于不同深度的岩浆房，其埋深分别相当于 30 ~ 25 km、20 ~ 15 km 和约 10 km，这与赵慈平（2008）根据其他方法综合估算的岩浆房（囊）埋深（热海 5 ~ 25 km，马站 >10 km，团田 7 ~ 14 km）大致相当。此外，图 4-15 也揭示，腾冲火山岩中的许多晶体实际上是在岩浆向上运动过程中晶出的，为通道晶。

五、火山岩中的深源捕虏体

腾冲火山岩中也见有各种深源捕虏体，但没有得到系统研究。于红梅（2011）详细研究了产于黑空山粗安岩中的地幔橄榄岩捕虏体，而林木森等（2014a）则详细研究了产于芒棒组玄武岩中的麻粒岩捕虏体。

1. 橄榄岩

根据于红梅（2011），橄榄岩捕虏体直径一般为 1 cm 左右，最大可达 2.5 cm，被称为微型捕虏体。岩石主要由橄榄石（47.2%，体积分数）、单斜辉石（40.2%，体积分数）和少量斜方辉石（12.6%，体积分数）组成，属于二辉橄榄岩。捕虏体具有细粒结构、碎斑结构（图 4-17），晶体粒径介于 0.3 ~ 1.5 mm 之间。

二辉橄榄岩中的造岩矿物具有较高的 Mg$^\#$ 值，其中橄榄石为 91.1，单斜辉石为 95.1，斜方辉石为 91.3，反应边斜方辉石为 80.5。单斜辉石的成分为 Wo$_{48.19}$En$_{49.01}$Fs$_{2.81}$，相当于透辉石；斜方辉石为 Wo$_{1.72}$En$_{89.45}$Fs$_{8.83}$，相当于顽火辉石；反应边斜方辉石为 Wo$_{3.00}$En$_{77.61}$Fs$_{19.39}$，相当于古铜辉石。与吉林辉南大椅山第四纪玄武岩中橄榄岩捕虏体的相应造岩矿物成分（罗照华，1984）相比，橄榄石和单斜辉石的 Mg$^\#$ 偏高。

橄榄岩捕虏体中见细小的橄榄石和辉石重结晶颗粒（图 4-17，中部），以及一个以斜方辉石为主的细粒条带，构成碎斑结构和条带状构造，表明岩石经历过塑性变形和剪切分异作用。根据辉石温度计估算结果，二辉橄榄岩捕房体具有较低的平衡温度［约825 ℃，Wells（1997），二辉石温度计；约948 ℃，Wood and Bano（1973），二辉石温度计］。按22 ℃/km 大陆岩浆弧地热梯度（Rothstein and Manning，2003）换算，这样的温度值相当于约38 ~ 43 km，与现今腾冲地区的莫霍界面平均深度（约40 km，皇甫岗和姜朝松，2000）接近。但是，现今莫霍面温度达1000 ℃或以上（阚荣举和赵晋明，1995），高于橄榄岩包体的形成温度。这意味着黑空山火山活动之后腾冲的莫霍面温度可能持续升高。

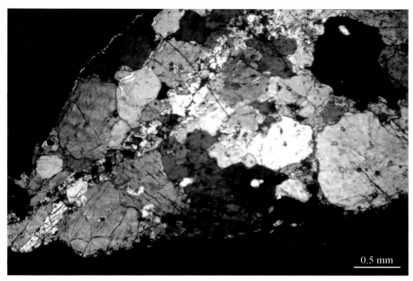

图4-17　黑空山粗安岩中的橄榄岩捕房体（据于红梅，2011）

Ol-橄榄石；Cpx-单斜辉石；Opx-斜方辉石

2. 麻粒岩

林木森等（2014a）分析的麻粒岩捕房体产于芒棒乡北约4 km 的大石头山，主要类型有长英质麻粒岩和二辉麻粒岩，寄主岩为上新世芒棒组粗面安山岩-粗面玄武岩（姜朝松，1998b）。麻粒岩捕房体的直径一般为约3 ~ 5 cm，最大可达6 cm。根据林木森等（2014a），岩石略具定向排列构造，粒状变晶结构特征。

（1）长英质麻粒岩

长英质麻粒岩捕房体呈灰白色到灰色，具有块状构造、片麻状构造、中粒花岗变晶结构，矿物颗粒具弱定向特征。组成矿物主要有：石英（65% ~ 70%）、斜长石（15% ~ 20%）和辉石（5% ~ 10%）。光学显微镜下，常见石英包含有少量锆石，在其周缘有时可见有放射性裂纹，石英普遍见有针状出溶体，表明后期可能存在减压作用过程。锆石阴极发光成像显示，锆石多具有核–边结构，且边部无韵律结构，显示为变质成因锆石的结构特征。斜长石为他形—半自形粒状，粒径为0.4 ~ 1.0 mm，普遍存在聚片双晶。斜方辉石呈他形不规则粒状，粒径为0.4 ~ 1.0 mm，正高突起，淡绿—淡红多色性；单斜辉石呈他形短柱状，粒径0.3 ~ 0.8 mm 左右，淡绿色。

电子探针分析表明，单斜辉石为普通辉石；而斜方辉石为紫苏辉石，在巴塔查扬斜方辉石成因判别图上,斜方辉石落入变质成因区(林木森等,2014a),也反映出该类捕房体经历了麻粒岩相变质作用。长英质麻粒岩捕房体平衡温度和压力为:869~969 ℃,0.94~1.00 GPa,反映了约32 ℃/km的地热梯度。这也是一种奇怪的现象,如此富长英质的岩石在这种高温高压条件下没有发生部分熔融!如果作者的观察结果可信,应当引起充分关注。

(2)二辉麻粒岩

二辉麻粒岩捕房体呈灰黑–绿黑色,块状构造,中细粒柱状变晶结构。矿物颗粒具有弱定向特征,主要矿物有:斜方辉石(55%±)和单斜辉石(45%±)。光学显微镜下,斜方辉石呈他形不规则粒状,粒径为0.2~0.6 mm,正高突起,淡绿—淡红多色性;单斜辉石呈他形短柱状,粒径0.2~0.6 mm,淡绿色。探针分析表明,单斜辉石为普通辉石,斜方辉石为紫苏辉石,均系变质成因。

该类包体也经历了麻粒岩相变质作用。二辉麻粒岩捕房体平衡温度为:841~972 ℃,均显示为高温麻粒岩相变质;寄主岩粗面安山岩中斑晶结晶估算的温度和压力为:1008~1059 ℃,1.26~1.33 GPa,表明它们形成和起源于下地壳到上地幔顶部之间,并反映了约27 ℃/km的地热梯度。

二辉麻粒岩捕房体电子背散射衍射(EBSD)显微组构分析表明,斜方辉石(紫苏辉石)和单斜辉石(普通辉石)均具有明显晶格优选方位(LPO)。斜方辉石和单斜辉石主滑移系分别为:(010)[001]和(100)[001]、(010)[001],变形机制为位错蠕变,说明麻粒岩捕房体经历了高温塑性变形变质作用。

最早一期火山岩中的麻粒岩捕房体具有高温变质变形的现象,也表明腾冲火山群第一批岩浆喷出之前实际上已经发生深部岩浆活动,与火山岩中循环晶给出的信息类似。此外,李大明等(1999)对腾冲火山岩中矿物的"过剩氩"及其对测年结果的影响进行了研究,发现同一样品的矿物K-Ar年龄要比基质K-Ar年龄老得多。例如,黑空山火山岩的基质年龄为0.071 Ma,斜长石年龄为1.478 Ma;打鹰山分别为0.036 Ma和2.731 Ma;马鞍山分别为0.028和16.87 Ma。据此,他们将测年结果的差别归咎于斑晶矿物含有"过剩氩",但没有分析"过剩氩"的来源。结合本章谈到的循环晶成因分析和高温麻粒岩变质条件分析,可以认为"过剩氩"其实并不过剩,很可能是喷发前深部岩浆活动的证据。

第三节　火山岩的岩石地球化学特征

火山系统属于多时空、多相、多元素系统,本章据此提出建立结构可控地质解释的概念。换句话说,火山系统的地质记录只有在相同层次上进行对比才具有明确的地质涵义。例如,火山岩的化学记录可用于定量标定岩浆系统的物理过程,但只有在明确不同过程之间的关系之后这种标定才是有意义的。由于腾冲火山岩的喷发体积及其时空变化特征,以及火山岩物质来源的复杂性,腾冲火山岩的平均性质并不能有效揭示腾冲火山岩浆系统的形成与演化。如图4-7所示,尽管根据前人发表的数据可以概括火山岩的成分特征和变化趋势，却不能揭示造成这种特征和趋势的控制因素和因素组合。

依据复杂系统的基本原理，马鞍山火山岩浆系统可以看作是腾冲火山岩浆系统的一个子系统。由于复杂系统具有自相似结构，马鞍山系统的基本特征也可以用来描述整个腾冲火山岩浆系统的基本特征和演化历史。为此，本节描述马鞍山火山岩的地球化学特征，以揭示腾冲火山岩浆系统的化学变化及其控制因素。

对 33 件火山岩样品进行了全岩主、微量元素测试，主量元素在北京核工业地质研究院进行，微量元素在中国科学院贵阳地球化学研究所分析完成；并选择其中不同喷发期次的 18 件代表性样品进行了全岩 Sr-Nd-Pb 同位素测试。由于腾冲火山岩较新的喷发时代，同位素母体对子体的放射性累计可以忽略不计，仅测量同位素子体比值，同位素分析在中国科学院贵阳地球化学研究所分析完成。考虑到火山岩在成岩过程中可能经历的地壳混染，以及火山岩中晶体的多种成因，对已经确定全岩及同位素组分的 17 件不同喷发期次的火山岩基质进行分离，并对其进行微量元素及 Nd-Hf 同位素测定；微量元素在中国科学院贵阳地球化学研究所分析完成，Nd-Hf 同位素在中国科学院广州地球化学研究所分析完成。

一、火山岩的主量元素特征

33 件火山岩样品的全岩化学分析结果列于表 4-3。由表 4-3 可见，与整个腾冲火山群的化学组成类似，马鞍山火山岩具有宽广的成分变化范围，其中 SiO_2 含量变化于 51.14% ~ 71.96% 之间，平均为 59.50%；TiO_2 变化于 0.45% ~ 1.77% 之间，平均为 1.21%；Al_2O_3 变化于 12.30% ~ 17.53% 之间，平均为 15.88%；Fe_2O_3 变化于 0.97% ~ 4.65% 之间，平均为 2.28%；FeO 变化于 0.90% ~ 7.20% 之间，平均为 4.13%；MgO 变化于 0.35% ~ 3.89% 之间，平均为 1.99%；CaO 变化于 0.99% ~ 10.33% 之间，平均为 5.50%；Na_2O 变化于 1.98% ~ 4.23% 之间，平均为 3.70%；K_2O 变化于 1.75% ~ 5.03% 之间，平均为 3.25%；P_2O_5 变化于 0.10% ~ 0.50% 之间，平均为 0.34%。火山岩具有较低的 $Mg^{\#}$ 值，其变化范围为 20 ~ 44，平均为 35。

将全岩分析结果换算成无水组分并投在 $SiO_2-Na_2O+K_2O$ 图解（图 4-18）中，与图 4-7 对比可以看出，马鞍山火山岩的化学组成与整个腾冲火山群的岩石化学分析分布范围和变异趋势类似。但是，由于图 4-18 采用了按喷发期投图的方式，更好地展现了马鞍山火山岩的成分变化规律。图 4-18a 表明，MF1、MF3 和 MF5 的投点均落在玄武粗安岩区，表现出偏基性的特点，但缺乏玄武岩和粗面玄武岩。MF2、MF4 和 MF6 的成分偏酸性，其中 MF2 的投点落在英安岩、粗面英安岩和流纹岩区，是本次研究样品中 SiO_2 含量最高的样品；MF4 的投点落在 S3 区，属于粗安岩；MF6 的投点也主要落在粗安岩区，但有一个样品点落在安山岩区。对比矿物学方案和化学方案命名的结果，可以看出后者体现了火山岩基质更富含 SiO_2 和碱金属的特点，这表明了循环晶加入导致的岩石命名偏差。

表4-3　马鞍山火山岩的全岩主量元素化学分析

样品号 喷发期	SiO$_2$ /%	TiO$_2$ /%	Al$_2$O$_3$ /%	Fe$_2$O$_3$ /%	FeO /%	MgO /%	CaO /%	Na$_2$O /%	K$_2$O /%	MnO /%	P$_2$O$_5$ /%	LOI /%	Total /%	Mg$^{\#}$	Na /K
TC1009 MF1	51.14	1.64	16.25	4.28	4.95	3.89	8.15	3.44	1.77	0.32	0.39	2.94	99.16	44.00	2.960
TC1009-1 MF1	52.78	1.70	16.53	2.48	6.90	3.27	7.97	3.82	2.04	0.15	0.31	0.82	98.77	39.00	2.850
TC1010 MF2	63.19	1.01	14.83	2.77	2.65	1.94	4.63	3.50	3.36	0.12	0.35	1.09	99.44	40.00	1.580
TC1010-1 MF2	63.57	0.90	15.42	3.47	1.80	0.90	3.00	3.54	4.18	0.12	0.30	2.26	99.46	25.00	1.290
TC1011 MF2	64.16	0.90	15.08	2.35	2.70	1.21	3.91	3.78	4.07	0.10	0.39	0.83	99.48	31.00	1.410
TC1012 MF2	64.73	0.88	14.95	2.10	2.75	1.31	3.95	3.90	3.98	0.09	0.30	0.55	99.49	34.00	1.490
TC1013 MF2	66.97	0.60	15.09	1.36	1.95	0.95	3.17	3.19	3.72	0.07	0.19	2.26	99.52	35.00	1.300
TC1013-1 MF2	67.22	0.54	16.19	2.47	1.00	0.49	0.99	2.06	4.47	0.05	0.10	4.17	99.75	21.00	0.700
TC1024 MF2	69.69	0.56	14.12	1.91	1.35	0.72	2.36	2.90	4.24	0.05	0.14	1.62	99.66	30.00	1.040
TC1031 MF2	71.96	0.45	13.51	1.72	0.90	0.35	1.57	3.01	5.03	0.04	0.11	1.09	99.74	20.00	0.910
TC1038 MF3	53.58	1.60	16.84	1.55	7.20	3.19	7.94	4.13	1.97	0.14	0.34	0.36	98.84	40.00	3.190
TC1039 MF3	53.87	1.59	16.82	1.87	6.90	3.03	7.78	4.12	2.06	0.14	0.36	0.34	98.88	39.00	3.040
TC1020 MF4	56.55	1.39	17.53	3.37	3.95	1.85	5.21	3.79	2.73	0.10	0.43	2.27	99.17	32.00	2.110
TC1021 MF4	57.46	1.43	16.89	4.04	3.45	1.71	5.11	3.85	2.90	0.13	0.43	2.18	99.58	30.00	2.020
TC1025 MF4	57.85	1.30	16.70	2.74	4.20	1.97	5.72	4.10	2.88	0.14	0.50	1.12	99.22	35.00	2.160
TC1026 MF4	59.46	1.06	15.14	3.09	3.75	2.67	6.32	3.39	3.17	0.10	0.29	0.81	99.25	42.00	1.630

续表

样品号 喷发期	SiO₂ /%	TiO₂ /%	Al₂O₃ /%	Fe₂O₃ /%	FeO /%	MgO /%	CaO /%	Na₂O /%	K₂O /%	MnO /%	P₂O₅ /%	LOI /%	Total /%	Mg#*	Na /K
TC1014 MF5	52.47	1.63	17.13	2.21	6.95	3.43	8.04	3.88	1.83	0.15	0.33	0.77	98.82	41.00	3.220
TC1023 MF5	53.23	1.77	15.98	4.55	5.50	3.49	7.76	3.59	1.75	0.15	0.40	1.08	99.25	40.00	3.120
TC1023-1 MF5	54.41	1.61	17.25	1.93	6.35	2.66	7.12	3.74	2.20	0.13	0.34	1.16	98.90	37.00	2.580
TC1001 MF6	58.40	0.74	12.30	1.66	2.65	0.98	10.33	1.98	4.28	0.07	0.20	5.60	99.19	30.00	0.700
TC1001-1 MF6	59.17	1.30	15.76	1.70	4.85	2.00	5.38	3.92	3.46	0.12	0.36	1.07	99.09	36.00	1.720
TC1002 MF6	59.50	1.26	16.09	0.97	5.10	1.80	5.42	4.07	3.42	0.11	0.36	1.04	99.14	35.00	1.810
TC1003 MF6	59.54	1.28	16.02	1.58	4.65	1.94	5.42	4.05	3.41	0.11	0.41	0.78	99.19	37.00	1.810
TC1003-1 MF6	59.79	1.25	16.08	1.41	4.70	1.82	5.29	4.02	3.44	0.11	0.38	0.91	99.20	35.00	1.780
TC1004 MF6	59.43	1.26	16.01	1.31	4.90	1.92	5.37	3.99	3.42	0.11	0.38	1.04	99.14	36.00	1.778
TC1005 MF6	57.58	1.38	16.56	2.60	4.10	2.45	5.64	4.23	3.61	0.12	0.47	0.53	99.27	41.00	1.788
TC1005-1 MF6	58.80	1.28	16.51	1.57	4.65	1.90	5.72	4.04	3.35	0.11	0.41	0.89	99.23	36.00	1.838
TC1006 MF6	59.80	1.25	16.03	1.68	4.45	1.78	5.25	4.03	3.52	0.11	0.38	0.93	99.21	35.00	1.748
TC1007 MF6	59.37	1.27	16.27	1.55	4.65	1.88	5.44	4.03	3.40	0.11	0.41	0.82	99.20	36.00	1.808
TC1007-1 MF6	59.76	1.26	15.81	1.18	4.95	1.95	5.19	4.00	3.47	0.11	0.37	1.09	99.14	37.00	1.758
TC1008 MF6	59.58	1.27	15.98	1.54	4.70	2.02	5.49	4.09	3.41	0.11	0.43	0.59	99.21	37.00	1.828
TC1015 MF6	59.39	1.26	16.25	4.65	1.80	1.79	5.47	4.09	3.41	0.11	0.38	0.93	99.53	35.00	1.828
TC1017 MF6	59.14	1.32	15.99	1.54	5.00	2.35	5.46	3.93	3.26	0.12	0.37	0.65	99.13	40.00	1.838

* Mg#依公式 $100 \times n(MgO)/n[(MgO+FeO)]$ 计算，全铁均视作 FeO（Kelemen et al., 2003）

　　除了一个 MF6 样品之外，其余样品投点均落在亚碱性系列区（图 4-18a）；在图 4-18b 中，绝大多数样品投点落在高钾钙碱性系列区，只有两个 MF6 样品落在钾玄岩系列区；它们均表明了马鞍山火山岩与腾冲火山岩整体特征的相似性。因此，可以用马鞍山火山岩的基本特征来探讨整个腾冲地区火山岩的演化。

　　值得注意的是，图 4-18 展示了三个岩浆演化系列：MF1→MF2，MF3→MF4 和 MF5→MF6。但是，它们并不是连续的演化系列，而是存在明显的成分间断。这使得可以将马鞍山火山岩划分为三个喷发旋回，每一个旋回以镁铁质岩浆喷发开始，以长英质岩浆结束。由此，马鞍山火山岩浆系统至少存在两个位于不同深度水平上的岩浆房：一个是镁铁质岩浆房，位于下地壳或莫霍面附近；另一个位于中上地壳深度水平上，以富含长英质岩浆为特征。

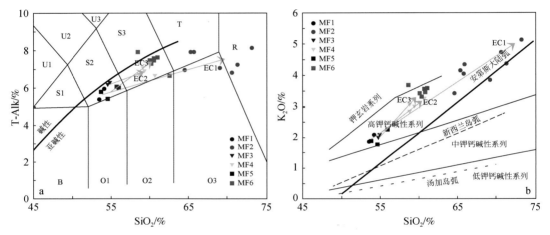

图 4-18　马鞍山火山岩的 $SiO_2-Na_2O+K_2O$ 图解（a）和 SiO_2-K_2O 图解（b）

B-玄武岩；O1-玄武安山岩；O2-安山岩；O3-英安岩；R-流纹岩；S1-粗面玄武岩；S2-玄武粗安岩；

S3-粗安岩；T-粗面英安岩

　　马鞍山火山岩的元素变异关系如图 4-19 所示。可以看出，TiO_2、TFeO（全铁）、MgO、CaO 与 SiO_2 呈良好的线性关系（负相关），暗示了岩浆混合作用；K_2O 与 SiO_2 大致呈正相关，也是岩浆混合作用的标志；Al_2O_3、Na_2O 和 P_2O_5 在 $SiO_2<57\%$ 时与 SiO_2 含量呈正相关，$SiO_2>57\%$ 时与 SiO_2 呈负相关。这种元素变异特征与图 4-8 展示的类似，但表现得更清晰，镁铁质岩石与长英质岩石之间的成分间断清晰可见。在 SiO_2 相同的条件下，Al_2O_3 含量显示出较大的变化范围，与前面所述岩石中存在较多斜长石循环晶的观察结果一致。例如，斜长石晶体核部的 SiO_2 含量大多为 53%～55%，幔部的 SiO_2 含量主要为 58%～60%，即斜长石的 SiO_2 含量与基质的 SiO_2 含量大致相同。因此，斜长石循环晶的加入并不会导致 SiO_2 含量的显著变化，而 Al_2O_3 含量却大幅增加。MgO 和 TFeO 的变化幅度较小，与岩石中的镁铁质矿物（如橄榄石、辉石）循环晶较少的岩相学观察结果相一致。但是，Na_2O 和 P_2O_5 的大幅变化则不能用晶体约束来解释，很可能与富含这些元素的外来流体（透岩浆流体）的输入有关。特别是 P_2O_5，由于不存在磷灰石"斑晶"以及磷的亲流体属性，外来流体（特别是幔源流体）的输入将会增加岩浆中的 P_2O_5 含量。

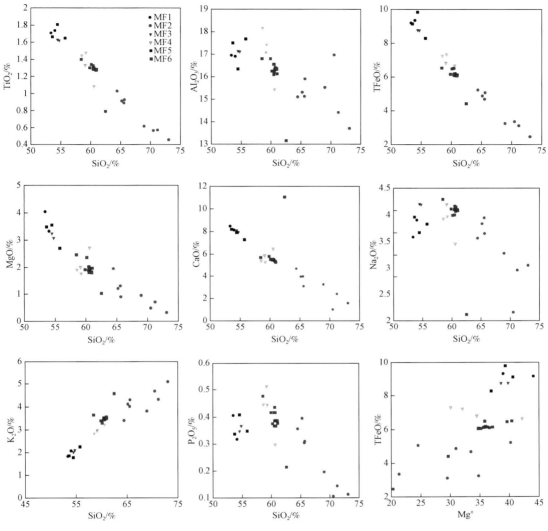

图 4-19　马鞍山火山岩的哈克图解

特别需要引起注意的是 $Mg^\#$–TFeO 变异图解（图 4-19）。样品的 TFeO 含量变化乍一看似乎规律性不明显，因为投点具有宽广的变化范围。但是，按喷发期仔细审视可以发现，MF1 显示了 TFeO 值随 $Mg^\#$ 值增加而略有降低，或基本保持不变；MF2 的投点可以划分为两群，一群具有约 5% TFeO，另一群具有约 3% TFeO，TFeO 值不随 $Mg^\#$ 变化而改变；MF3 两个样品的投点相近，趋势性不明显；MF4 也展现出 TFeO 含量（约 7%）随 $Mg^\#$ 值增加而保持不变或略有减小的特点；MF5 展示了 TFeO 与 $Mg^\#$ 值正相关的特征；MF6 的 TFeO 值也与 $Mg^\#$ 值呈正相关，但变化不大，可以认为在误差范围之内。总体来看，马鞍山火山岩的 TFeO 含量均与 $Mg^\#$ 值无关，不同喷发期的岩石具有各自独特的 TFeO 含量。这样的特征很难用分离结晶作用来解释，很可能也是透岩浆流体作用的结果。根据 Martin

（2012）的实验结果，来自软流圈的水流体透过镁铁质岩浆活动时，可以从中大量携带出 Fe、Al、Na、K、Si 等元素或其氧化物，并导致正长岩质或 A 型花岗岩质岩浆在地壳中的聚集。据此，他认为可以用透岩浆流体机制来解释 AMCG 中的 A 型花岗岩成因。如果这些组分不形成独立的岩浆房，而是注入到地壳中先存的岩浆房中，则可以使岩浆中这些元素的含量增加。这似乎可以很好地解释图 4-19 中元素的变异特征，特别是在 $Mg^\#$–TFeO 图解中。

如果这种解释可信，可以进一步推断马鞍山火山之下存在四个位于不同深度水平上的岩浆房，由下至上其 TFeO 含量分别为约 9%（玄武岩）、约 7%（安山岩）、约 5%（英安岩）和约 3%（流纹岩）。这与前面关于腾冲火山群存在多重岩浆房的认识大体一致。此外，哈克型图解也表明，循环晶是由熔体或流体搬运到上覆岩浆房中的。

二、火山岩的微量元素特征

主量元素的优点是可用以清晰揭示地球化学特征的矿物相约束。但其变化范围有限，且分配系数受矿物结晶条件的控制，有些变异特征及控制因素难以识别。微量元素可以弥补这些缺陷，因为它们具有宽广的丰度变化范围和线性变化关系。

1. 稀土元素

马鞍山火山岩的微量元素分析结果列于表 4-4，稀土元素球粒陨石标准化［采用 Boynton（1984）推荐值］结果如图 4-20 所示。由表 4-4 和图 4-20 可见，采自同一喷发期形成的不同位置火山岩样品具有极其相似的 REE 分布形式。MF1 喷发期形成的火山岩具有最低的 REE 总量（平均为 153 $\mu g/g$），无或弱的负 Eu 异常（$\delta Eu = 0.9 \sim 1.0$）以及最小的轻重稀土分馏程度［平均 $(La/Yb)_N = 6.8$］。8 件采集自 MF2 喷发期的样品显示了高稀土总量（平均值为 313 $\mu g/g$），中至强的负 Eu 异常（$\delta Eu = 0.5 \sim 0.8$）以及最大的轻重稀土分馏程度［平均 $(La/Yb)_N = 18.0$］。2 件采集自 MF3 喷发期的样品展示了几乎相同的 REE 分布特征：低 REE 总量，弱负 Eu 异常（$\delta Eu = 0.9$）和低轻重稀土分馏程度［平均 $(La/Yb)_N = 8.0$］。4 件采集自 MF4 喷发期的样品展示了相对不同的 REE 分布特征：其 REE 总量分布于 289 $\sim$ 393 $\mu g/g$，中等的负 Eu 异常（$\delta Eu = 0.7 \sim 0.8$）和较宽的轻重稀土分馏程度［平均 $(La/Yb)_N = 6.3 \sim 19.4$］。MF5 喷发期火山岩显示了低 REE 总量，弱负 Eu 异常（$\delta Eu = 0.8 \sim 0.9$）和低轻重稀土分异［平均 $(La/Yb)_N = 8.5$］。MF6 喷发期 14 件火山岩样品显示了相对高的 REE 总量（平均值为 304 $\mu g/g$），最强的负 Eu 异常（$\delta Eu = 0.5$）和轻重稀土的高度分异［平均 $(La/Yb)_N = 14.4$］。

由此可见，稀土元素展现了与主量元素类似的结果：MF1、MF3、MF5 具有相似的性质，均具有 REE 总量较低、Eu 异常不明显和轻重稀土分馏不强的特征；MF2、MF4、MF6 具有相似的性质，但与 MF1、MF3、MF5 形成鲜明对照，具有较高 REE 总量、明显的 Eu 负异常和强的轻重稀土分馏。通常，稀土元素被认为是不活动元素，其丰度不会受到流体活动（如热液蚀变）的影响，特别是重稀土（Pearce and Peate，1995）。但是，最近的研究表明，在高温流体的作用下，稀土元素的地球化学习性可以发生巨大的变化，即使是重稀土元素，也可以表现出显著富集在高温流体中的倾向（杨思思，2015）。因此，上述稀土元素的这种特征也可能与透岩浆流体作用有关。换句话说，透岩浆流体作用不仅可以从镁铁质岩浆中携带出 Fe、Al、Na、K、Si 等主量元素，而且也可以携带出稀土元素，特别是轻稀土元素。

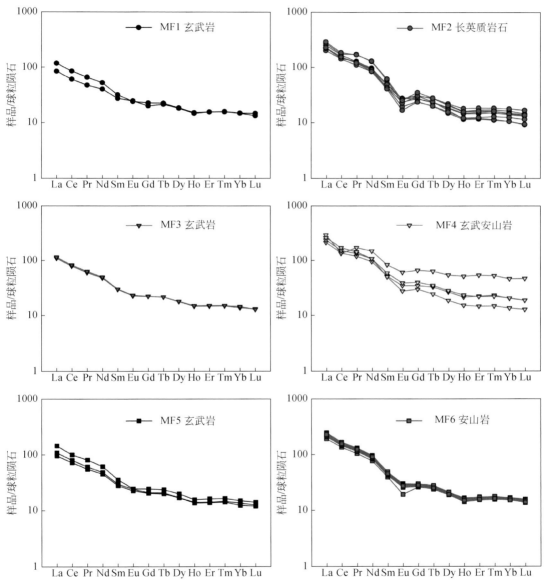

图4-20　腾冲新生代火山岩球粒陨石标准化 REE 图解

球粒陨石标准化值采用 Boynton（1984）的推荐值

此外，图4-20 中的稀土元素展现了一种奇怪的分布样式：长英质岩石中分布有大量斜长石循环晶，其球粒陨石标准化分布型式却表现出明显的负 Eu 异常。一般认为，斜长石中的 Ca^{2+} 可以被 Eu^{2+} 置换，因而斜长石的分离可造成进化岩浆出现负 Eu 异常，而斜长石的堆积则导致明显的正 Eu 异常。火成岩的负 Eu 异常也可以由部分熔融过程控制。如果部分熔融发生在斜长石稳定区（<50 km），部分熔融时进入岩浆的 Eu 元素将相对减少（罗照华等，1999）。据此，推测循环晶的加入而没有导致正 Eu 异常是因为长英质岩浆形成于较浅的地壳深度水平，这样的岩浆可以极度贫 Eu，即使大量斜长石循环晶加入也不能弥补 Eu 元素的先天性亏损。另一种解释则可能是循环晶形成于高氧逸度环境，在这种环境中 Eu 与其他稀土元素一样都呈 Eu^{3+} 存在，因而不能进入结晶的斜长石晶体中。结合镁铁质岩石 Eu 异常不明显的特点，本章认为后一种解释可能比较合理。但是，无论是哪一种情况，都证实了壳源岩浆房的存在。

表 4-4 马鞍山火山岩微量元素分析 （单位：10^{-6}）

样品号 喷发期	TC1009 MF1	TC1009-1 MF1	TC1010 MF2	TC1010-1 MF2	TC1011 MF2	TC1012 MF2	TC1013 MF2	TC1013-1 MF2	TC1024 MF2	TC1031 MF2	TC1038 MF3
La	26.10	36.40	78.10	70.00	70.40	62.40	68.50	85.30	89.80	70.90	34.10
Ce	49.00	68.00	135.00	117.00	123.00	115.00	124.00	140.00	149.00	125.00	64.00
Pr	5.80	8.10	15.60	15.70	15.20	13.40	15.00	20.90	20.60	14.70	7.40
Nd	24.10	31.50	55.90	58.30	56.10	50.10	53.80	76.60	78.20	50.60	29.10
Sm	5.30	6.20	8.60	9.80	9.60	8.50	8.40	11.60	12.10	8.00	5.80
Eu	1.80	1.80	2.00	2.00	2.00	1.70	1.40	1.70	1.90	1.20	1.70
Gd	5.20	5.90	7.00	8.00	7.90	7.00	6.20	7.90	9.10	6.10	5.70
Tb	1.00	1.10	1.10	1.30	1.30	1.10	0.90	1.10	1.30	1.00	1.00
Dy	5.80	5.90	5.90	6.80	7.10	6.00	4.80	5.40	6.60	5.00	5.70
Ho	1.10	1.10	1.00	1.20	1.30	1.10	0.80	0.80	1.10	0.90	1.10
Er	3.30	3.30	3.10	3.60	3.90	3.20	2.40	2.50	3.40	2.60	3.10
Tm	0.50	0.50	0.50	0.60	0.60	0.50	0.40	0.40	0.50	0.40	0.50
Yb	3.10	3.10	2.90	3.40	3.90	3.20	2.20	2.20	3.00	2.60	2.90
Lu	0.50	0.40	0.40	0.50	0.50	0.50	0.30	0.30	0.40	0.40	0.40
δEu	1.00	0.90	0.80	0.70	0.70	0.70	0.60	0.50	0.50	0.50	0.90
ΣREE	132.00	173.00	317.00	298.00	302.00	274.00	289.00	357.00	377.00	289.00	162.00
$(La/Yb)_N$	5.70	8.00	18.00	13.90	12.80	13.60	20.90	26.10	20.20	18.50	8.00
Rb	32.00	54.00	105.00	134.00	147.00	128.00	170.00	231.00	219.00	205.00	55.00
Sr	436.00	417.00	534.00	310.00	395.00	359.00	304.00	167.00	266.00	229.00	396.00
Nb	24.00	22.00	27.00	36.00	35.00	34.00	20.00	23.00	22.00	23.00	21.00
Ba	406.00	490.00	1033.00	774.00	816.00	727.00	728.00	830.00	820.00	767.00	469.00

续表

样品号 喷发期	TC1009 MF1	TC1009-1 MF1	TC1010 MF2	TC1010-1 MF2	TC1011 MF2	TC1012 MF2	TC1013 MF2	TC1013-1 MF2	TC1024 MF2	TC1031 MF2	TC1038 MF3
Ta	1.30	1.20	1.40	1.90	2.00	1.90	1.30	1.50	1.40	1.50	1.10
Pb	6.00	11.00	24.00	29.00	27.00	26.00	37.00	45.00	43.00	40.00	10.00
Th	4.00	11.80	21.00	24.70	23.40	23.30	36.10	47.30	47.70	42.00	10.90
U	0.70	1.30	2.50	2.80	2.50	2.50	3.40	3.80	4.40	4.10	1.30
Zr	274.00	263.00	457.00	375.00	340.00	319.00	250.00	288.00	382.00	297.00	247.00
Hf	6.10	6.40	11.50	9.30	8.90	8.40	7.60	8.40	10.70	8.20	6.20

样品号 喷发期	TC1039 MF3	TC1020 MF4	TC1021 MF4	TC1025 MF4	TC1026 MF4	TC1014 MF5	TC1023 MF5	TC1023-1 MF5	TC1001 MF6	TC1001-1 MF6	TC1002 MF6
La	35.60	91.40	65.60	73.10	80.90	34.10	29.90	45.30	61.00	71.60	69.60
Ce	67.00	107.00	109.00	121.00	136.00	65.00	59.00	82.00	112.00	128.00	124.00
Pr	7.70	20.60	14.40	16.20	17.30	7.50	6.80	10.00	13.00	15.00	14.80
Nd	30.30	88.10	56.80	63.70	64.00	29.30	27.40	37.40	47.20	55.50	53.90
Sm	5.90	16.20	10.10	11.50	9.90	5.80	5.50	7.00	7.90	8.90	8.90
Eu	1.70	4.50	2.60	2.90	2.00	1.80	1.70	1.80	1.50	2.10	2.00
Gd	5.70	17.10	9.00	10.40	7.70	5.40	5.30	6.40	6.90	7.40	7.20
Tb	1.00	3.00	1.60	1.70	1.20	1.00	1.00	1.10	1.20	1.30	1.20
Dy	5.80	17.50	8.50	9.10	5.90	5.50	5.50	6.50	6.50	6.80	6.30
Ho	1.10	3.70	1.50	1.70	1.10	1.00	1.00	1.10	1.10	1.10	1.10
Er	3.20	11.30	4.60	4.60	3.00	3.00	2.90	3.40	3.50	3.40	3.40
Tm	0.50	1.70	0.70	0.70	0.50	0.50	0.50	0.50	0.60	0.50	0.50
Yb	3.00	9.70	4.20	4.30	2.80	2.90	2.60	3.20	3.60	3.40	3.30
Lu	0.40	1.50	0.60	0.60	0.40	0.40	0.40	0.50	0.50	0.50	0.50
δEu	0.90	0.80	0.80	0.80	0.70	1.00	0.90	0.80	0.60	0.80	0.70
ΣREE	169.00	393.00	289.00	321.00	333.00	163.00	149.00	206.00	266.00	306.00	297.00
$(La/Yb)_N$	8.00	6.30	10.50	11.50	19.50	8.00	7.80	9.70	11.50	14.20	14.40
Rb	58.00	57.00	69.00	74.00	123.00	39.00	35.00	55.00	217.00	122.00	113.00
Sr	395.00	470.00	493.00	553.00	678.00	434.00	360.00	379.00	314.00	553.00	552.00
Nb	21.00	33.00	35.00	34.00	23.00	22.00	22.00	22.00	30.00	35.00	33.00

续表

样品号 喷发期	TC1039 MF3	TC1020 MF4	TC1021 MF4	TC1025 MF4	TC1026 MF4	TC1014 MF5	TC1023 MF5	TC1023-1 MF5	TC1001 MF6	TC1001-1 MF6	TC1002 MF6
Ba	483.00	686.00	733.00	715.00	721.00	539.00	511.00	508.00	648.00	859.00	805.00
Ta	1.20	1.80	1.90	1.80	1.30	1.20	1.20	1.30	2.30	1.80	1.80
Pb	10.00	15.00	16.00	17.00	21.00	12.00	12.00	17.00	38.00	25.00	24.00
Th	12.10	12.20	12.50	13.40	31.50	12.50	12.70	20.20	26.90	25.10	23.30
U	1.40	1.40	1.60	1.60	3.00	1.30	1.20	2.00	4.40	2.80	2.50
Zr	260.00	396.00	421.00	405.00	303.00	270.00	275.00	293.00	220.00	408.00	397.00
Hf	6.30	9.80	10.10	9.70	8.10	6.50	6.90	7.40	5.30	9.20	9.20

样品号 喷发期	TC1003 MF6	TC1003-1 MF6	TC1004 MF6	TC1005 MF6	TC1005-1 MF6	TC1006 MF6	TC1007 MF6	TC1007-1 MF6	TC1008 MF6	TC1015 MF6	TC1017 MF6
La	67.00	69.90	69.40	78.70	68.30	73.50	73.40	77.20	73.10	74.70	73.80
Ce	120.00	124.00	122.00	138.00	123.00	130.00	129.00	137.00	130.00	131.00	131.00
Pr	14.30	14.70	14.50	16.40	14.70	15.60	15.50	16.00	15.20	15.70	15.40
Nd	51.60	53.60	53.70	59.60	53.80	56.30	56.60	58.30	56.70	57.50	57.60
Sm	8.50	8.70	8.90	9.60	8.70	9.10	9.30	9.80	9.30	9.50	9.50
Eu	1.90	2.00	2.00	2.30	2.20	2.10	2.20	2.10	2.20	2.20	2.20
Gd	7.10	7.20	7.30	7.80	7.50	7.50	7.90	8.00	7.80	7.80	7.90
Tb	1.20	1.20	1.20	1.30	1.30	1.20	1.30	1.40	1.30	1.30	1.30
Dy	6.20	6.40	6.30	6.70	6.50	6.40	6.80	7.00	6.70	7.00	6.80
Ho	1.00	1.10	1.10	1.20	1.10	1.10	1.20	1.20	1.20	1.20	1.20
Er	3.30	3.40	3.40	3.50	3.40	3.40	3.50	3.70	3.60	3.70	3.70
Tm	0.50	0.50	0.50	0.50	0.60	0.50	0.60	0.60	0.60	0.60	0.60
Yb	3.30	3.20	3.30	3.30	3.30	3.30	3.30	3.50	3.50	3.50	3.50
Lu	0.40	0.50	0.50	0.50	0.50	0.50	0.50	0.50	0.50	0.50	0.50
δEu	0.70	0.80	0.70	0.80	0.80	0.70	0.80	0.70	0.80	0.80	0.80
ΣREE	286.00	296.00	294.00	329.00	295.00	310.00	311.00	326.00	312.00	316.00	315.00
$(La/Yb)_N$	13.70	14.50	14.20	16.10	14.00	15.20	15.00	14.90	14.20	14.60	14.40
Rb	104.00	109.00	111.00	111.00	97.00	115.00	106.00	123.00	111.00	118.00	116.00
Sr	517.00	521.00	538.00	644.00	544.00	548.00	558.00	574.00	569.00	594.00	561.00

续表

样品号 喷发期	TC1003 MF6	TC1003-1 MF6	TC1004 MF6	TC1005 MF6	TC1005-1 MF6	TC1006 MF6	TC1007 MF6	TC1007-1 MF6	TC1008 MF6	TC1015 MF6	TC1017 MF6
Nb	32.00	32.00	32.00	36.00	33.00	33.00	34.00	35.00	35.00	35.00	35.00
Ba	778.00	800.00	825.00	970.00	847.00	824.00	844.00	861.00	866.00	863.00	863.00
Ta	1.70	1.80	1.80	1.90	1.80	1.80	1.80	1.90	1.90	1.90	1.90
Pb	23.00	24.00	24.00	22.00	23.00	24.00	24.00	26.00	23.00	25.00	25.00
Th	22.00	23.20	23.40	26.00	22.80	24.70	23.80	26.10	23.90	24.90	24.90
U	2.50	2.60	2.70	2.90	2.50	2.70	2.60	2.80	2.70	2.70	2.80
Zr	387.00	379.00	377.00	395.00	396.00	386.00	411.00	409.00	409.00	424.00	420.00
Hf	9.30	9.30	9.40	9.50	9.70	9.70	10.00	10.00	10.20	10.30	10.50

2. 其他微量元素

同一喷发期不同样品间不相容元素分布模式同样显示出很强的相似性（图 4-21）。总体上，它们均表现出明显的 Pb、Ba 的富集，Nb 亏损。MF2、MF4 和 MF6 喷发期也表现出 Ti 和 P 的亏损。

图 4-21 还列出了典型 IAB、N-MORB、E-MORB 和 OIB 的配分曲线，展现了马鞍山火山岩的明显特殊性。如图 4-21 所示，MF1、MF3 和 MF5 镁铁质火山岩具有类似于 OIB 的微量元素丰度，但分布型式明显不同；它们具有类似于 IAB 的分布型式，其丰度却至少高出原生 IAB 一个数量级。

对于长英质火山岩来说，由于样品分析数量较多，不仅展示了其分配型式与对比成分的区别，而且显示了同一喷发期不同样品之间某些元素的丰度差异。如图 4-21 所示，长英质岩石展现了明显的 Rb、Th、Pb、Nd、Sm 正异常（峰）和 Ba、Nb、Sr、P、Ti 负异常（谷）。不仅如此，MF2 和 MF6 长英质岩石中的 Rb、Th、Nb、Pb、Sr、P、Ti 等元素也表现出较大（一个数量级）的变化范围。MF4 的分配型式与 MF2 和 MF6 有所不同，主要表现为 Ti 和 Sr 的丰度水平较稳定。

总之，与 REE 类似，微量元素的丰度和标准化分布型式也体现了马鞍山火山岩的特殊性，可能暗示了岩浆混合作用和透岩浆流体作用的印记。如前所述，稀土元素的异常分布特点可能与流体活动有关，因而其轻重稀土比值就应当与强不相容元素呈正相关。图 4-22 似乎证实了这一点，因而认为透岩浆流体作用对腾冲火山岩浆进行了深度改造。

3. 火山岩基质的微量元素

鉴于马鞍山火山岩中也含有外来晶体（如循环晶），本报告选择 17 件代表性样品进行了基质样品分离，并对其进行微量元素测定，结果列于表 4-5。将不同喷发期全岩测试结果与基质结果相对比可知，二者分配形式基本一致，但不同元素含量有差别（图 4-23）。

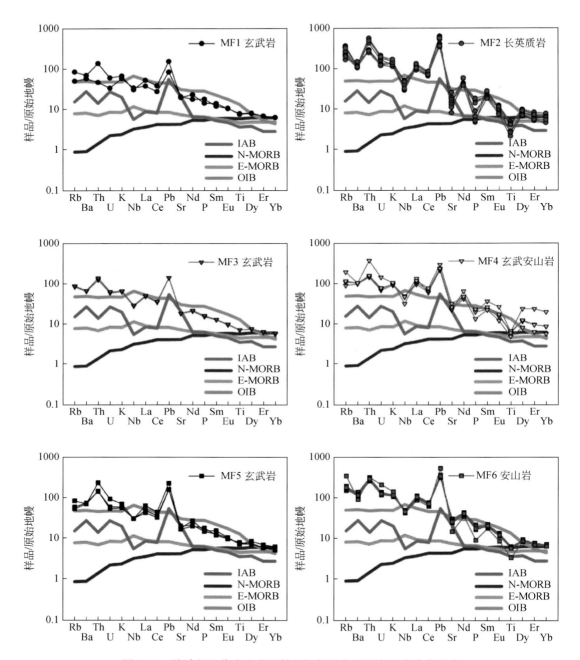

图 4-21　腾冲新生代火山岩原始地幔标准化不相容元素分布型式

N-MORB，E-MORB，OIB 和原始地幔数据引自 Sun and McDonough（1989）。IAB 代表岛弧原始岩浆岩，

由 Aleutian 玄武岩中 Mg#>60 的数据代表（Kelemen et al.，2003）

表 4-5　腾冲新生代火山岩基质微量元素组成　　　　（单位：10^{-6}）

样品号 喷发期	TC1009 MF1	TC1010 MF2	TC1012 MF3	TC013-1 MF4	TC1031 MF5	TC1039 MF3	TC1025 MF4	TC1023 MF5	TC1001-1 MF6
Rb	30.10	175.00	257.00	254.00	113.00	93.20	149.00	33.20	120.00
Sr	471.00	293.00	180.00	216.00	564.00	478.00	738.00	396.00	561.00
Nb	22.60	32.70	20.50	18.60	27.10	28.30	23.90	21.90	30.90
Ba	409.00	810.00	1030.00	963.00	1120.00	620.00	809.00	531.00	865.00
La	24.70	66.60	62.30	88.60	82.20	46.90	85.60	27.20	70.80
Ce	47.10	127.00	108.00	140.00	147.00	89.70	155.00	53.40	130.00
Pr	5.54	14.00	11.60	18.10	15.00	9.95	17.60	6.11	13.70
Nd	21.70	47.90	36.00	62.10	51.50	35.90	58.30	22.10	49.30
Sm	4.84	8.12	5.94	9.57	8.42	7.08	9.33	4.95	8.28
Eu	1.59	1.44	0.92	1.29	1.80	1.90	1.75	1.52	1.75
Gd	5.19	6.70	4.44	6.41	6.66	6.87	6.98	4.97	6.98
Tb	0.83	1.00	0.68	0.89	0.95	1.07	0.98	0.77	1.03
Dy	4.84	5.19	3.53	3.99	4.79	6.11	4.79	4.44	5.40
Ho	0.98	1.02	0.71	0.75	0.91	1.21	0.93	0.88	1.04
Er	2.73	3.00	2.09	2.18	2.71	3.45	2.69	2.44	3.02
Tm	0.38	0.41	0.31	0.28	0.37	0.48	0.35	0.34	0.42
Yb	2.40	2.74	2.06	1.84	2.41	3.03	2.31	2.15	2.68
Lu	0.35	0.39	0.31	0.27	0.34	0.43	0.33	0.31	0.38
Y	28.30	30.80	22.20	22.40	26.40	34.20	27.50	23.80	30.20
Ta	1.12	1.92	1.35	0.93	1.36	1.39	1.28	1.21	1.59
Pb	18.40	41.50	100.00	51.90	29.00	26.10	27.70	25.70	24.50
Th	3.72	28.20	44.20	53.90	21.10	15.30	34.70	12.20	25.50
U	0.73	3.71	4.95	5.57	2.39	1.92	4.90	1.36	2.56
Zr	188.00	323.00	252.00	312.00	353.00	252.00	239.00	205.00	283.00
Hf	3.82	7.12	6.20	7.87	7.69	5.33	5.71	4.56	6.13

样品号 喷发期	TC1003 MF6	TC1005 MF6	TC1005-1 MF6	TC1006 MF6	TC1007 MF6	TC1007-1 MF6	TC1008 MF6	TC1017 MF6
Rb	117.00	120.00	122.00	125.00	114.00	135.00	117.00	128.00
Sr	525.00	550.00	554.00	501.00	561.00	192.00	545.00	660.00
Nb	31.40	29.50	29.60	32.20	31.70	22.90	30.30	34.20
Ba	869.00	840.00	857.00	894.00	966.00	258.00	869.00	1050.00
La	70.70	67.60	70.30	70.80	71.30	54.20	71.00	77.30
Ce	130.00	128.00	130.00	129.00	130.00	98.50	129.00	141.00
Pr	14.00	13.50	14.00	14.60	14.00	11.50	14.20	15.20
Nd	48.50	47.50	48.10	49.30	49.40	39.40	47.10	51.90
Sm	8.45	8.19	8.30	8.53	8.43	7.59	8.29	8.68
Eu	1.78	1.76	1.77	1.81	1.84	0.95	1.74	1.93
Gd	6.94	6.73	6.92	7.19	7.05	6.47	6.94	7.11
Tb	1.02	0.99	1.03	1.06	1.04	1.03	1.03	1.04
Dy	5.32	5.22	5.28	5.48	5.39	5.65	5.28	5.33
Ho	1.04	1.01	1.02	1.08	1.06	1.14	1.01	1.04
Er	2.94	2.92	2.95	3.08	2.99	3.39	2.96	3.03
Tm	0.41	0.40	0.41	0.43	0.42	0.50	0.41	0.41
Yb	2.69	2.61	2.63	2.77	2.71	3.34	2.61	2.69
Lu	0.39	0.37	0.39	0.40	0.39	0.51	0.38	0.39
Y	29.70	29.00	29.60	30.70	30.30	36.40	30.20	29.60
Ta	1.65	1.59	1.60	1.71	1.67	1.72	1.59	1.69
Pb	23.90	24.20	50.00	28.40	35.60	74.10	50.50	34.00
Th	22.90	24.80	25.80	23.10	22.30	28.50	24.70	25.20
U	2.77	3.30	2.90	2.99	2.93	7.62	2.90	2.81
Zr	298.00	275.00	279.00	300.00	305.00	123.00	295.00	286.00
Hf	6.58	6.21	6.28	6.64	6.55	3.04	6.40	6.43

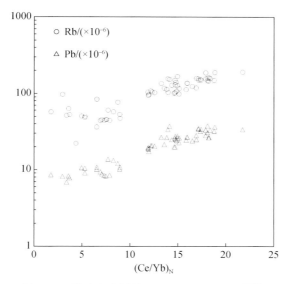

图 4-22 腾冲火山岩的（Ce/Yb）$_N$–Rb-Pb 图解

如图 4-23 所示，与相应的全岩分析结果相比，对于镁铁质岩石来说，基质以更富含 Pb 为特征，其他元素的丰度差异不大。这很可能表明，循环晶的含量对全岩微量元素丰度影响不大。这或者说明镁铁质岩石中的循环晶贫微量元素，即岩浆早期结晶过程中，大多数微量元素都表现为不相容元素的特征；或者说明循环晶的体积分数很小，对全岩微量元素丰度不造成实质性影响。遗憾的是，本次研究没有对斑晶矿物进行微量元素分析，也没有进行定量化结构分析，难以做进一步探讨。

对于长英质岩石来说，尽管基质的微量元素标准化分布型式类似，但其元素丰度的变化范围却要比全岩分析结果大得多，特别是 Ba、Sr、Pb、P、Ti 的丰度（图 4-23）。这种特点暗示了斜长石循环晶的加入，与岩相学观察结果一致。

三、火山岩的同位素特征

同位素具有非常类似的地球化学性质，被认为在岩浆过程中难以分馏。因此，母岩浆与其子岩浆之间的同位素丰度可以不同，但其同位素比值常常保持不变，可用于示踪源区特征。

1. 全岩 Sr-Nd-Pb 同位素特征

17 件马鞍山火山岩的 Sr-Nd 同位素分析结果如表 4-6 所示。从表 4-6 中可以看出，马鞍山火山岩的 ^{143}Nd/^{144}Nd 值分布于 0.5118086 至 0.5126981 的范围内，ε_{Nd} 值范围为 -16.2 至 1.2；^{87}Sr/^{86}Sr 值分布于 0.706379 至 0.710648 的范围内。总体上，同位素比值显示了较大的变化范围，其中镁铁质岩石展示了较大的 ε_{Nd} 值变化范围和较小的 ^{86}Sr/^{87}Sr 值变化范围，而长英质岩石则显示了较好的 ε_{Nd} 值与 ^{86}Sr/^{87}Sr 值的负相关关系（图 4-24）。但是，不同喷发期的火山岩呈现明显不同的 Sr-Nd 同位素特征。MF1 样品的投点落在洋岛玄武岩区；MF3 样品投在洋岛玄武岩的下部边界附近；而 MF5 样品既有分布在洋岛玄武岩内的投点，也有分布在大陆下地壳范围内的投点。这样的特征表明，幔源岩浆曾经与下地壳物质发生过强烈的物质交换，马鞍山镁铁质岩石不是幔源原生岩浆直接喷出地表的结果。

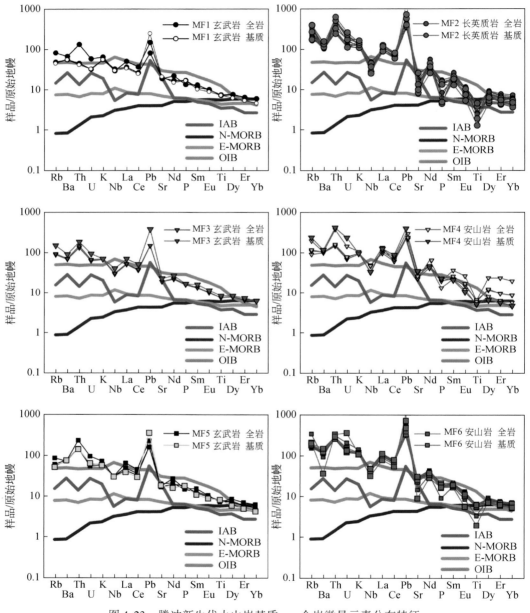

图 4-23　腾冲新生代火山岩基质 vs. 全岩微量元素分布特征

N-MORB，E-MORB，OIB 和原始地幔数据引自 Sun and McDonough（1989）。IAB 代表岛弧原始岩浆岩，由 Aleutian 玄武岩中 Mg#>60 的数据代表（Kelemen et al.，2003）

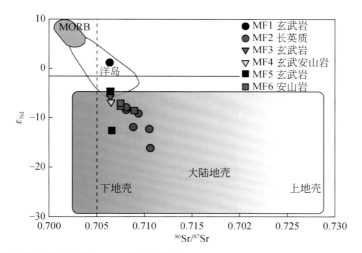

图 4-24 腾冲新生代火山岩 Sr-Nd 同位素分布 MORB，洋岛及大陆地壳数据基于 White（2000）

表 4-6 马鞍山火山岩 Sr-Nd 同位素特征

样品号	喷发期	$^{87}Sr/^{86}Sr$	2σ	$^{143}Nd/^{144}Nd$	2σ	ε_{Nd} [*]
TC1009	MF1	0.706379	0.000027	0.5126981	0.000008	1.2
TC1010	MF2	0.708116	0.000010	0.5122045	0.000005	−8.5
TC1010-1	MF2	0.708127	0.000011	0.5122323	0.000007	−7.9
TC1012	MF2	0.709405	0.000008	0.5121670	0.000007	−9.2
TC1013	MF2	0.710648	0.000010	0.5118086	0.000008	−16.2
TC1013-1	MF2	0.710547	0.000011	0.5120056	0.000008	−12.3
TC1024	MF2	0.708864	0.000009	0.5120260	0.000006	−11.9
TC1031	MF2	0.708850	0.000012	0.5122118	0.000006	−8.3
TC1038	MF3	0.706453	0.000008	0.5123369	0.000008	−5.9
TC1039	MF3	0.706445	0.000013	0.5124056	0.000007	−4.5
TC1020	MF4	0.706527	0.000009	0.5122815	0.000007	−7.0
TC1021	MF4	0.706484	0.000011	0.5123940	0.000008	−4.8
TC1014	MF5	0.706611	0.000008	0.5119911	0.000007	−12.6
TC1023	MF5	0.706446	0.000010	0.5123797	0.000005	−5.0
TC1001-1	MF6	0.707533	0.000011	0.5122734	0.000006	−7.1
TC1002	MF6	0.707535	0.000012	0.5122422	0.000007	−7.7
TC1007	MF6	0.707535	0.000011	0.5122751	0.000004	−7.1
TC1007-1	MF6	0.708966	0.000010	0.5121977	0.000005	−8.6

[*] ε_{Nd} 计算过程中（$^{143}Nd/^{144}Nd$）$_{CHUR}$ = 0.512638

长英质岩石具有较为复杂的同位素变化趋势，其中 MF4 的投点位于镁铁质岩石的变化趋势线上，展现了幔源岩浆与壳源岩浆混合的特征；MF2 的样品明显划分为两群，均显示了 ε_{Nd} 值与 $^{86}Sr/^{87}Sr$ 值的负相关关系；MF6 的样品投点与一组 MF2 样品的投点重叠，具有相同的分布趋势。这样的同位素特征也表明了壳源岩浆房的存在，并展示了壳源岩浆与幔源岩浆相互作用的印记。

马鞍山火山岩浆系统不同喷发期火山岩的 Pb 同位素比值列于表 4-7。除了 MF6 喷发期一件样品（安山岩 TC1007-1）显示出接近围岩的最高的 $^{206}Pb/^{204}Pb$ 值外，其他火山岩均投图于腾冲火山岩的主体分布范围内或其边界线上（图 4-25），其中一个 MF1 样品投点分布在腾冲火山岩与那邦变质 MORB 重叠区。

表 4-7　马鞍山火山岩 Pb 同位素组成

样品号	喷发期	$^{208}Pb/^{204}Pb$	2σ	$^{207}Pb/^{204}Pb$	2σ	$^{206}Pb/^{204}Pb$	2σ
TC1009	MF1	38.783	0.006	15.618	0.002	18.383	0.003
TC1010	MF2	39.090	0.003	15.635	0.001	18.151	0.002
TC1010-1	MF2	39.045	0.004	15.625	0.002	18.147	0.002
TC1012	MF2	39.013	0.003	15.631	0.001	18.195	0.001
TC1013	MF2	39.152	0.003	15.629	0.001	17.949	0.001
TC1013-1	MF2	39.147	0.003	15.627	0.001	17.944	0.002
TC1024	MF2	39.096	0.005	15.627	0.002	18.035	0.002
TC1031	MF2	39.084	0.005	15.642	0.002	18.253	0.002
TC1038	MF3	39.014	0.005	15.639	0.002	18.199	0.002
TC1039	MF3	39.000	0.005	15.639	0.002	18.208	0.002
TC1020	MF4	38.861	0.005	15.610	0.002	18.161	0.002
TC1021	MF4	38.852	0.005	15.608	0.002	18.155	0.002
TC1014	MF5	39.064	0.003	15.641	0.001	18.138	0.001
TC1023-1	MF5	38.986	0.003	15.638	0.001	18.200	0.002
TC1001-1	MF6	39.012	0.005	15.633	0.002	18.117	0.002
TC1002	MF6	38.972	0.004	15.625	0.001	18.114	0.002
TC1007	MF6	39.006	0.004	15.632	0.002	18.116	0.002
TC1007-1	MF6	39.256	0.005	15.691	0.002	18.591	0.002

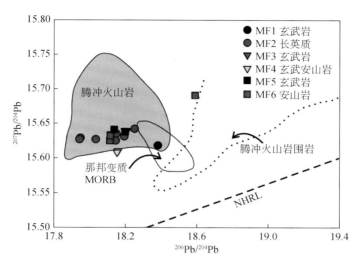

图 4-25 腾冲新生代火山岩 Pb 同位素特征

腾冲火山岩、那邦变质 MORB 和围岩分布范围引自赵勇伟和樊祺诚（2010）

表 4-8 马鞍山火山不同喷发期火山岩基质 Nd-Hf 同位素

样品号	喷发期	$^{143}Nd/^{144}Nd$	2δ	$^{176}Hf/^{177}Hf$	2δ
TC1001-1	MF6	0.512278	0.000012	0.282676	0.000006
TC1003	MF6	0.512230	0.000010	0.282672	0.000008
TC1005	MF6	0.512239	0.000008	0.282677	0.000006
TC1005-1	MF6	0.512237	0.000011	0.282682	0.000006
TC1006	MF6	0.512251	0.000010	0.282678	0.000006
TC1007	MF6	0.512259	0.000011	0.282688	0.000005
TC1007-1	MF6	0.512142	0.000010	0.282405	0.000009
TC1008	MF6	0.512268	0.000010	0.282683	0.000007
TC1009	MF1	0.512595	0.000010	0.282969	0.000007
TC1010	MF2	0.512198	0.000009	0.282708	0.000006
TC1012	MF3	0.512158	0.000009	0.282715	0.000006
TC1013-1	MF4	0.511950	0.000009	0.282529	0.000007
TC1017	MF6	0.512306	0.000011	0.282724	0.000006
TC1023	MF5	0.512434	0.000009	0.282839	0.000007
TC1025	MF4	0.512264	0.000009	0.282662	0.000006
TC1031	MF5	0.512209	0.000011	0.282617	0.000007
TC1039	MF3	0.512433	0.000009	0.282858	0.000005

这样的特征表明，腾冲火山岩很少受到围岩的混染，其同位素特征或者来自源区，或者来自不同来源岩浆的混合作用。这与第四章第二节关于捕房晶较少的认识是一致的。需要注意的是，对于同位素的变异，许多作者习惯于援引同化混染机制来解释。罗照华等（2007b）指出，同化混染的实质在于部分熔融＋岩浆混合。对于快速上升的火山岩浆来说，这样的解释更为合理。

2. 基质 Nd-Hf 同位素特征

马鞍山火山 17 件不同喷发期火山岩基质的 Nd-Hf 同位素组成见表 4-8。对基质样品进行 Hf 对 Nd 投图（图 4-26），几乎所有样品点均偏离了地幔排列，即使对于镁铁质岩浆来说，也暗示了地壳组分的加入。因此，马鞍山火山镁铁质岩石的基质岩浆也应当是一种混合岩浆，不具有原生岩浆的性质。

Chu 等（2011）对冈底斯带的岩席及相关岩类进行了全岩 Nd-Hf 同位素研究，结果如图 4-26 所示。据此，作者认为这些岩石的同位素变化可以由喜马拉雅古老地壳物质–喜马拉雅沉积物（带有极低的 Nd、Hf 同位素比值）经新特提斯洋板块俯冲带入并交代亏损地幔楔来解释。本次研究的马鞍山火山岩基质也落入相同的演化线内，表明马鞍山火山岩（镁铁质岩石）的地幔岩浆源区可能曾经历过与冈底斯地区相似的地幔过程。换句话说，马鞍山火山的镁铁质岩石其源区经历过强烈的俯冲物质改造，而这可能就是前人将腾冲火山岩归属于弧火山岩的原因。但是，腾冲火山岩喷发环境和构造背景有别于冈底斯带，关于其源区性质的讨论还需要结合火山岩浆动力学的考量。

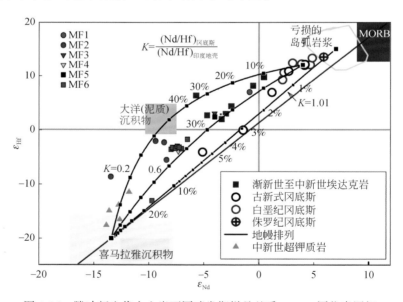

图 4-26　腾冲新生代火山岩不同喷发期样品基质 ε_{Hf}-ε_{Nd} 同位素图解

MORB，地幔排列，以及大洋和喜马拉雅沉积物引自 Chauvel 等（2008）；亏损岛弧岩浆引自 Marini 等（2005）；冈底斯岛弧地幔及下地壳引自 Wen 等（2008）；青藏高原其他数据点引自 Chu 等（2011）。混合曲线由不同的 Nd/Hf 值计算获得，$K=0.2\sim1.01$

3. 新生代岩浆锆石 Hf 同位素特征

锆石是一种极为重要的副矿物，是当前同位素年代学的主要研究对象。对于腾冲火山岩这样年轻的火成岩来说，U-Pb 年代学也许难以获得好的结果，但应当可以从中提取其他的岩石成因信息。为此，本研究对 MF6 喷发期火山岩的样品 TC1001-1（粗安岩）进行了锆石分离，获得了大量锆石颗粒。

锆石颗粒大小约为 100 μm，CL 图像观察无明显环带（图 4-27）。对这些锆石进行了20 余点的 U-Pb 年代学测定，测点年龄均小于 0.01 Ma。该年龄值低于仪器检出限，因此不讨论其年龄意义。在大多数文献中，振荡环带都作为岩浆锆石的重要判别标志，有时甚至是唯一的标志。但是，从晶体生长机制来看，振荡环带仅仅是过饱和—成核—耗尽机制的结果，无论在岩浆系统、变质系统或流体系统中，均有可能形成振荡环带。如果这种解释可信，振荡环带的不明显也可以解释为锆石组分的扩散迁移速率较高，因而图 4-27 所示的锆石颗粒可以理解为富流体岩浆环境结晶的产物。

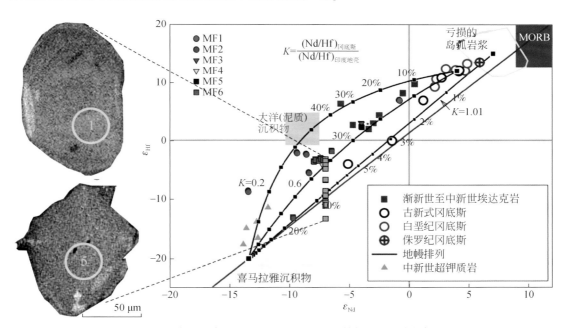

图 4-27　腾冲新生代火山岩中锆石阴极发光结构及 Hf 同位素特征

对已进行过年龄测定的锆石进行 20 点锆石 Hf 同位素测定，并与 MF6 基质 Hf 同位素进行对比（表 4-9，图 4-27），可见锆石 ε_{Hf} 值明显低于基质 ε_{Hf} 值，且展现了宽广的变化范围。这表明，锆石的结晶环境有别于 MF6 的熔体。一般认为，中基性喷出岩由于岩浆中 Si、Zr 不饱和很少含有岩浆锆石（Hoskin and Schaltegger, 2003），且一般结晶粒度较小。但是，玄武岩、煌斑岩、金伯利岩中有时也可以发现同岩浆锆石，玄武岩中甚至可以产出锆石宝石级巨晶。对此，罗照华等（2006a）详细分析了锆石在硅酸盐熔体和流体中溶解度的实验资料，发现锆石在碱性流体中具有最大的溶解度。据此，认为火成岩中的锆石很可能是从流体而不是从熔体中晶出的。这样的认识似乎符合马鞍山火山岩中锆石的产出特征。

表4-9 腾冲新生代火山岩MF6喷发期TC1001-1中岩浆锆石Hf同位素组成

样品	$^{176}Yb/^{177}Hf$	2σ	$^{176}Lu/^{177}Hf$	2σ	$^{176}Hf/^{177}Hf$	2σ
TC1001-1-1	0.058823	0.001439	0.000963	0.000017	0.282577	0.000023
TC1001-1-2	0.058802	0.000434	0.000961	0.000007	0.282455	0.000026
TC1001-1-3	0.105225	0.002558	0.001779	0.000074	0.282652	0.000030
TC1001-1-4	0.234294	0.001463	0.003666	0.000015	0.282633	0.000027
TC1001-1-5	0.097663	0.000392	0.001526	0.000002	0.282580	0.000029
TC1001-1-6	0.076256	0.000863	0.001223	0.000008	0.282629	0.000024
TC1001-1-7	0.093090	0.000267	0.001469	0.000008	0.282473	0.000026
TC1001-1-8	0.090278	0.002302	0.001455	0.000028	0.282418	0.000030
TC1001-1-9	0.107809	0.000663	0.001670	0.000007	0.282562	0.000027
TC1001-1-10	0.048079	0.000779	0.000770	0.000010	0.282394	0.000022
TC1001-1-11	0.145228	0.002329	0.002334	0.000011	0.282525	0.000028
TC1001-1-12	0.099393	0.003343	0.001580	0.000049	0.282526	0.000030
TC1001-1-13	0.087391	0.000385	0.001348	0.000011	0.282504	0.000033
TC1001-1-14	0.160025	0.003969	0.002599	0.000062	0.282681	0.000029
TC1001-1-15	0.060542	0.000235	0.001066	0.000002	0.282477	0.000028
TC1001-1-16	0.080336	0.000547	0.001366	0.000009	0.282633	0.000023
TC1001-1-17	0.109719	0.000919	0.001992	0.000034	0.282671	0.000025
TC1001-1-18	0.050339	0.000282	0.000883	0.000004	0.282471	0.000024
TC1001-1-19	0.066097	0.000714	0.001174	0.000011	0.282471	0.000026
TC1001-1-20	0.085902	0.001108	0.001457	0.000023	0.282461	0.000029

由此，从另一个角度证实了马鞍山火山岩浆系统存活期间存在透岩浆流体活动。流体的富碱特征既是导致岩浆富含碱质的原因，也是马鞍山火山岩中可产出同岩浆锆石的先决条件。

4. 残留锆石U-Pb年龄及Hf同位素

根据同样的原理，贫碱性流体的岩浆中锆石难以溶解，因而可能含有较多的继承锆石。换句话说，源区部分熔融形成岩浆的过程中，其锆石晶体由于难于溶解和熔融将在岩浆中大量残留下来，成为残留晶。这样的锆石晶体群为揭示岩浆的源区特征提供了物质基础。

对MF3喷发期火山岩的样品TC1039（玄武安山岩，矿物学分类方案）进行锆石分离，也获得了大量锆石晶体。但是，与MF6喷发期的粗安岩不同，MF3喷发期的玄武粗安岩（化学分类方案）样品TC1039的部分锆石颗粒在阴极发光图像中显示出明显的核边结构（图4-28）。对其中7个颗粒的不同位置进行锆石U-Pb年龄测定，其中6个测点位于谐和线上，锆石$^{206}Pb/^{238}U$年龄分布于44.5～109 Ma的范围内（表4-10）。这个年龄范围远大于腾冲火山群的活动时代，可见这些锆石颗粒为残留锆石。

表 4-10 MF3 玄武安山岩 TC1039 锆石 U-Pb 年龄

点号	含量/(μg/g)			比值				年龄/Ma			
	Pb	Th	U	$^{207}Pb/^{206}Pb$	1σ	$^{206}Pb/^{238}U$	1σ	$^{207}Pb/^{235}U$	$^{207}Pb/^{235}U$	$^{206}Pb/^{238}U$	$^{206}Pb/^{238}U$
01	3	145	99	0.04783	0.00144	0.01098	0.00014	71	2	70	1
02	2	45	39	0.04904	0.00550	0.00873	0.00030	57	4	56	2
03	19	1755	744	0.05656	0.00199	0.00710	0.00044	55	1	46	3
04	5	141	145	0.04844	0.00079	0.01693	0.00021	109	2	108	1
05	8	785	743	0.04712	0.00105	0.00692	0.00007	45	1	44	0
06	25	899	997	0.04867	0.00034	0.01708	0.00015	110	1	109	1
07	25	2427	2339	0.04774	0.00037	0.00694	0.00008	45	0	45	1

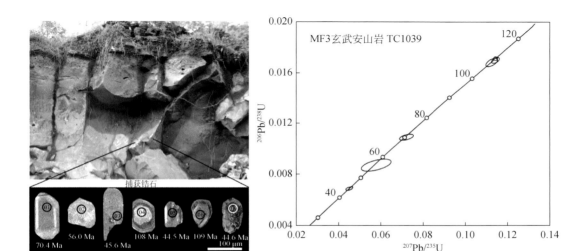

图 4-28 MF3 玄武安山岩（TC1039）的露头特征、锆石 CL 图像和锆石 U-Pb 协和图

CL 图像展示了锆石分析点的位置，锆石颗粒下方年龄为锆石$^{206}Pb/^{238}U$年龄（谐和度为80%~120%）

值得注意的是，这个年龄范围恰好相当于冈底斯带向特提斯洋板块向冈底斯之下俯冲的时间。如果认为腾冲地区在中新生代时期的构造属性大致与冈底斯带相当，则腾冲地区当时也受到了新特提斯洋板块俯冲的影响，并因此使腾冲火山群的岩浆源区受到改造。

对其中 6 个年龄谐和的锆石进一步进行 Hf 同位素特征测定，结果如表 4-11 所示。

表 4-11 马鞍山火山 MF3 喷发期 TC1039 样品中捕获锆石 Hf 同位素组成

样品	$^{176}Yb/^{177}Hf$	2σ	$^{176}Lu/^{177}Hf$	2σ	$^{176}Hf/^{177}Hf$	2σ
TC1039-1	0.066568	0.001645	0.001147	0.000021	0.282575	0.000032
TC1039-2	0.068519	0.001151	0.001272	0.000017	0.282798	0.000031
TC1039-4	0.103341	0.001755	0.001830	0.000034	0.282482	0.000052
TC1039-5	0.068426	0.000857	0.001280	0.000018	0.282984	0.000080
TC1039-6	0.086411	0.003000	0.001577	0.000045	0.282682	0.000041
TC1039-7	0.229304	0.003315	0.004519	0.000096	0.282981	0.000051

　　根据所获得的 U-Pb 年龄测试结果和 Hf 同位素特征，计算获得火山岩的 $\varepsilon_{Hf}(t)$ 变化于 -8 和 8 之间，相应的 Hf 模式年龄分布于 578～1666 Ma 的范围内（图 4-29）。这些锆石年龄及 Hf 同位素特征与腾冲中生代岩浆岩类似，也暗示腾冲火山群喷发前岩浆源区的改造，或者岩浆形成过程中同位素系统的改造。根据 Htldreth（2007），岩浆的产生过程很可能是 MASH（熔融—混染—贮存—均一化）过程。在这种过程中，同位素系统将会反复受到改造，因而模式年龄是一种混合年龄，既不能说明源区的年龄，也不能说明岩浆活动的年龄。但是，由于岩浆形成过程中有新的地幔组分的加入，可以肯定的一点是：腾冲地块存在形成年龄大于 1666 Ma 的岩石圈地幔，后者受改造后成为了 MF3 喷发期的岩浆源区。

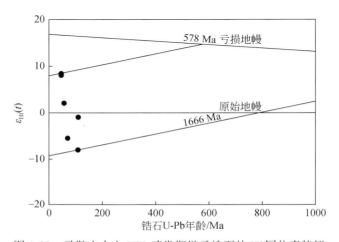

图 4-29　马鞍山火山 MF3 喷发期继承锆石的 Hf 同位素特征

　　综上所述，标定了层位、岩相学和矿物学特征的主量元素、微量元素和同位素分析结果一致表明，马鞍山火山岩浆经受了岩浆混合作用和透岩浆流体作用的深度改造，与地质学、岩石学、矿物学观察得出的结论一致。但是，元素地球化学数据给出了更精细的结果：①腾冲火山岩浆系统至少存在 4 个岩浆子系统，地幔和地壳各有两个；②腾冲火山群的岩浆喷发可以划分为三个旋回和六期，每个旋回以镁铁质岩浆喷发开始，以长英质岩浆喷发结束；③腾冲火山系统的岩浆起源于 EM1 同位素源区，并受到透岩浆流体的深度改造；④腾冲火山岩浆系统具有明显的岩浆混合作用记录，但全岩与基质的成分相差不大，一方面说明循环晶比例有限，另一方面暗示了混合岩浆的高度均一化；⑤腾冲地块存在前寒武纪基底，但后者在腾冲火山群开始喷发之前已经受到了中新生代构造-岩浆活动的强烈改造。

第四节　岩浆起源与演化

　　前面阐述了腾冲火山群的基本特征及其简单解释。为了建立整合的地质模型，尚需要通过理论分析将这些证据有机地联系在一起。20 世纪末至 21 世纪初，火成岩理论得到了很大的修正，甚至对岩浆的基本定义也已经给出了修改意见。尽管这些修改意见尚未成为广为接受的共识，流行火成岩理论中存在的问题已经逐渐显露出来。由此，对所取得证据的进一步揭示必须考虑这些改变。本章采用了一些这样的新概念，并提出了建立结构可控的地质解释的诉求。基于这一点，本章将腾冲火山岩浆系统看作是一个复杂性动力系统，而每一个火山看作是它的一个子系统，每一个子系统又由若干更次一级的子系统组成。根据复杂科学的基本原理，复杂系统具有自相似结构，可以认为具有足够长寿的子系统（如马鞍山火山系统）的演化特征可以用来描述整个腾冲火山群的活动历史。因此，本章详细描述了马鞍山火山喷发产物的基本特征，为详解腾冲火山活动奠定基础。

一、腾冲地块岩石圈结构演变

1. 若干岩浆起源模型

除了源区的性质之外，岩浆的发生仅取决于三个基本因素：温度、压力和挥发分，相应地有三种基本熔融体制：升温熔融（heating melting，HM）、减压熔融（decompressing melting，DM）和注水熔融（water-fluxed melting，WFM）。自然岩浆的产生往往是这三种体制的组合，本章仅概略介绍明显与本章内容有关的岩浆起源模型。

（1）熔融柱模型

DM 体制是岩浆起源的基本体制，因为无论是 HM 还是 WFM 体制都会导致源区的体积膨胀，源区因此而获得浮力并底辟上升。DM 体制的基本要求是源区上升路径具有比其固相线大得多的斜率，因而必然与固相线相交，触发部分熔融过程。由于在所讨论的深度范围内熔体的密度小于固体，熔体的出现将使源区的平均密度大大降低，更加有利于驱动源区快速上升，并使熔体分数不断增加。同时，熔融是一种吸热过程，这将改变源区上升路线的斜率（图 4-30a）。当熔体分数达到某个临界值时，孤立的熔体滴将聚集形成岩浆体，这一过程被称为岩浆分凝（magma segregation），即形成与难熔残留分离、可独立活动的岩浆体。显然，岩浆不是产生于一个固定的深度水平上，而是形成于一定深度范围内，这个熔融深度范围总体上具有"柱形"外貌（图 4-30b），因而称为熔融柱（Langmuir et al.，1992）。

源区的上升有两个极值速率：在绝热底辟（如太平洋中脊之下的软流圈地幔中）的条件下，源区具有最大的上升速率（图 4-30a）；而底辟路径在对流地幔顶面与固相线相交时，源区具有最小的上升速率，低于该速率上升的地幔不会发生部分熔融。在源区绝热底辟上升的条件下，熔融柱始于较大的深度，终于较小的深度（图 4-30b），因而具有较大的熔融柱高度和熔体产量（罗照华等，2014b），所产生的岩浆具有较低的碱度。如果底辟作用以非绝热方式发生（如大西洋中脊之下的软流圈地幔），岩浆源区将具有较慢的上升速率，因而底辟体可与环境发生热交换，上升路线在较浅的深度水平上与源区固相线相遇（图 4-30c）。因此，熔融柱具有较小的深度跨度（图 4-30d），熔体产量较小，所产生的岩浆具有较高的碱度。因此，可以根据岩浆产物的化学特征反演熔融柱高度。

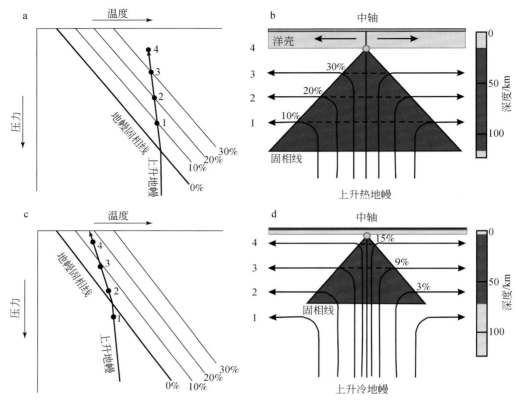

图 4-30　洋中脊下的熔融机制（据 Langmuir and Forsyth，2007 修改）

　　然而，岩浆分凝过程可以发生在熔融柱的顶端（图 4-30b，d 中的黄色点），也可以发生在熔融柱的任意深度水平上。显然，分凝深度越小，部分熔融程度就越大，分凝岩浆的成分越趋近于源区成分。因此，从熔融柱不同深度分凝的岩浆将具有不同的成分特征。特别是当熔融柱穿过源区的相变界面时，岩浆的某些性质将发生根本性的变化。典型实例是地幔中的 sp/gt（尖晶石/石榴子石）界面（约 80 km）。由于地幔岩的主要造岩矿物具有变化不大的晶/液分配系数，而尖晶石（sp）和石榴子石（gt）的晶/液分配系数却差别巨大，尖晶石相橄榄岩和石榴子石相橄榄岩部分熔融产生的岩浆在部分熔融程度类似的条件下将具有相近的主量元素和明显不同的痕量元素丰度。因此，如果部分熔融过程始于 gt 橄榄岩区而终于尖晶石橄榄岩区，所产生的岩浆将与石榴子石橄榄岩区产生的岩浆具有类似的成分。正因为如此，微量元素和主量元素在探讨岩浆起源和演化过程中具有互补的性质，而不能相互替代。

　　由此可见，熔融柱模型的重要性在于指出了：①熔融柱顶端的岩浆分凝深度相当于传统火成岩理论中的岩浆形成深度，这在熔融柱模型中属于一个特例；②火成岩的多样性可以由不同深度的岩浆分凝作用产生，当熔融柱穿过相变界面和成分界面时尤其如此。

　　（2）MASH 模型

　　南安第斯火山带（SVZ）火山前锋最北端 15 座层火山的化学和同位素研究揭示，该地区所有火山的岩石化学都显示火山岩的形成有地壳的重要贡献。沿着火山弧向北，岩石化学显示了一个强烈向北变异的趋势：对火山岩作出贡献的地壳越来越多、越来越深、越来越老，这被认为是与上覆板块地质学的区域梯度和双倍地壳厚度有关。这些证据导致 Hildreth（2007），Hildreth 和 Moorbath（1988）和 Hildreth 等（1991）提出了 MASH 模型。根据这个模型，每一个大型弧火山的基线地球化学信号（baseline geochemical signature）都可以不断被重置，重置过程发生在深部地壳发生重熔和岩浆混合的区域内，因为该区域内存在长时间的幔源岩浆诱捕、贮存和改造过程。该模型得到了广泛的引用，但某些读者将该模型看作是比下地壳同化作用更小的过程，因而 Hildreth（2007）对 MASH 过程重新做了阐述。

根据 Hildreth（2007）的表述以及其他一些作者（如 Richards，2003）的理解，MASH 过程可以表述为幔源岩浆导致地壳部分熔融（melting），两种熔体的相互混染（assimilation），然后其混合物被装载（storage）到某一空间因混合作用和化学扩散而均一化（homogenisation），这可以看作是一个基本 MASH 过程（图 4-31）。一方面，一个基本 MASH 过程进行中可能有新的物质与能量注入，将导致新的非均一化或混染，体系要重新启动装载和均一化过程；另一方面，底侵基性岩浆因与地壳热交换而丧失热量和固结，在新的能量注入时将重新熔化，使均一化的岩浆加入了新生陆壳的组分。这样，尽管 MASH 过程的总趋势是形成一种均一的壳–幔源混合岩浆，这一过程往往不能进行彻底。因此，MASH 过程实际上是一个动力学过程，具有如下特征。

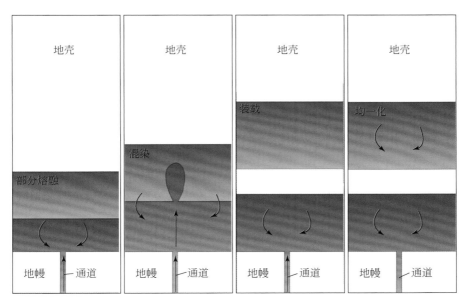

图 4-31　MASH 模型图解［据 Hildreth（2007）的描述勾画］

①除了较老地壳原岩的部分熔融之外，MASH 过程必须有深地壳镁铁质侵入体的广泛部分重熔和分异作用，这是玄武质侵入体重新脉动式注入和结晶作用诱导的热效应。

②MASH 带不是一个岩浆房，而是一丛板状、粥状分异侵入体，塑性变形促进了熔浆的萃取、汇聚和混合。

③MASH 带的盈亏响应于玄武质岩浆的注入量和汇聚混合物的上升。

④每一个大型岩浆活动中心具有其自己的 MASH 带中心，通常是原生玄武质岩浆难以穿透的。然而，在该中心的外围，较原始的（未被截取和混杂的）岩浆可以上升形成单成因火山。

⑤地壳的厚度可能是重要的，可以将残留石榴子石或角闪石的地球化学信息赋予岩浆，并增加岩浆上升的壳内路径的长度。但是，不均一地壳岩石的年龄和成分也比较重要，可以重置火成岩的地球化学特征。

⑥MASH 带间歇性地向上地壳储库供给混合岩浆，某些底辟式活动使晶粥和熔浆分离，产生分异的中地壳深成岩。岩墙中或随后的中上地壳储库中的同化作用可以使岩浆富集，超出 MASH 的基线范围，增强岩浆的多样性。

⑦在成熟岩浆弧，许多弧地球化学信息的获得不仅仅来自最近的板片的贡献，而且也来自长期堆晶体、深地壳、"弧侵入岩仓库"（其质量贡献比岩浆产量大得多）的反复同化吸收。

Hildreth 和 Moorbath（1988）特别指出了深地壳 MASH 过程之后额外地壳贡献对上升岩浆的重要性。根据这种表述，每一个 MASH 域持久的聚焦过程控制了玄武岩获得、下地壳塑性流动和熔融程度增加、浮力障维持之间的热反馈和力学反馈。这种长时间的聚焦在大型弧火山之下特别强烈，也出现在大型陆内火山中心之下和溢流玄武岩（许多这种玄武岩在扩展的充分混合储库中进化，导致成分完全超出正常玄武岩范围之外）的深地壳分段运输储库中。因此，地壳对弧岩浆的贡献很难量化，部分原因是板片/地幔贡献的比例变化很大，部分是因为年轻镁铁质下地壳进化增生提供的同位素和化学杠杆很少。幔源岩浆和深弧地壳之间的 Sr-Nd-Pb-O 同位素反差实际上随时间减小，因为下地壳的平均年龄越来越年轻，被弧玄武岩本身的底侵作用淡化了。因此，要求沿着火山弧有一个很大的年龄变化或基底成分变化，才能得到一个模糊不清的证据以表明被改造下地壳有很大的贡献。

如果 MASH 带是离散域而不是连续的深地壳底侵体，就很容易理解为什么在大型 Cascade 层火山罕见玄武岩而在其周围和层火山之间却比比皆是。但是，由于小而多样的镁铁质火山如此密布于 Cascade 弧一带，真正需要澄清的过程是主火山中心之下 MASH 带的聚焦机制。2000 多个镁铁质火山表明，玄武岩几乎处处都撞击 Cascade 弧下面的地壳底部，但是足以触发地壳岩石大规模部分熔融的强度仅限于 12 个离散火山焦点中的几个。Guffanti 等（1996）对相邻、且真实可比的 Lassen 和 Caribou 火山中心的差异热平衡和质量平衡要求进行了模拟。根据他们的计算，Lassen 火山中心（广泛地壳熔融对富硅岩浆作用和混合岩浆作用具有重要贡献）之下注入并在下地壳发生结晶的原始玄武岩通量至少比持续是镁铁质的 Caribou 火山区（较有限的地壳熔融只能够使平均火山输出达到玄武安山岩的成分范围）大五倍。

因而首要问题是，这种局部强烈聚焦到底是反映了下伏板块过程、地幔楔中对流形式还是岩浆聚集？弧岩浆动力学可能涉及一系列批式过程。尽管板片俯冲和地幔楔角流（wedge corner convection）可能实际上是连续的，流体或熔浆似乎是从界面区域批式上升到地幔楔的热核。即使孔隙岩浆渗透作用广泛发生在地幔楔的部分熔融柱体中，大体积熔浆汇聚、上升和到达地壳底部可能最终还是一个批式过程，不管是通过部分底辟还是通道流。地壳中岩浆的迁移也肯定是一种批式过程，喷发现象的零星性质和长命弧火山的不规则成分波动（compositional fluctuation）都说明了这一点。事实上，层火山喷发旋回的典型时间尺度（$10^2 \sim 10^4$a）和记录到的这种主要固定中心的寿命（$10^5 \sim 10^6$a）之间的不匹配，表明 MASH 域聚焦的可能性不太可能完全受地壳的性质或习性控制，它可能是比系统存活时间快得多的岩浆产生过程。这样的寿命同样也很难服从来自俯冲界面物质的批式释放，后者应当更加频繁，空间分布也应当比零散分布的层火山更为广泛。因此，Hildreth（2007）认为 MASH 带从根本上说是受地幔楔中特殊域内过剩岩浆产量的控制，特别是地幔上涌或其他对流应变形式可以增强渗透率和熔浆汇聚的地方。这种解释与我们的认识具有某种相似之处，但作者更强调岩石圈性质对幕式岩浆活动和成矿作用的控制。

当考量地质过程的能量支撑体系时，特别是考虑到挥发性组分的丢失，可以推测这种能量与物质的耗损必须有一个较长时间的补给过程。前面已经谈到，由于岩石圈—软流圈系统上下的物理性质差异，其物质通量和能量通量不可能是一致的。与深部流体储库的形成与耗竭一样，不管时间长短，都必须有一个积累过程。因此，岩浆活动和成矿作用一样都是幕式（批式）的。

MASH 模型本质上是一种 HM 模型，其重要意义在于不再将源区的物质结构视为固定不变。与熔融柱模型结合在一起，MASH 模型可以很好地解释腾冲火山群的喷发活动和火山岩的各种地球化学特征，如前面对模式年龄的解释，以及单成因火山与复式火山的关系。

（3）注水熔融模型

传统火成岩理论的基石之一是脱水熔融模型。该模型假定源区是含少量水（挥发分）系统，因而含水矿物的脱水反应是源区部分熔融的有效触发机制。但是，脱水熔融是一个体积膨胀的过程，流体压力的增加将抑制熔融过程的继续发生。因此，近年来许多学者开始关注注水熔融（WFM）模型，Weinberg 和 Hasalová（2015）对此进行了较完整的综述。根据他们的意见，注水熔融（water-fluxed melting）也称为有流体熔融（fluid-present melting）或有水熔融（water-present melting），是地壳分异的一种基本过程，但其重要性在过去 20 年里被低估了，因为在此期间的研究工作大多聚焦于脱水熔融反应，仅涉及含水相，缺乏分凝水相。

据 Weinberg 和 Hasalová（2015）表明，注入水流体导致的熔融是一种可以发生在多种构造环境中的普遍性过程。活动的构造—岩浆过程可创造条件，以触发水流体的释放和变形驱动的、瞬变高渗透率通道，易于注入地壳的高温区，并在那里触发大体积熔融（图4-32）。因此，尽管潜在源区的挥发分平均丰度随压力降低，深部原岩以流体不饱和为特征，但可以局部流体过饱和，因而使其更容易发生部分熔融。熔融可以是饱和水固相线区域的一致（congruent）熔融，或者是高于固相线的较高 p-T 条件下的不一致（incongruent）熔融。在这种情况下，水流体相的存在可以得到实际产生的大熔体分数和预计缺少它时小得多的熔体分数之间的不匹配的证明。

在相当于饱和水固相线条件的地壳区域可出现一种水流体升温迁移的自然圈闭。由于水流体的体积较岩石小，熔融一般被岩石缓冲，而流体完全消耗于产生饱和水熔体。尽管水流体相消耗于饱和水固相线处，水的升温迁移通过富水熔体的迁移持续发生。因此，熔体成为

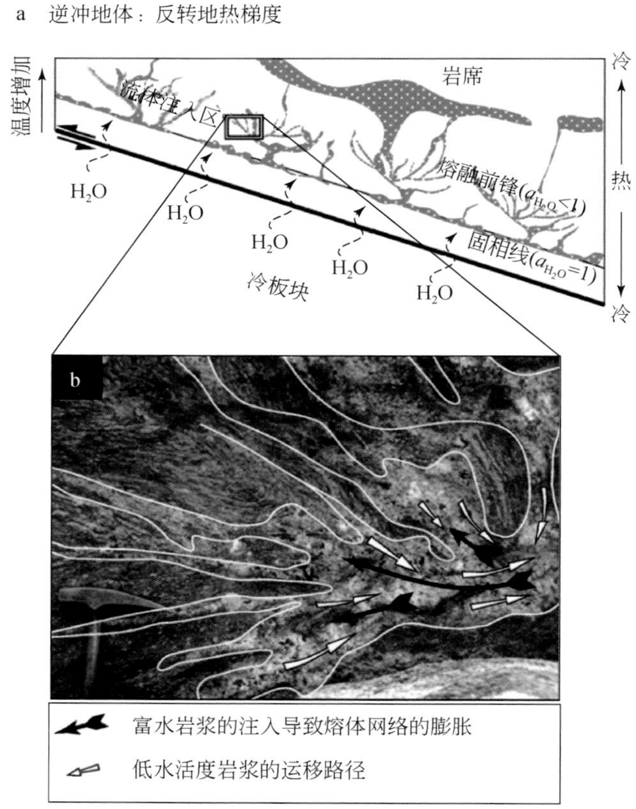

a 逆冲地体：反转地热梯度

图 4-32　注水熔融模型（据 Weinberg and Hasalová，2015）

a. 水流体注入具有反转地热梯度的逆冲地体中。熔融始于流体达到水饱和固相线条件（$a_{H_2O}=1$）之时。岩浆向高温上升并变成水传输介质，可触发高于固相线的岩石熔融和降低熔体的水活度，受最低点水含量曲线支配。通过这种方式，岩浆迁移建立一个膨胀岩浆网络。熔融首先不能进一步向上发展，因为存在越靠近地表就越冷的岩石。依赖熔融前锋，注水产生的不饱和岩浆有能力侵入未熔的岩石。b. 岩浆注入路径也可以是岩浆萃取路径，依赖于系统中熔体压力的波动，后者响应于局部和区域压力梯度的改变。如果遭受脱水熔融的岩石中已经存在相互连通的熔体网络，这可能被富水岩浆的注入利用和膨胀。印度西北 Zanskar 高喜马拉雅结晶基底中含 Tur 浅色体的照片

水向高于固相线区域迁移的搬运介质（transport agent），是造成注水熔融的原因（图 4-32）。一些其他过程也允许区域水流体绕过饱和水固相线流体圈闭，并触发高于固相线条件的熔融。当水或水熔体在高于固相线条件下通过岩石时，它们通过进一步熔融与围岩实现平衡，通常降低水的活度，产生不饱和熔体。这种条件就是角闪石或无水转熔相稳定的条件。与脱水熔融不同，这种情况下产生的熔体分数不受含水矿物中所含水的限制，而是受加入到系统中水的体积限制。与饱和水固相线熔融不同，这些熔体能够上升而不被冻结，最后导致上地壳的花岗岩体。

依据同样的道理，注水熔融模型也适用于地幔岩的部分熔融（罗照华等，2014b）。例如，戎嘉树和杜乐天（1995）发现，中国东部新生代玄武岩中的地幔橄榄岩发生了"GOD化"现象，即斜方辉石分解为熔体玻璃+橄榄石+透辉石。这实际上就是注水熔融在地幔中发生的典型现象。众所周知，干体系地幔橄榄岩的低共熔点非常靠近富钙辉石的位置，

也比较靠近贫钙辉石的位置，因而部分熔融过程中总是单斜辉石先耗尽，然后是斜方辉石，最后是橄榄石，如果完全熔融的话。所形成的残留岩石依次为二辉橄榄岩→方辉橄榄岩→纯橄岩。但是，在饱和水条件下，斜方辉石可以率先发生转熔反应，生成橄榄石和 SiO_2 液体。对于组成复杂的斜方辉石，也可以生成尖晶石和单斜辉石。结果，所产生的熔体更像是辉石岩而不是橄榄岩熔融的产物，这很可能是许多作者误以为低 $Mg^\#$ 值玄武岩的源区为辉石岩的原因。

对于腾冲火山群来说，大部分玄武质岩石具有低的 $Mg^\#$ 值，或者是榴辉岩相镁铁质岩石部分熔融的结果，或者与地幔橄榄岩注水熔融有关。

2. 腾冲地块岩石圈厚度的变化

岩石圈结构是区域地质历史的总记录，每一次重大的构造岩浆事件都会在岩石圈结构中留下相应的物质记录。在这些物质记录中，岩石圈厚度具有头等重要的意义。对于腾冲火山区来说，其现今的岩石圈结构状态是具有厚约 60 km 的岩石圈（李廷栋，2010），其中地壳厚度约为 40 km。如果说腾冲地块与冈底斯带具有相似的构造属性，那里的岩石圈厚度为约 100 km，其中地壳厚度为约 75～78 km（赵志丹等，2003）。那么，为了深刻理解腾冲火山群的岩浆活动及其岩石圈效应，就必须回答：腾冲地块的岩石圈是如何从类冈底斯岩石圈转变到现今的状态？

（1）熔融柱模拟

程黎鹿等（2012）收集了前人发表的腾冲火山群镁铁质火山岩化学成分分析数据 155 条。然后，根据 Langmuir 等（1992）描述的方法设计了计算步骤和数据筛选程序，从中筛选出 31 条有效数据，属于 N_2 和 Q_3 的玄武质岩石，相当于马鞍山火山的 MF1 和 MF5。

数据处理完成后，利用自己编制的软件进行了熔融柱数值模拟。结果获得 N_2 玄武岩的起始熔融压力为 30.0 kbar，终止熔融压力为 23.5 kbar；Q_3 玄武岩的起始熔融压力为 33 kbar，终止熔融压力为 26.5 kbar。设地壳平均密度为 2.85 g/cm³，当时的地壳厚度与现今地壳厚度相近；岩石圈地幔平均密度 3.25 g/cm³。依据 Q_3 数据计算得到的初始深度和最终深度分别为 109 km 和 88 km；由 N_2 成分数据反演得到的初始深度和终止深度分别为 99 km 和 79 km。相应的熔融温度分别为 1279～1241 ℃ 和 1240～1202 ℃，熔融程度分别为 7.82% 和 7.67%。

（2）模拟结果的解释

地幔熔融柱的终止熔融深度可以看作软流圈的顶界或岩石圈的底界。因此，上述反演获得了腾冲地区两期新生代火山活动（N_2 和 Q_3）时期的岩石圈厚度（分别为 79 km 和 88 km）。加之现今岩石圈厚度被认为是 ~60 km（李廷栋，2010），共有 3 组岩石圈厚度数据可供讨论腾冲地区自 N_2 以来岩石圈的演化。

需要注意的是，上述计算过程中假设 N_2 和 Q_3 时期地壳厚度均为 40 km，可能与实际情况不符。根据文献（季建清等，1998，2000），腾冲地块在构造上与拉萨地块相对应，腾冲地块东部晚中生代—第三纪岩浆岩与念青唐古拉岩浆岩带连接，腾冲地块西缘的盈江岛弧性质同碰撞花岗岩与冈底斯岩浆岩带同属一个地质单元。冈底斯带现今地壳厚度约为 75～78 km（赵志丹等，2003），因而腾冲地块的地壳厚度已大大减薄。假设当时腾冲地块的地壳厚度平均为 76.5 km（现今冈底斯地壳的平均厚度），则 Q_3 和 N_2 玄武岩发生时地幔熔融柱的深度范围分别为 113.0 ~ 92.6 km 和 103.6 ~ 83.2 km。依此估算,岩石圈厚度值分别变化约 4.9% 和 5.4%。据此,可以认为地壳厚度的假设对估算的岩石圈厚度没有实质性的影响,上述估算结果仍可以用于讨论腾冲地区新生代岩石圈演化。

N_2 玄武岩分布范围广泛,各处均不整合覆盖于中新世南林组和燕山期花岗岩之上。这表明,N_2 玄武质岩浆喷发之前,腾冲地区已经遭受隆升和剥蚀。这些被归属为燕山期的花岗岩类有些形成于新生代,其形成年龄(约 48 Ma),可与冈底斯带的花岗岩类相比。据此,可以推测约 48 Ma 以后发生了区域隆升。南林组仅分布于新砂坝—和顺一线南东地区,最大厚度近千米。南林组下部的厚层砾岩具有类磨拉石建造的特征,向上逐渐过渡为砂砾岩互层、粉砂岩、粉砂质泥岩、黏土岩,局部为薄煤层。这种建造特征和空间展布暗示南林组的沉积环境为山间小盆地,区域差异升降显著。据此,可以认为腾冲地区 N_2 玄武岩形成之前仍具有较大的地壳厚度和岩石圈厚度。

此外,磷灰石裂变径迹及其热年代学模拟表明,周边山脉在约 6 ~ 5 Ma 发生了快速剥露,这个时间与区内 N_2 玄武岩形成时间(约 5.5 ~ 4.0 Ma)相近(Wang et al., 2007)。根据地幔熔融柱反演结果,这时区域岩石圈厚度约为 79 km,暗示南林组形成以后的隆升剥蚀是软流圈物质快速上涌的结果,而不是重力均衡的产物。因此,N_2 玄武岩的产生可能是软流圈对造山带岩石圈拆沉作用的响应。据此,可认为 N_2 玄武岩形成之前腾冲地区具有与现今冈底斯带类似的岩石圈厚度(100 km)(赵志丹等,2003)。但是,冈底斯带目前并没有出现岩石圈发生拆沉作用的倾向,暗示导致 N_2 玄武岩产生的拆沉作用可能要求有更大的岩石圈厚度,特别是增厚的下地壳榴辉岩相镁铁质岩石(罗照华等,2007b)。

假定当时的岩石圈结构与现今冈底斯带类似,仅能够导致重力不稳定的镁铁质榴辉岩厚度略大,通过简单计算可以得出岩石圈厚度的近似值。冈底斯带现今岩石圈平均厚度取 100 km,地壳平均厚度取 76.5 km,则岩石圈地幔厚度为 23.5 km。此外,冈底斯带约 60 ~ 76.5 km 范围内的地壳为榴辉岩相镁铁质岩石,腾冲地区岩石圈拆沉作用发生时的镁铁质榴辉岩厚度应当大于 13.5 km。设当时镁铁质榴辉岩层的厚度为 x km,密度为 3.3 g/cm³,岩石圈地幔的密度为 3.2 g/cm³,软流圈地幔的平均密度为 3.25 g/cm³,则得出 $x = 23.5$ km,比现今冈底斯带的镁铁质榴辉岩层厚约 10 km。据此,可以假定 N_2 玄武岩形成前腾冲地区的岩石圈厚度约为 110 km。

N_2 玄武岩形成以后,区域岩石圈厚度变化有两种可能,与远场应力场有关。在伸展环境中,软流圈上涌应当导致岩石圈伸展减薄;而在挤压环境中,由于岩石圈被加热使其力学性质弱化,岩石圈可能因挤压变形而增厚。Q_3 时期岩石圈厚度约为 88 km,如果 Q_3 玄武岩也是岩石圈拆沉作用的结果,则 Q_3 和 N_2 之间本区仍具有较大的岩石圈厚度,亦即 N_2 玄武岩形成以后区域岩石圈再度增厚。

缺乏具体的资料可用于反演这一时期的岩石圈厚度。但是,早更新世是腾冲地区火山活动最强烈的时期,分布面积达到 403 km²(皇甫岗和姜朝松,2000)或 610 km²(赵崇贺和陈廷方,1992)。需要特别注意的是,该期火山岩以中酸性成分为主,岩浆黏度较大,常形成高大的山体。稀土元素分配型式显示该期火山岩具有较明显的 Eu 异常,$\delta Eu = 0.49 ~ 0.90$(平均为 0.63)(皇甫岗和姜朝松,2000),暗示大部分岩浆中发生了长石类矿物的分离结晶作用或岩浆起源较浅。根据第三节论述的内容,这应当是岩浆起源较浅（<50 km，斜长石稳定区）的证据。结合 N_2 时期软流圈上涌可能导致岩石圈受热的推测，以及挤压环境中深部岩浆较难以上升的认识，可以认为这一时期岩石圈发生了巨大增厚。

Q_4 时期的岩石圈厚度也由于缺乏资料而难以进行定量估算。腾冲地区现今的岩石圈厚度约为 60 km，Q_3 时期约为 88 km，假定 Q_3 以后区域岩石圈不再增厚（因为处于伸展环境），可以认为腾冲地区岩石圈经历了一个持续减薄的过程。因此，Q_4 时期岩石圈厚度应在 60~88 km。这种推论大致与火山岩的地球化学特征相吻合，也与前面关于地温过热的认识一致。据此，可以提出一种设想：近场应力场与远场应力场的相互作用导致了腾冲地区新生代岩石圈厚度的剧烈变化。大致过程可以描述如下（图4-33）：

（1）N_2 火山活动之前，本区可能维持着与现今冈底斯带类似的岩石圈结构特征，岩石圈厚度约为 110 km。N_2 时期，岩石圈因拆沉作用减薄了约 31 km，触发了软流圈快速被动上升和减压熔融。软流圈近绝热隆升导致一个主应力分布在竖直方向的近场应力场，软流圈—岩石圈的强相互作用产生了一个现今地表出露半径约 55 km 的圆形区域。在这个范围内，不仅先存裂隙重新打开，可能还有众多自生长裂隙的形成，为火山喷发创造了良好的通道条件。因此，N_2 时期的火山岩主要为玄武岩，分布在半径约 55 km 的圆形区域内（赵慈平，2008）。软流圈上涌也导致了腾冲岩石圈的高地热梯度，芒棒组火山岩中高温麻粒岩捕虏体的发现（林木森等，2014a）可以作为佐证。

（2）此后，岩石圈拆沉作用触发的软流圈上涌过程随着软流圈物质充满岩石圈窗口而结束。同时，近场应力场的逐渐减弱，减压熔融过程终止。远场应力场恢复了对腾冲地区的挤压作用，有效阻止了幔源岩浆继续快速上升，使许多幔源岩浆滞留在岩石圈的不同层位上。这导致岩石圈力学性质的弱化和壳源岩浆的产生，MASH 过程（Hildreth，2007）因此而发生作用。因此，Q_1 时期的火山岩以中酸性岩为主。这时，一方面由于远场应力场的挤压作用，另一方面由于幔源岩浆的注入，腾冲地区发生了地壳的垂向增生。同时，软流圈物质停止上涌导致其顶部逐渐冷却，岩石圈地幔也逐渐增厚（由软流圈转化而来）。因此，岩石圈的总厚度增加，可能会 ≥110 km。

（3）岩石圈增厚和冷却将再度导致重力不稳定，因而拆沉作用可能也是 Q_3 火山活动的触发机制。这时，岩石圈厚度减薄为约 88 km，即移去了约 22 km。Q_3 的岩石圈拆沉幅度（约 22 km）小于 N_2（约 31 km），暗示拆沉作用触发的软流圈物质上涌速率较小。但是，熔融柱的初始熔融温度（约 1279℃）高于 N_2（约 1240℃），可能是软流圈热扰动的结果。作为对软流圈较慢速上升的响应，该期岩浆活动不仅形成了橄榄玄武岩等典型的幔源岩石，而且也有大量幔源岩浆与壳源岩浆混合的产物，如玄武安山岩和安山岩。

（4）全新世（Q_4）火山活动分布在 4 座火山（马鞍山、打鹰山、老龟坡、黑空山）周围，喷发类型为喷溢–爆发复合型；岩石类型以安山质熔岩为主，夹有火山集块岩和火山角砾岩（皇甫岗和姜朝松，2000）。岩浆沿着早期火山通道上升，暗示 Q_3 火山喷发之后岩浆通道没有关闭。因此，可以认为 Q_3 以后本区的岩石圈没有再度增厚，而是持续脉动式减薄至现今的 ~60 km。

由此可以认为，腾冲地区新生代岩石圈厚度经历了约 110 km→约 79 km→约 110 km→约 88 km→约 60 km 的改变（图4-33），是近场应力场与远场应力场相互作用的结果。Q_3

以来，近场应力场似乎具有逐渐增强的趋势，导致岩石圈厚度不断减薄。这一认识与现今的 GPS 测量结果和地面海拔高度的减小趋势一致，可能对全面认识腾冲火山活动的深部机制具有重要意义。

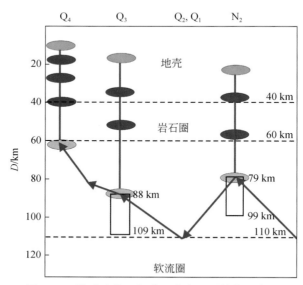

图 4-33 腾冲地块上新世以来岩石圈结构的变化

3. 火山岩浆源区性质的演变

火山岩浆源区的性质是火山学研究的重要内容，也是理解火山深部过程的关键。由上述内容可以看出，腾冲地块的岩石圈性质在腾冲火山群存活期间遭受到反复改造。有关岩石圈厚度的再造刻画了这种改造的总体面貌。考察这种改造的原因，可以看出除了岩石圈拆沉作用、挤压增厚和伸展减薄之外，上涌软流圈、底侵和内侵幔源岩浆的加热作用和岩石圈的冷却过程具有重要意义。同时，底侵和内侵幔源岩浆也改变岩石圈的物质组成，并导致壳源岩浆活动。

（1）源区性质的同位素制约

前人对腾冲新生代火山岩的源区性质进行了大量研究，总体认为 Sr-Nd 同位素特征显示了富集的性质（Zhu and Mao，1983；Chen et al.，2002；Wang et al.，2006）。但是，前人（Zhu and Mao，1983；穆治国等，1987；Cong et al.，1994）并未得到关于腾冲新生代火山岩岩石成因和演化的统一认识。部分学者基于 Sr-Nd 同位素存在较大分布范围以及过剩的 ^{238}U 认为这些火山岩应起源于弧型熔体（Wang et al.，2006）；而其他学者从火山岩喷发时代判别，认为在喷发期腾冲地区并不存在火山岛弧（樊祺诚等，2001）。此外，部分学者认为腾冲新生代火山岩的同位素及微量元素组成反映了大陆地壳混染（穆治国等，1987），而另一些学者则认为其起源于俯冲前不均一的地幔源区，在岩浆起源上升的过程中并未经过明显的混染作用（Zhu et al.，1983；Cong et al.，1994）。

本次研究表明，不同喷发期的火山岩在主、微量元素以及 Sr-Nd 同位素方面都显示出明显的不同。这些火山岩的低 $Mg^{\#}$ 值（<45）表明他们并非原始岩浆，却普遍见有橄榄石

斑晶，因而探讨其源区性质时必须考虑岩浆的改造过程。如前所述，具有最低演化程度地球化学特征样品的 Sr-Nd 同位素以及一些微量元素含量与 OIB 一致，但标准化配分型式有所不同；轻重稀土分异的程度以及岛弧型不相容元素分布有可能进一步表明了其岛弧亲缘性或曾经历过与壳源岩浆的混合。MF6 喷发期部分安山岩样品的 Pb 同位素特征则显示出明显的与大陆地壳围岩相关的特征。

为了解译腾冲新生代火山岩起源及演化特征，收集了可能涉及腾冲新生代火山岩起源及演化的不同地球化学端员（DM——亏损地幔，HIMU——高 μ 地幔，EM1——富集地幔1，EM2——富集地幔2，C——腾冲地块区域陆壳）的 Sr-Nd-Pb 同位素组成及化学组成，并与马鞍山火山不同喷发期火山岩一起投图（图 4-34）。MF1 喷发期的一个样品显示了与EM2 型原始岩浆相似的 Sr-Nd 同位素特征，另一个样品则显示了与 EM1 相似的 Sr-Nd 同位素性质；来自 MF3，MF4 和 MF5 喷发期的样品基本上落在 EM1 端元附近，可能属于起源于 EM1 型地幔的原始岩浆或进化岩浆（图 4-34a）。在 Sr-Nd 图中（图 4-34a），除了 MF1喷发期的一个火山岩样品之外，其他喷发期次绝大部分火山岩分布于 EM1 型原始岩浆与腾冲地块区域陆壳二端员简单混合趋势线上。不同喷发期次火山岩样品在 Pb-Sr 图上也明显分布在 EM1 型原始岩浆与腾冲地块区域陆壳混合线上（图 4-34b）。

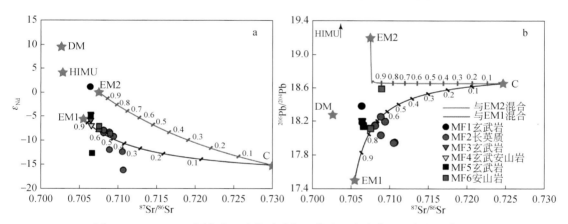

图 4-34 Sr-Nd-Pb 同位素反应的腾冲新生代火山岩岩浆起源与演化信息

a. ε_{Nd} vs. $^{87}Sr/^{86}Sr$; b. $^{206}Pb/^{204}Pb$ vs. $^{87}Sr/^{86}Sr$

亏损地幔（DM），富集地幔 1（EM1），富集地幔 2（EM2），高 μ 地幔 HIMU 和大陆地壳（C）等地幔端员用以限定岩浆的起源与演化。亏损地幔（DM）Sr-Nd-Pb 同位素比值采用 Workman 和 Hart（2005）的数据，EM1，EM2 和 HIMU的 Sr-Nd-Pb 同位素比值采用 Hart（1988）的数据。EM2 端员 Sr-Nd-Pb 含量依据 Workman 等（2004）。EM1 端员 Sr-Nd-Pb 含量由 23 件 Gough 粗面玄武岩、细碧岩及玄武岩等数据代替（Willbold and Stracke，2006）。大陆地壳 Sr-Nd 同位素比值及元素含量由腾冲−保山地块古生代花岗岩数据代替（Liu et al.，2009）。大陆地壳 Pb 同位素数据由中新生代花岗岩（Chen et al.，2002）代替，含量采用平均陆壳 Pb 元素含量 17 $\mu g/g$（Rudnick and Gao，2003）。地壳混染曲线通过简单二元混合计算获得。样品的 Sr-Nd-Pb 同位素投图表明腾冲新生代火山岩岩浆源于 EM1，并在喷发前经历了 20%~40% 的地壳混染

同位素研究表明这些火山岩可能起源于带有富集地幔特征的原始岩浆，之后混染了地壳组分。然而，由于重核子体同位素之间较小的质量差异，岩浆过程（部分熔融或分离结晶）并不能改变 Sr-Nd-Pb 同位素比值。因此，岩浆演化以及混染地壳的程度并不能通过

同位素示踪得以完全认识。为了排除不同喷发期次成岩过程中可能的流体作用影响（罗照华等，2011），选择高场强元素 Hf 及 Mg# 值进一步限定其起源及演化过程。应用 MELTs 软件监测 EM1 型原始岩浆在分离结晶过程中的化学演化。之后，EM1 型岩浆不同程度分离结晶的计算结果进一步与地壳组分进行混合计算（混合计算过程基于质量平衡）。图 4-35 表明，不同喷发期次火山岩中大部分样品的 Mg# 值和 Hf 同位素含量可由 EM1 型岩浆经分离结晶后（分离结晶程度：$F<40\%$）经 0~40% 的腾冲地块区域地壳混染代表。而且，基于批式部分熔融实验计算，如果在岩浆同化混染围岩的加热过程中地壳发生了部分熔融，混染的地壳组分比例将会更大（见图 4-35 中红线）。

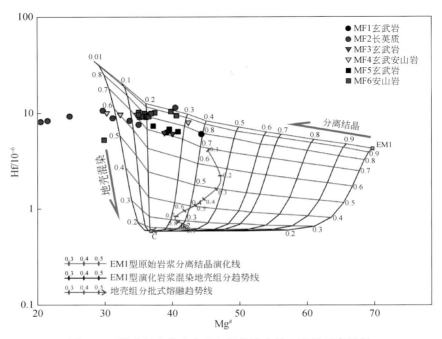

图 4-35　腾冲新生代火山岩起源及演化的主微量元素限制

Gough 玄武岩中带有最高 Mg# 值样品（样品号：G115，Mg# =73；Willbold and Stracke，2006）的化学组成用以代表 EM1 型原始岩浆。应用 MELTs 软件计算 EM1 型岩浆在 MOHO 面附近（约 10 kbar）分离结晶演化（图上方绿色曲线；Ghiorso and Sack，1995；Asimow and Ghiorso，1998；Smith and Asimow，2004）。腾冲–保山地块古生代花岗岩的化学组成（Liu et al.，2009）代表混染的地壳组分。EM1 型原始岩浆不同程度分离结晶后的地壳混染应用质量平衡计算（黑线）。红线代表由 MELTs 软件计算获得的被混染地壳发生批式熔融的情况。Mg# vs. Hf 投图表明腾冲地区绝大部分新生代火山岩可以由 EM1 型原始岩浆分离结晶（$F=0~0.4$）后经过地壳混染（地壳组分比例占 0~40%）代表。如果考虑到发生混染的地壳组分被加热后发生部分熔融，地壳混染的比例应该更高

Mg# 值和 Hf 同位素含量研究表明，MF1 喷发期玄武岩 TC1009 能够通过 40% 的 EM1 型残余熔体的地壳混染（地壳混染比例 $F=0.2$）形成（图 4-35）。上述过程不相容元素的计算结果与 MF1 喷发期玄武岩 TC1009 不相容元素实测值进行对比，表明二者分布形式相似（图 4-36）。而且，通过对比实测的 MF6 喷发期样品不相容元素平均组成与分离结晶的 EM1 型残余熔体与地壳部分熔融产物发生混合的理论计算结果，也可发现二者极其相似（图 4-36）。这些对比表明地壳混染演化的 EM1 型岩浆或 EM1 型岩浆与壳源岩浆的混合能

够定量的解释腾冲新生代不同喷发期次火山岩的地球化学特征。

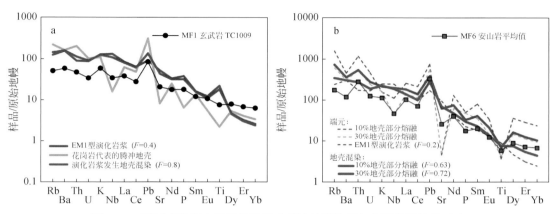

图4-36　不同喷发期次元素分配模式理论计算结果与实际分析结果对比

a. 地壳组分作为整体混染 EM1 型演化岩浆可形成 MF1 玄武岩；b. 10%~30% 部分熔融地壳混染演化的 EM1 型岩浆可形成 MF6 安山岩平均组分（考虑到 TC1007-1，TC1015 和 TC1017 极高和极低的 Mg# 值，排除此三件样品）的化学特征

　　Zou 等（2010）等基于马鞍山地区的研究，在样品中未发现围岩锆石捕虏晶，因此无法确定腾冲火山岩形成过程中是否发生了地壳混染。但是，本次研究在马鞍山地区 MF3 喷发期玄武安山岩中发现了锆石残留晶（图4-28 中 TC1039）。这些锆石残留晶的 U-Pb 年龄分布于 109~44.5 Ma 范围内，与中、新生代花岗岩围岩年龄一致（Zou et al., 2010）。因此，这些锆石残留晶的存在是地壳混染过程的直接证据。同时，这也可能表明锆石在火山岩中分布极不均匀，与火山岩中 Zr 含量的宽广变化范围（220~457 μg/g）一致。

　　综上所述，腾冲火山岩的镁铁质岩石主要具有 EM1 富集地幔的同位素特征，部分样品具有 EM2 富集地幔的同位素印记。EM1 本质上就是具有大陆下地壳属性，可代表再循环的地壳物质；而 EM2 则具有大陆上地壳属性，代表再循环的大陆沉积物和蚀变洋壳（Rollinson，1993）。结合主量和微量元素的分布特点，可以认为镁铁质岩浆起源于受到俯冲沉积物轻微改造的岩石圈地幔或拆沉下地壳，源区具有同位素不均一的特点。腾冲火山岩的岩浆不属于幔源原始岩浆，而是经历过分离结晶和地壳组分的同化混染，或与壳源岩浆的混合。

　　（2）流体作用与冻结岩浆房活化

　　前述岩石学、矿物学和岩石地球化学分析均表明，腾冲火山群新生代火山喷发之前存在多重岩浆房。矿物形成 p-T 条件估算结果（图4-15）暗示了三个相互连通的岩浆房，而马鞍山火山岩的 Mg#–T FeO 图解（图4-19）则显示了 4 个以上的岩浆房。这样一个多重岩浆房系统不可能不发生不同岩浆房岩浆之间的相互作用，因而岩浆混合作用不可避免，这可能就是镁铁质岩浆显示地壳同位素混染印记的原因。此外，腾冲火山岩中的同岩浆交代结构可能是流体作用的产物（罗照华等，2011），因而流体作用及其对岩浆的化学贡献也不应当被忽略。事实上，MF6 喷发期形成的 TC1001-1 样品中发现的大量大颗粒岩浆锆石也证实了这一认识。研究表明，大量大颗粒岩浆锆石可在富碱质壳源流体作用下晶出（Hoskin and Schaltegger，2003），并导致其 Hf 同位素组分明显低于同一岩浆体系中熔体组分的 Hf 同位素比值。这在图 4-27 中得到了充分展示，因为锆石的 ε_{Hf} 值明显低于寄主岩的 ε_{Hf} 值。MF6 喷发期火山岩中的长石矿物同样具有典型的同岩浆交代特征（图 4-37）。如图 4-37 左侧图片所示，斜长石斑晶具有一个受到熔蚀改造的核和一个增生边，其间为具有筛状结构的分解条带。这样的斜长石斑晶不是真斑晶，因为它与基质熔体不平衡，斜长石晶体进入岩浆后再次受到熔蚀，并在熔蚀港湾中充填了单斜辉石、斜长石和玻璃。右侧的斜长石大晶体虽然熔蚀现象不明显，但生长边包裹着具有筛状结构的条带，也暗示了其外来属性。对于干系来说，晶体-熔体不平衡经常表现为简单的熔蚀和反应边结构，出现筛状结构的原因很可能是晶体-流体相互作用的结果。因此，图 4-37 展示的特征也应当是岩浆中有外来流体（透岩浆流体）输入的证据。

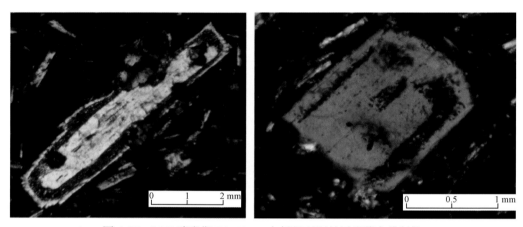

图 4-37　MF6 喷发期 TC1001-1 中斜长石斑晶同岩浆交代结构

　　流体的输入也强烈改变岩浆的活动性。侵位于地壳低温环境中的高温岩浆不可能不因冷却而发生结晶作用。例如，矿物结晶 p-T 条件估算表明，腾冲火山岩中的斑晶矿物形成于约 10～35 km 深度，结晶温度约 1000～1200 ℃。按岩浆弧的地热梯度 22 ℃/km（Rothstein and Manning，2003）计算，在这个深度范围内岩浆房周围的环境温度变化于 220～770 ℃，即岩浆与环境之间存在 780～430 ℃ 的温度差，且这种温度差的大小与深度成反比。由此，岩浆房中的岩浆必然发生结晶作用，且分布深度越浅的岩浆越容易发生结晶作用。一方面，熔体的黏度随着温度的下降而增加；另一方面，岩浆的黏度随着晶体的增加而增加。结果，随着岩浆房-环境热交换过程的进行，岩浆黏度不断增加，从而失去活动能力，火山岩浆系统成为如图 4-16 的样式。流变学实验表明，当岩浆的晶体分数达到 50%（体积分数）时，岩浆体将不再具有活动能力，这样的岩浆体被称为冻结岩浆房（frozen chamber）。

　　但是，火山观测却表明，许多火山岩浆系统在长时间停歇之后仍具有活动能力。例如，意大利 Albano Maar 火山在 72～36 ka 间喷发了七次（Giaccio et al.，2009），喷发间隔平均为 6 ka 之久，与 Cheng 等（2014）模拟的攀枝花岩体岩浆固结时间（5000～10000 a）类似。因此，众多作者近年来关注冻结岩浆房的活化机制问题，并主要提出了两类机制：升温活化机制和流体活化机制。鉴于岩浆黏度与温度负相关，升温活化机制被广泛接受，包括：①底侵岩浆升温机制（Couch et al.，2001；Burgisser and Bergantz，2011）；②注入岩浆升温机制（Bain et al.，2013）；③注入流体升温机制（如 Bachmann and Bergantz，2006）。但是，升温必然导致晶体的再吸收，因而使最终产物的晶体分数减少。然而，许多火山岩和浅成-超浅成侵入岩含有超过50%（体积分数）的结晶度，而斑晶颗粒却没有明显的再吸收现象。为此，罗照华等（2010）提出了流体活化机制（透岩浆流体机制）的概念，认为只要有高温流体注入即可实现冻结岩浆房的活化，岩浆升温不是必须的。腾冲火山岩中存在大量同岩浆交代作用的现象，罗照华等（2011）认为可以用流体活化机制（透岩浆流体机制）来解释。

透岩浆流体对岩浆黏度的贡献主要表现在以下三个方面：①导致岩浆体积膨胀，使晶体分数相对减小；②使岩浆体升温，从深部输入的外来流体具有比冻结岩浆更高的温度；③解聚熔体结构，降低硅酸盐组分的分子间力。这三个方面的共同作用，将使岩浆黏度大大下降。流变学实验表明，800 ℃条件下往干的铝质花岗岩浆中输入2% H_2O，可以使熔体黏度下降6个数量级（Baker，1998）。这是一种典型的"蝴蝶效应"，可用于解释火山喷发的复杂性。相反，流体的溢出将会升高岩浆的黏度。同样，岩浆的滞留也会升高熔体的黏度，因为滞留期间可发生晶体的熔蚀，增加熔体中的无水组分。可见，流体的输入通量和溢出通量将对岩浆的喷发能力起到重要的控制作用。特别需要注意的是，流体的体积与压力负相关。当流体输入通量远大于输出通量时，如果岩浆因流体输入而向上运动，在其他参数保持不变的条件下，流体的膨胀过程将导致岩浆上升速度越来越快。如果流体富集带所处位置低于临界点，流体的相分离不可避免，这将导致岩浆系统流体超压的产生和体积膨胀，最终可导致火山爆发。反之，当流体输入通量小于输出通量时，岩浆的固相线温度将升高，并因此发生结晶作用，被冻结在岩浆房中。

Parmigiani 等（2014）的综述性文章再次强调了流体的重要性。对于深部流体的来源，Bachmann 和 Bergantz（2006）认为可以来自底垫的高温镁铁质岩浆。来自深部的高温镁铁质岩浆在上升的过程中遭遇具有较低密度的长英质冻结岩浆时，将被封存在冻结岩浆房之下，并因冷却发生结晶作用，同时析出挥发分。这些挥发分具有比长英质岩浆高得多的温度，它们弥漫式透过岩浆向上渗透时，将有效升高冻结岩浆的温度和降低其黏度，从而使冻结岩浆发生活化。罗照华等（2010）认为这是一种可能的选择，但也可能存在独立的流体源，如岩石圈-软流圈系统中的低速高导层或构造滑脱层。有资料表明，低速高导层很可能是深部流体的储集带，相当于构造滑脱层的埋深位置（罗照华等，2009b）。如果深部流体储集带的屏蔽介质发生破裂，那里的高温流体就有可能快速上升，并进入冻结岩浆房，使其发生活化。

对于马鞍山火山这样一个具有多重岩浆房的火山岩浆系统来说，流体活化机制（罗照华等，2010，2011；Parmigiani et al.，2014）是有吸引力的。特别是三个岩浆旋回都是以镁铁质岩浆活动开始，以长英质岩浆活动结束，可以认为幔源岩浆活动对壳源岩浆的形成和活化起了重要作用。假定地壳中存在冻结岩浆房，在它尚未被活化之前，幔源岩浆有可能穿过它喷出地表；这一过程将对冻结岩浆起到活化作用，一旦冻结岩浆被活化，幔源岩浆将不能直接喷发，仅能少量注入在壳源岩浆中，因而岩浆活动以壳源岩浆占绝对优势。按照这种理解，幔源岩浆将携带有壳源岩浆的印记，因为穿过冻结岩浆房上升过程中可以卷入部分壳源岩浆；壳源岩浆也携带有幔源岩浆的印记，因为有幔源岩浆注入到冻结岩浆房中。这样的认识与循环晶的大量存在和地球化学特征相吻合，可以整合解释腾冲火山群的喷发活动。

（3）壳幔相互作用

由上述内容可以看出，壳幔相互作用对于腾冲新生代火山活动具有重要的意义，特别是壳源岩浆与幔源岩浆的相互作用。已有的证据表明，幔源岩浆可以触发壳源岩浆的产生和喷发，也可以改变壳源岩浆的成分；反过来，幔源岩浆也可以受到壳源岩浆的混染（岩浆混合作用）。因此，腾冲火山岩中的斑晶矿物具有复杂的来源，这将导致岩浆性质的识别过程复杂化。

为了阐明循环晶等外来晶体对火山岩成分的可能影响，本次研究对代表性样品同时进行了基质的微量元素分析，结果如表 4-5 所示。第四章第三节已经对全岩和基质的痕量元素分析结果进行了对比，初步揭示了循环晶加入对微量元素丰度的影响。本节进一步对某些特征性参数进行对比分析，结果如图 4-38 所示。

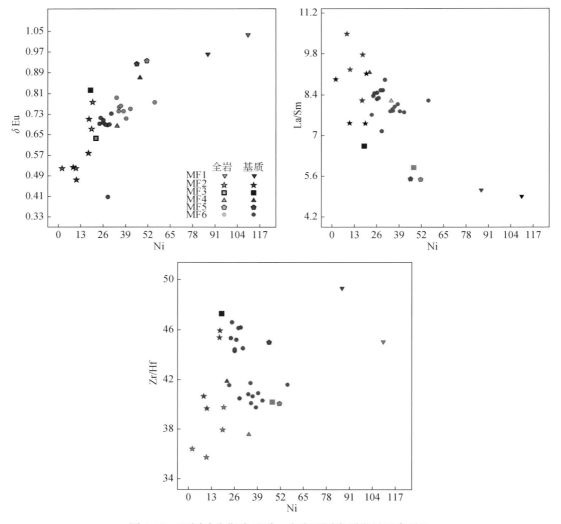

图 4-38　不同喷发期次基质、全岩不同类别微量元素对比

对于 MF1 火山岩，基质具有更低的 Ni 和 δEu。MF2 的全岩和基质 Ni 含量变化不大，基质具有更小的 δEu 值。MF3 只有一个样品，全岩和基质的 Ni 含量近乎相等，但具有较显著的负 Eu 异常。MF4 也具有类似的特点，但基质具有更高的 Ni 含量。MF5 全岩和基质的 Ni 和 δEu 基本相当，而 MF6 的全岩 Ni 含量和 δEu 值普遍高于基质。据此，可以将全岩–基质的 Ni-δEu 关系划分为三类：①Ni 与 δEu 呈正相关或不相关，全岩的 Ni 和/或 δEu 均大于基质；②全岩和基质的 Ni 和 δEu 基本相当；③Ni 与 δEu 呈正相关或无关，全岩的 Ni 和 δEu 均小于基质。

第一类关系很容易用橄榄石和斜长石循环晶的加入来解释。一般认为，Ni 可以类质同象的方式进入橄榄石中，因而全岩的 Ni 高可以理解为橄榄石循环晶的含量较高；而 δEu 异常一般与斜长石有关。据此，可以认为 MF1 中同时存在橄榄石和斜长石的循环晶或斑晶，而 MF2 中有斜长石的循环晶或斑晶，但没有橄榄石循环晶或斑晶。对于第二类关系，应当是岩石中没有循环晶或斑晶的标志。对于第三类关系，很可能与硫化物的聚集有关，因而也与透岩浆流体作用有关。

在 Ni-La/Sm 和 Ni-Zr/Hf 图解中也展现了全岩与基质之间的明显区别，但基质普遍具有较高的 La/Sm 值，这可以理解为扣除循环晶和斑晶的结果，相当于降低了部分熔融程度。此外，受单斜辉石和斜方辉石控制，基质相对全岩具更高的 Zr/Hf 值（尖晶石地幔熔融形成的熔体中，$D^{Zr}/D^{Hf}cpx \approx 0.5$；Wayer et al.，2003）。

据上文分析可知，腾冲新生代火山活动经历了复杂的起源、演化过程，其中不同喷发期次岩浆活动可能包括分离结晶、岩浆混合、同岩浆流体交代等多种因素。在这些因素的制约下，形成了腾冲新生代火山岩中包括斑晶、循环晶（同岩浆流体交代形成）、捕虏晶、流体晶等众多晶体类别。这些晶体部分或全部异于其原岩浆成分，因此应用包括这些晶体的全岩组分对岩浆起源进行制约势必会造成影响。

因此，剔除掉可能的异源干扰的火山岩晶体而单纯基于不同喷发期次基质 Nd-Hf 同位素分析可最大限度地反演腾冲新生代火山岩源区地幔特征。Mg# 值较高的喷发期次全岩 Sr-Nd-Pb 同位素分析表明，腾冲新生代火山岩应起源于 EM1 型特征的原始岩浆。而火山岩基质 Nd-Hf 同位素分析表明腾冲火山岩源区地幔可能经历了与形成冈底斯岩席地幔相似的改造过程（Chu et al.，2011）。新特提斯洋俯冲带动喜马拉雅沉积物俯冲交代亏损地幔楔，造成源区地幔 Nd-Hf 同位素解耦，并最终带有 EM1 型特征（Shimoda，2009）。中新世至更新世，印度板块东构造节连续的北东向挤压引发了盈江断裂的强烈活动，并进一步形成腾冲新生代火山岩 EM1 型原始岩浆。

二、火山岩浆系统的演化模型

本章从复杂系统的角度来讨论腾冲火山岩浆系统的基本特征及其演化，重点利用了火山活动的物质纪录，也援引了相邻学科的相关研究进展。根据这个思路，将腾冲火山岩浆系统的发生和发展看作是软流圈动力系统和岩石圈动力系统强相互作用的产物，而不是任意一个动力系统自然衍生的结果。据此，同时考察了腾冲地区的浅表地质系统和深部地质系统，以岩浆的起源、输运、贮存和喷发为中心，较系统地探讨了腾冲火山岩浆系统的形成与演化。

1. 腾冲火山岩浆系统的构成

这里所说的腾冲火山岩浆系统系指与腾冲火山群有关的岩浆系统。对于岩浆系统的定义，简单地概述为组成火山岩浆系统的各种岩浆体及其固结的产物，不涉及影响火山岩浆系统活动的环境因素，如断裂构造。但是，火山岩浆系统在某种程度上包括岩浆源区，因为源区的性质影响岩浆的组成，本身也属于腾冲火山岩浆系统的有机组成部分或子系统。据此，将马鞍山火山岩浆系统划分为软流圈岩浆子系统、莫霍面岩浆子系统、中-下地壳岩浆子系统和中-上地壳岩浆子系统（边缘岩浆房系统），因此，腾冲火山岩浆系统具有多重分支现象，这是复杂系统的基本特征之一。在这种系统中，大多数子系统都处于自生自灭状态，只有少数子系统可以获得足够的能量而持续发展。因此，尽管腾冲火山区分布有 200 多座火山（赵慈平，2008），能够贯穿始终的火山可能只有马鞍山和打鹰山。据此，可以马鞍山为例讨论腾冲火山岩浆系统的形成与演化。

（1）软流圈岩浆子系统

由区域岩石圈结构变化、远场应力场与近场应力场的关系、岩石地球化学特征、熔融柱估算结果以及火山岩晶体群分析，推测腾冲火山群之下应当存在一个软流圈岩浆房。该岩浆房可能收集了以下三种方式产生的岩浆：①上涌软流圈减压熔融，即地幔柱机制；②岩石圈地幔升温熔融；③拆沉岩石圈升温熔融。无论是哪一种熔融机制，岩浆上升遭遇难熔岩石圈时都将横向伸展，形成一个似层状岩浆房。因此，软流圈岩浆子系统应当是一种客观存在。

腾冲火山群发生于印度-亚洲大陆碰撞环境，第一种机制显然不适宜。岩石圈地幔升温熔融也要求软流圈强烈上涌，是一个较长时间的地质过程，不能解释造山带的垮塌和火山喷发的突发性。因此，本章倾向于第三种机制，因为腾冲火山区的前身被认为相当于冈底斯造山带。造山带经常发生幔源镁铁质岩浆的底侵作用，或者镁铁质岩石因构造分异作用在下地壳聚集（邓晋福等，2004），下地壳中常堆积大量镁铁质岩石。一旦山根冷却，这部分镁铁质岩石可发生榴辉岩化，从而导致岩石圈重力不稳定性和拆沉作用（罗照华等，2007b）。根据 Anderson（2005），沉入正常软流圈地幔中的榴辉岩可以发生广泛的熔融，可以更好地解释短期内大量玄武质岩浆的产生。腾冲火山群的大多数镁铁质岩浆都以低 $Mg^{\#}$ 值为特征，似乎支持拆沉岩石圈熔融的推测。但是，岩石圈的拆沉作用也会触发软流圈的上涌。本区最原始的镁铁质岩石暗示了软流圈上涌过程，其上涌的幅度至少达到 20 km（发生部分熔融产生岩浆的部分）。因此，软流圈岩浆子系统中收集的岩浆更可能是一种混合岩浆，其 EM1 的源区同位素属性可能说明了这一点。

（2）莫霍面岩浆子系统

莫霍面不仅是一个物理界面，也是一个化学界面。如前所述，于红梅（2011）报道了黑空山火山岩中的一种二辉橄榄岩捕虏体，并认为它属于地幔橄榄岩，因为这种橄榄岩具有碎斑结构和韧性剪切变形现象。按照岩浆弧地热梯度（22 ℃/km）换算，$p\text{-}T$ 条件估算结果（于红梅，2011）也表明这种橄榄岩位于现今的莫霍面附近。但是，所研究的橄榄岩捕虏体含有大量单斜辉石，与大陆壳下岩石圈地幔（UCLM）主要为纯橄榄岩和方辉橄榄岩的认识不符。这很可能表明，腾冲火山区的 UCLM 受到了后期改造，后者主要表现为玄武质岩浆的输入。

另一方面，芒棒组玄武岩中的麻粒岩研究则表明，腾冲火山区的下地壳经受了高温变质作用（林木森等，2014a，b），$p\text{-}T$ 变质条件大致与黑空山火山岩中的二辉橄榄岩相当。这要求有异常热流的输入，暗示了莫霍面岩浆子系统的存在。同时，芒棒组火山岩中也见有橄榄石和单斜辉石循环晶，是岩浆从更深部岩浆房携带的产物，可作为软流圈岩浆房和莫霍面岩浆房存在的证据。

（3）中–下地壳岩浆子系统

腾冲火山区分布有大量长英质火山岩，后者是余家大山、大六冲和腾冲东山等较大型火山机构的主要组分。在马鞍山地区，同时期的火山岩表现为 Eu 异常不太明显的特征（图4-20）。除了斜长石循环晶的贡献之外，导致这种特征的主要原因可能是岩浆起源深度较大。斑晶–基质平衡 $p\text{-}T$ 条件估算表明，火山岩中有大量晶体形成于中下地壳（图4-15），可作为这一认识的确定性证据。

图4-19表明，马鞍山火山岩（特别是长英质火山岩）的主量元素展现了明显的岩浆混合作用特征。TC1001（MF6）和 TC1020（MF4）粗面安山岩的 $Mg^\#$ 值分别为30和32，其橄榄石斑晶的牌号却分别为80～67和79～63，具有明显的热力学不平衡特征，表明这些橄榄石不是从寄主岩浆晶出，是典型的循环晶。因此，一方面，要求马鞍山火山之下存在这样的岩浆房，那里的岩浆具有不明显的 Eu 异常；另一方面，表明该岩浆房之下存在可以晶出 Fo 牌号较高的橄榄石斑晶的镁铁质岩浆。

（4）中–上地壳岩浆子系统（边缘岩浆房系统）

MF6火山岩含有大量的斜长石循环晶，却具有最明显的负 Eu 异常（图4-20），表明基质岩浆具有比全岩更显著的负 Eu 异常（图4-38）。如前所述，Eu 异常或者与斜长石分离结晶作用有关，或者与岩浆起源深度有关。由于火山岩中含有大量斜长石循环晶，斜长石从基质岩浆中结晶并分离的推测不能成立。因此，最可能的原因是基质岩浆起源较浅，其源区位于斜长石稳定区（<50 km 或更浅）。斑晶–基质形成 $p\text{-}T$ 条件估算结果表明，火山岩中许多晶体形成于20～15 km，部分形成于10 km 左右。这表明，腾冲火山区之下应当存在位于中–上地壳的岩浆房。这与现今地壳中存在活动岩浆囊（房）的认识（赵慈平，2008）一致。

但是，腾冲地区可能不存在分布深度更浅的岩浆房，因为迄今为止尚没有关于破火山口的报道。因此，中–上地壳岩浆子系统就是腾冲火山岩浆系统的边缘岩浆房。

2. 腾冲火山岩浆系统的演化

综上所述，腾冲火山岩浆系统存在四个子系统，它们的分布样式类似于图4-16。但是，它们不是同源岩浆演化的结果，而是相互独立的岩浆子系统。在前人的研究中，默认火山岩浆系统仅有一个岩浆房（如于红梅，2011），分离结晶作用和岩浆混合作用都发生在这个岩浆房中，而同化混染作用则赋予了不太明确的涵义。本章首次提出了一个四级岩浆房的划分方案，因而对腾冲火山岩浆系统的演化也有不同的理解。

（1）新生代火山活动的地球动力学背景

由于印度–亚洲大陆迄今仍处于强烈相对运动（挤压）状态，腾冲火山群的形成地球动力学背景无疑是大陆碰撞。但是，腾冲火山岩却被大多数作者认为具有弧火山岩的属性，暗示其源区受到了俯冲组分的改造。对于这种情况，赵崇贺和陈廷方（1992）首先提出了滞后型岩浆活动的概念。他们注意到，西南三江地区存在一些与主要构造事件没有明显联系的火山活动，将其定义为滞后型岩浆活动。对于腾冲火山群来说，无论印度−亚洲大陆碰撞发生在 65 Ma（莫宣学和潘桂棠，2006）或 50 Ma，或碰撞过程从 65 Ma 延续到 45 Ma（罗照华等，2004），其形成时间都要明显晚于印度−亚洲大陆的碰撞事件。据此，赵崇贺和陈廷方（1992）和从柏林等（1994）均认为腾冲火山岩具有滞后型火山岩的特点。赵崇贺和陈廷方（1992）认为腾冲火山岩为典型的钙碱性系列玄武岩−安山岩−英安岩弧火山岩组合，其形成于怒江洋壳俯冲作用停止之后 60 Ma，属于一种新的火山作用类型——碰撞后弧火山或滞后型弧火山。

所谓滞后型岩浆活动，系指前导性动力学过程已经做好了岩浆活动的准备，如使源区饱满化（fertilization），甚至岩浆已经产生却缺乏喷出地表或侵入于地壳浅部的条件。对于前导性动力学过程为大洋板片俯冲的情况，Richards（2003）称之为后俯冲（post-subduction）岩浆活动，强调板片俯冲过程对源区进行了深度改造，使其变得易熔。因此，在紧接着的后续地球动力学事件中，这种源区将率先发生部分熔融（甚至完全熔融）形成具有前导性地球动力学背景的岩浆活动。腾冲火山岩中含过量单斜辉石的二辉橄榄岩捕虏体的发现（于红梅，2011）证实了岩石圈的饱满化发生在火山喷发之前，因而可认为腾冲火山群的产生也属于后俯冲（滞后型）岩浆活动的产物。此外，火山岩的 EM1 型地幔源区同位素特征也证实了源区的改造过程。

（2）镁铁质岩浆系统的触发机制

值得注意的是，尽管可以说腾冲火山群的产生与印度−亚洲大陆碰撞有关，源区受到了俯冲组分的改造，并因此成为易熔源区；碰撞过程并不是腾冲火山活动的直接触发机制，饱满化 UCLM 的存在也不意味着部分熔融过程必然发生。因此，接下来的一个任务就是揭示触发部分熔融的机制。

前面已经论述了三种可能的岩浆发生机制，其中熔融柱机制涉及地幔上涌的驱动力问题，MASH 机制涉及热源问题，而注水熔融则涉及挥发分的来源问题。部分学者认为滞留于地幔过渡带的俯冲板片有可能发生脱水反应，从而触发上覆地幔的部分熔融（Lei et al.，2009）。且不说平坦俯冲是否真实存在，地幔过渡带即使存在这样的滞留板片，它也是在俯冲过程中经历了广泛脱水作用的板片。很难想象这样的滞留板片可以释放出足够数量的挥发分以触发上覆地幔的熔融。由于存在太多的不确定因素，本章倾向于不采用这种机制。MASH 机制可以满足壳源岩浆系统的发生，但难以解释 UCLM 的部分熔融。可见，镁铁质岩浆发生的最可能机制是熔融柱机制，即软流圈地幔的减压熔融。罗照华等（1999）指出，减压熔融实际上涉及两种机制：主动减压机制和被动减压机制。主动减压机制可能与地幔柱系统有关，而被动减压机制则与岩石圈拆沉作用有关。

由前面的熔融柱估算结果可以看出，幔源岩浆的产生伴随着减压熔融；而由岩石圈结构的演化已经看出，幔源岩浆活动也伴随着岩石圈厚度的快速减薄。这种突发性岩石圈减薄过程的合理解释应当是岩石圈拆沉作用。在这种情况下，不仅上涌软流圈地幔可以发生减压部分熔融，拆沉岩石圈也可以发生部分熔融，甚至完全熔融（如榴辉岩化下地壳）。由于拆沉岩石圈经受过俯冲组分的改造，且在混合岩浆中占有大得多的比例，两种岩浆的混合可以产生具有 EM1 型源区同位素特征的混合岩浆。如前所述，火山岩中的捕获锆石产生了约 109 ~ 45 Ma 的 U-Pb 年龄，相应的 Hf 模式年龄分布于约 1666 ~ 578 Ma 的范围内（图 4-28），不仅说明了源区的复杂性，而且证实源区确实受到过俯冲组分的改造。换句话说，这样的机制（即拆沉作用+软流圈被动上涌）可以将已获得的证据更好地整合在一起，本章视其为最合理的机制。

（3）长英质岩浆系统的触发机制

软流圈中产生的镁铁质岩浆可以被收集储存在岩石圈/软流圈界面附近，也可以直接喷出地表造成火山活动，或者上升底侵于莫霍面附近或内侵于地壳之中。

由于莫霍面上下的组成岩石具有大的密度差，莫霍面常常是镁铁质岩浆的捕获带，也是一个构造滑脱层。这种认识可以得到造山带地球物理测深剖面的证实，因为造山带地震剖面中经常可以出现一个壳幔过渡层（如林舸等，1998）。当将地球物理的壳幔过渡层概念应用于物质组成的变化时，常常产生歧义性的理解。例如，可以将地球物理壳幔过渡层理解为地壳岩石和地幔岩石的混合区，许多学者称其为壳幔混合层。一种可能的机制是幔源玄武质岩浆呈岩墙状侵入于岩石圈地幔中，导致后者的平均 P 波速度低于正常岩石圈地幔橄榄岩。Leeman 和 Harry（1993）曾用这种机制来解释美国西部 Great Basin 的长英质火山作用，Yang 等（2004）则用这种模型来解释胶东中生代岩墙群的岩石成因。另一种模型则可能是由于壳幔拆耦导致的地幔橄榄岩与地壳长英质岩石的机械混合（Zandt et al., 2004）。有关壳幔混合层的观点在中国获得了广泛的引用，特别是在解释某些同时携带有地幔和地壳同位素信息的火成岩成因时，学者们往往习惯于有关壳幔混合源的解释。然而，由于玄武质岩石与地幔橄榄岩的固相线温度差别很大，以及地幔橄榄岩的塑性变形特点，这种解释值得商榷（罗照华等，2006b）。

一种更为合理的解释可能是壳幔过渡层为增厚镁铁质下地壳（罗照华等，2007c）。造山带冷却时，这种镁铁质下地壳可以发生麻粒岩相到榴辉岩相变质作用，从上到下依次为麻粒岩、榴辉岩化麻粒岩和榴辉岩，导致从典型地壳岩石到典型地幔岩的 P 波速度特征。壳幔过渡层的存在具有重要的地球动力学意义。自从 Bird 提出岩石圈拆沉作用（delamination）的概念（Bird, 1978）以来，由于其较好地解释了喜马拉雅淡色花岗岩、变质作用和藏南拆离系的成因，拆沉作用被广泛引用为大规模岩浆活动和区域伸展作用的引擎。因此，幔源岩浆底侵作用（underplating）与岩石圈拆沉作用是自反馈过程。底侵作用可以导致区域岩石圈重力不稳定性，从而触发岩石圈拆沉作用；同样，岩石圈拆沉作用也可以触发软流圈的减压熔融，从而诱发幔源岩浆的底侵作用。据此，一个位于莫霍面附近的镁铁质岩浆子系统是可以预期的。

幔源岩浆底侵作用也可能导致大规模的岩浆活动。造山带花岗质岩石的成因研究表明，许多花岗质岩石都含有幔源岩浆的贡献，这是幔源岩浆底侵作用导致地壳熔融的最直接证据。此时，MASH 模型开始发挥作用。一方面，高温幔源岩浆触发下地壳的升温熔融产生长英质岩浆；另一方面，丢失热量的镁铁质岩浆将会发生结晶作用，产生晶体含量越来越高的进化岩浆。值得注意的是，底侵作用产生的长英质岩浆不会在镁铁质岩浆房之上直接成池（pooling），难熔残留的下沉和熔体的上升同时发生，将使两种不同性质的岩浆房之间有一定的空间间隔。这种推测也与斑晶-熔体平衡 p-T 估算结果（30 ~ 25 km，图 4-

15）相一致。

幔源岩浆也可以内侵于地壳之中，从而触发中-上地壳岩石的部分熔融。众所周知，石英的脆-韧性变形转换温度约为 360 ℃，长石约为 480 ℃，以 30 ℃/km 换算，长英质岩石发生塑性变形的深度约为 12～14 km。地热梯度较低（如 22 ℃/km）时，这个深度范围将埋藏在地壳的更深处（16～22 km），与斑晶-熔体平衡 p-T 估算结果（20～15 km，图 4-15）相近。

对于埋深更浅的岩浆房，可能不是部分熔融的结果，而是深部岩浆贯入的产物。有关该岩浆房的存在主要依据前人（如赵慈平，2008）的认识，本章只提供了少量的 p-T 估算结果。

（4）不同岩浆子系统之间的相互作用

腾冲新生代火山岩浆系统至少拥有 4～5 个岩浆子系统（或岩浆房），是一个典型的多重岩浆房系统。这些岩浆子系统位于岩石圈-软流圈的不同深度水平上，由一些供给通道相互连通。因此，不可避免地发生了不同岩浆子系统之间的相互作用。

如上所述，所有岩浆子系统与其赋存环境之间都存在明显的温度差。如果没有热岩浆或热流体的输入，岩浆房将因热传导/热对流（thermal advection）而快速固结，大方向比岩浆房尤其如此，因为其有利于成分对流（Gutiérrez and Parada，2010）。假定岩浆房仅仅通过热传导方式冷却，其固相线前锋将从接触带向中心不断推进，而不是全岩浆房同时结晶。因此，横过硅酸盐固结前锋，岩浆从完全固态过渡到完全液态（图 4-39）。尽管在刚刚就位之后薄而尖锐，随着时间的推移，固结前锋将会增厚，其厚度与时间的平方根成正比。在一个理想化无晶体侵位岩浆中，晶体在向内推进的液相线处成核和开始生长；那里的黏度基本上是无晶体岩浆的黏度，只有当结晶度升高到约 25% 时，黏度才会升高约一个数量级。在固结前锋的尾缘（固相线附近），黏度巨大无比，类似于近固体的岩石。由该点向内，结晶度降低，但只有结晶度降到约 50%～55% 时，黏度才戏剧性降低。Marsh（1996）按结晶度（N）将岩浆房划分成几个部分（图 4-39）：①刚性壳（$N>52\%$）：其边界为固相线（$N \approx 100\%$）和结晶度临界点（$N \approx 52\%$）；②结晶度临界域（$N \approx 52\%$）：从某种强度的内锁组合到高黏度晶粥的相对突然转换；③粥状带（$25\% < N < 52\%$）：边界为捕获前锋（$N \approx 25\%$）和最大固体聚集区（$N \approx 52\%$）的结晶度临界区，晶体因相互阻止而很难移动，一个晶体一旦到达这个带，它将永远被囚禁在固结前锋之中；④捕获前锋（$N \approx 25\%$）：标志着从前缘悬浮带到尾缘晶粥带的转换，在该带之后，沉降晶体似乎永远不会逃逸出固结前锋；⑤悬浮带（$0<N<25\%$）：从液相线处（$N=0$）开始，到结晶度 $N \approx 25\%$ 处结束，小而分散的晶体可以相互自由运动，横过该带，有效黏度约升高一个数量级。可见，一个岩浆房的各个部分具有不同的结晶度，即使在其边缘完全固结（图 4-39 上部）的条件下，岩浆房中心部位也可以全部由液体组成（图 4-39 下部）。

另外，由于岩浆房与环境间的温度差随深度减小，岩浆房固相线前锋向中心推进的速率随着深度的增加而减小。因而较浅部的岩浆房具有更快的冻结速率，比深部岩浆房中的岩浆更难以发生分离结晶作用。对于腾冲火山群的岩浆房来说，上部两个位于地壳中的岩浆房由长英质岩浆充填，下部两个岩浆房由镁铁质岩浆充填。深度、成分和冷却速率的差别将使得镁铁质岩浆具有更强的活动潜力。因此，一方面因为岩浆本身具有较大的黏度，

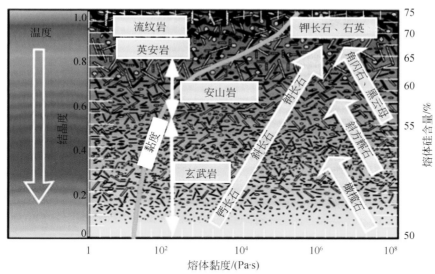

图 4-39　鲍文反应系列及其与在岩浆固结前锋中空间位置的关系（据 Marsh，2013）
温度下向增加，而熔体成分在前锋中向上变得越来越富硅。硅的显著增加（约 5%）仅发生在结晶约 50%（体积分数）
之后（对于拉斑玄武岩），在该点上，结晶基质处于最大拥挤状态，被熔结在一起，不可喷发

另一方面由于长英质岩浆中的晶体与熔体之间的密度差较小，且岩浆黏度与温度反相关，位于地壳中的长英质岩浆将难以发生分离结晶作用。这从哈克型图解中投点的分布趋势（图 4-19）就可以看出。

为了使浅部岩浆子系统长期保持活动状态，必须获得深部能量的持续供给，或者通过高温岩浆的输入，或者通过高温流体的输入。深部岩浆房具有较低的结晶度和较高的温度，因而受到能量扰动时将更容易活化，向浅部岩浆房输入新的较高温岩浆；或者深部岩浆发生无水组分的结晶作用，向浅部岩浆房输送高温流体。无论是哪一种情况，都有可能导致冻结岩浆房活化。在前一种情况下，将首先导致岩浆混合作用。结果，两种岩浆的熔体部分混合成为一种新的岩浆，其成分介于浅部熔体和深部熔体之间。此外，浅部岩浆子系统中的先存晶体将因环境温度升高而被再吸收，深部岩浆携带来的晶体也会与新的寄主岩浆发生反应。因此，混合岩浆中将出现两种明显外来的晶体。这些晶体不是由新形成的岩浆结晶形成的，也不是从固体岩石中捕获的，但来自先存的岩浆系统，称为循环晶（antecryst）。如果这种岩浆快速喷出地表固结成岩，火山岩中将含有大量的循环晶。腾冲火山岩中有大量的循环晶，看来至少有一部分以这种方式形成的岩浆喷出了地表。如果这种岩浆在深部岩浆房中长期驻留，循环晶将可能被完全吸收，从而使熔体的成分发生改变。MF2 火山岩比 MF4 和 MF6 更富硅，这样的分析似乎是合理的。

由于熔体中挥发分的溶解度与压力正相关，输入岩浆也可能发生减压排气作用（一次沸腾）。析出的流体将促进岩浆房对流作用，并从岩浆房顶部散失到更高层位的岩浆子系统或围岩中。如果输入上覆岩浆房中的主要是高温流体，将相对简单地导致冻结岩浆房活化，对岩浆中的大多数组分不造成实质性影响。但是，超临界流体可能发生减压相分离，将导致岩浆房剧烈膨胀和爆发性火山喷发，强烈改变火山岩浆系统的行为。

腾冲火山岩中的循环晶主要为橄榄石、单斜辉石和斜长石等无水硅酸盐矿物，也见有角闪石和黑云母等含水暗色矿物。在前一种情况下，无水硅酸盐的结晶将导致残留熔体中挥发分含量增加。当熔体中挥发分含量大于熔体在相应 p-T 条件下的饱和度时，二次沸腾难以避免，即流体从结晶岩浆中析出，并沿供给通道进入位于更高层位的岩浆子系统中，从而使其升温、解聚和膨胀，最终可能导致冻结岩浆房的活化。如果先存熔体处于流体过饱和状态，新流体的输入就会导致一个流体压力梯度，流体组分将向低压区（顶部）迁移，并最终从岩浆中逃逸。这种流体从下部输入并从顶部逃逸的现象被称为透岩浆流体作用（罗照华等，2007a）。从较深岩浆房进入较浅岩浆房的流体与晶体处于热力学不平衡，也将使晶体发生再吸收。此外，挥发分具有极强的渗透能力，这种再吸收过程不仅发生在晶体边缘，也可以沿着裂隙深入晶体内部，导致晶体整体分解产生筛状结构（图4-15和图4-37）。不仅如此，透岩浆流体作用还可以搬运岩浆中的化学组分（Martin，2012），从而使岩浆系统的化学组成发生改变。图4-19中展示 P_2O_5、K_2O、Na_2O、$T\,FeO$ 的不规则变化，看来是流体搬运的结果。

此外，下部岩浆房中的物质输入到上部岩浆房中的效应还取决于上覆岩浆房的响应能力。在上覆岩浆房的结晶度远远超过流变学锁定点（约50%，体积分数）的条件下，从下部上升的岩浆有可能直接穿过岩浆房，就像沿断裂通过固态围岩一样直接喷出地表；如果岩浆房的结晶度极低，只有可能直接导致上部岩浆房中岩浆的喷出，而密度较大的镁铁质岩浆则滞留于该岩浆房的底部。介于中间状态时，则有可能长英质岩浆与镁铁质岩浆同时喷出或稍后喷出。

（5）火山岩浆系统的演化

腾冲火山岩浆系统由众多的火山子系统组成，每一个火山子系统又具有多个次级子系统，是一种复杂性动力系统。以马鞍山火山子系统为例，至少由四个岩浆子系统组成（图4-40）。单个岩浆子系统中既可以发生分离结晶作用，也可以发生岩浆混合作用（自混合）；不同子系统之间既可以发生岩浆混合作用，也可以发生强烈的流体-岩浆相互作用。这样的认识与前人的认识类似，但本章强调了子系统之间的相互作用，以及后者导致的冻结岩浆房活化过程。

在该模型中，假定腾冲火山系统的岩浆源区受到了俯冲物质的改造。但是，这种改造发生在腾冲火山活动之前，即新特提斯大洋板块向腾冲地块俯冲和印度-亚洲大陆碰撞时期，其标志是腾冲火山岩中含有大量形成年龄为约 110～45 Ma 的岩浆锆石残留晶，暗示其源区在很大程度上是约 110～45 Ma 间形成的深成岩。因此，腾冲火山岩的明显弧岩浆属性不是取决于其形成时的构造环境，而是主要取决于源区的发展历史。

腾冲火山喷发的直接触发机制也不是远场应力场作用的结果，而是造山带岩石圈拆沉作用的产物，尽管后者可能与区域性挤压（图4-40中的白色大箭头）、块体旋转有关。因此，腾冲地块的岩石圈厚度经历了戏剧性的减薄和增厚，现今的软流圈中可能依然保留有拆沉岩石圈的难熔残留（图4-40）。如前所述，在拆沉作用体制下，不仅拆沉岩石圈可以发生部分熔融，被动上涌的软流圈地幔也可以发生部分熔融，因而幔源岩浆实际上是一种混合岩浆。腾冲火山岩中最原始玄武质岩石的 $Mg^\#=75～52$，以及玄武岩中橄榄石循环晶的存在（没有橄榄石分离结晶作用的证据之一），暗示了岩浆混合作用的不完全，因而也是玄武岩具有两种源区的证据。换句话说，腾冲地区的玄武质岩石一部分起源于地幔橄榄岩的部分熔融，另一部分则起源于拆沉榴辉岩的部分熔融。据此，岩浆的上升应当是一个非常快的过程，后者与软流圈强烈上涌产生的近场应力场（图4-40中的黑色大箭头）有关。正因为如此，早期喷发的火山岩有一个半径约55 km的圆形分布面积，尽管它们在地表的具体出露位置受断裂控制。

　　这两部分岩浆可以直接喷出地表造成火山活动，也可以部分、或大部分收集在软流圈顶部形成岩浆房。根据估算的岩石圈厚度，岩浆房的深度位置应当是拉斑玄武质岩浆中单斜辉石结晶的压力条件（图4-40）。玄武质岩浆更可能上升到莫霍面的位置（即底侵作用），在那里形成一个比较稳定的岩浆房。莫霍面岩浆房可与下地壳发生强烈的热交换，或者导致下地壳发生高温变质作用；或者使下地壳发生部分熔融形成壳源岩浆（岩浆房附近），同时镁铁质岩浆本身发生结晶作用（AFC过程）；也可与地幔橄榄岩发生组分交换使其饱满化（远离岩浆房位置）。

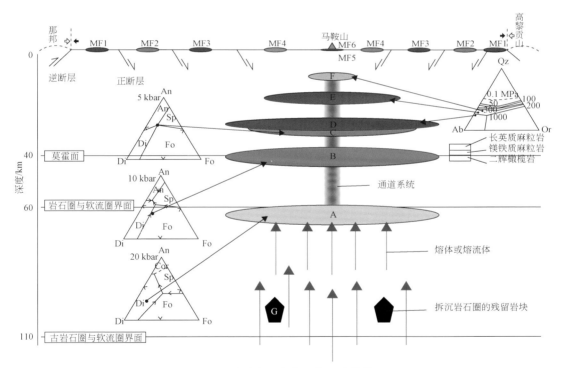

图4-40　腾冲火山岩浆系统的演化模型

　　这时，MASH过程开始发生作用。但是，所产生的长英质岩浆将在镁铁质岩浆房之上一定距离的地方聚集（图4-40）。一旦长英质岩浆房形成，镁铁质岩浆将不再上升到地表，只能底垫于长英质岩浆房之下。因此，在地壳深度水平上，近场应力场的效应减弱，远场应力场占据主导地位，岩浆活动以长英质岩浆喷发为特征。

　　与莫霍面岩浆房中发生Cpx（单斜辉石）+Ol（橄榄石）组合的结晶作用不同，底垫岩浆有可能达到 Cpx+Ol+Pl 共结点，形成 Cpx+Ol+Pl 斑晶（岩浆房晶）组合。长英质岩浆也可以发生结晶作用，对于中–下地壳环境和安山质–英安质岩浆成分来说，斑晶矿物应当主要为斜长石（图 4-40）；它们也可以上升到中–上地壳中，并在某些薄弱带（如康拉德面）形成第二级长英质岩浆房甚至三级岩浆房。后者的首晶区矿物也应当是斜长石，因为在 Pl-Qz（石英）-Or（正长石）系统中斜长石首晶区随着压力的减小而扩大（图 4-40 中的 Ab（钠长石）-Qz-Or 相图）。

可见，在这样一个岩浆系统中，可展现出复杂的成分变化。对于镁铁质岩浆来说，从深到浅，其晶出的矿物组合依次为 Cpx→Cpx+Ol→Cpx+Ol+Pl；对于长英质岩浆来说，则总是以 Pl 结晶为主。加上含水暗色矿物角闪石和黑云母的结晶和岩浆在上升过程中的变压结晶作用，腾冲火山岩浆系统将可以晶出各种各样的晶体。如果某批次岩浆将这些晶体收集在一起，可以使固结岩石具有十分复杂的晶体群构成。在这种情况下，简单地利用全岩化学分析结果谈论岩浆系统的形成与演化将是不可取的。

图 4-40 还表明，腾冲火山群的火山活动范围是随时间逐渐缩小的，这似乎暗示了火山岩浆系统正在走向消亡。但是，根据前人的资料（如赵慈平，2008），腾冲地块依然在膨胀，热泉分布范围的半径（110 km）几乎是火山岩分布半径（55 km）的两倍，可能暗示火山岩浆系统以某种方式获得了充足的能量，依然可能发生大型火山爆发事件。此外，正如 MF2 和 MF3 之间的岩石圈增厚过程那样，在远场应力场的强烈挤压作用下，腾冲地块的岩石圈可能再度增厚，并再次发生拆沉作用，诱导新一轮火山爆发。

参 考 文 献

陈廷方. 2003. 云南腾冲火山岩岩石学特征. 沉积与特提斯地质，23（4）：56-61.

程黎鹿，梁涛，曾铃，等. 2012. 地幔熔融柱反演软件 Calmantle1.0 与云南腾冲地区新生代岩石圈厚度变化的初步讨论. 地学前缘，19（4）：126-134.

从柏林，陈秋媛，张儒瑗，等. 1994. 中国滇西腾冲新生代火山岩的成因. 中国科学，24（4）：441-448.

崔笛. 2015. 腾冲新生代火山群岩浆起源与演化. 北京：中国地质大学（北京）硕士学位论文，1-54.

邓晋福，罗照华，苏尚国，等. 2004. 岩石成因、构造环境与成矿作用. 北京：地质出版社，1-381.

樊祺诚，刘若新，魏海泉，等. 1999. 腾冲活火山的岩浆演化. 地质论评，45（增刊）：895-904.

樊祺诚，隋建立，刘若新. 2001. 五大连池、天池和腾冲火山岩 Sr、Nd 同位素地球化学特征与岩浆演化. 岩石矿物学杂志，20（3）：233-238.

管烨. 2005. 西南三江地区地壳三维构造格架与矿集区关系研究. 北京：中国地质科学院博士学位论文，90.

郝金华，罗照华，梁涛，等. 2014. 超临界流体的快速泄出：来自霓辉石英脉的证据. 岩石学报，30（11）：3481-3489.

皇甫岗，姜朝松. 2000. 腾冲火山研究. 昆明：云南科技出版社，1-418.

黄凡，罗照华，卢欣祥，等. 2009. 东沟含钼斑岩由太山庙岩基派生？矿床地质，28（5）：569-584.

季建清. 1998. 滇西南腾冲–盈江–那邦地区岩石学与新生代岩石圈构造演化. 北京：中国科学院地质研究所博士学位论文，1-88.

季建清. 2000. 滇西南新生代走滑断裂运动学、年代学、及对青藏高原东南部块体运动的意义. 地质科学，35（3）：336-349.

姜朝松. 1998a. 腾冲地区新生代火山活动分期. 地震研究，21（4）：320-329.

姜朝松 . 1998b. 腾冲新生代火山分布特征 . 地震研究, 21（4）：309-319.

姜朝松, 周瑞琦, 赵慈平 . 2003. 腾冲地区构造地貌特征与火山活动的关系 . 地震研究, 26（4）：361-366.

阚荣举, 赵晋明 . 1995. 腾冲火山地区的深部构造与地球物理场 . 见：刘若新编 . 火山作用与人类环境 . 北京：地震出版社, 88.

李大明, 李齐, 陈文寄 . 1999. 腾冲火山岩斜长石斑晶的过剩氩兼论火山活动的分期 . 地质论评, 45（增刊）：892-894.

李大明, 李齐, 陈文寄 . 2000. 腾冲火山区上新世以来的火山活动 . 岩石学报, 16（8）：362-370.

李霓, 魏海泉, 张柳毅, 等 . 2014. 云南腾冲大六冲火山机构的发现及意义 . 岩石学报, 30（12）：3627-3634.

李霓, 张柳毅 . 2007. 云南腾冲新期火山岩矿物及其熔体包裹体研究 . 岩石学报, 27（10）：2842-2854.

李廷栋 . 2010. 中国岩石圈的基本特征 . 地学前缘, 17（3）：2-13.

李晓惠 . 2011. 云南腾冲新生代火山岩和岩石成因 . 北京：中国科学院研究生院硕士学位论文, 1-80.

梁涛 . 2010. 岭斑岩钼矿的成因及其深部约束 . 北京：中国地质大学（北京）博士学位论文, 1-83.

林舸, 范蔚茗, 郭锋, 等 . 1998. 壳–幔过渡层特征与大地构造演化 . 大地构造与成矿学, 22（增刊）：11-18.

林木森, 彭松柏, 乔卫涛, 等 . 2014a. 滇西腾冲地块新生代火山岩中高温麻粒岩包体的发现及成因 . 地球科学, 39（7）：807-819.

林木森, 彭松柏, 乔卫涛, 等 . 2014b. 腾冲地块高地热异常区晚白垩世—始新世钾玄质强过铝花岗岩岩石地球化学 年代学特征及构造意义 . 岩石学报, 30（2）：527-546.

刘嘉麒 . 1999. 中国火山 . 北京：科学出版社, 1-93.

刘若新 . 2000. 中国的活火山 . 北京：地震出版社, 1-114.

罗照华 . 1984. 吉林辉南大椅山玄武岩中超镁铁岩包体的研究 . 地球科学, 24（1）：73-80, 137.

罗照华, 邓晋福, 韩秀卿 . 1999. 太行山造山带岩浆活动及其造山过程反演 . 北京：地质出版社, 1-124.

罗照华, 黄忠敏, 柯珊 . 2007b. 花岗质岩石的基本问题 . 地质论评, 53（增刊）：180-226.

罗照华, 李德东, 潘颖, 等 . 2009a. 中国东部黄山的成山过程及其构造意义 . 地学前缘, 16（3）：250-260.

罗照华, 刘翠, 苏尚国 . 2014a. 理解岩浆系统的物理过程 . 岩石学报, 30（11）：3113-3119.

罗照华, 刘嘉麒, 赵慈平, 等 . 2011. 深部流体与岩浆活动：兼论腾冲火山群的深部过程 . 岩石学报, 27（10）：2855-2862.

罗照华, 卢欣祥, 陈必河, 等 . 2009b. 透岩浆流体成矿作用导论 . 北京：地质出版社, 177.

罗照华, 卢欣祥, 许俊玉, 等 . 2010. 成矿侵入体的岩石学标志 . 岩石学报, 26（8）：2247-2254.

罗照华, 莫宣学, 侯增谦, 等 . 2004. 板块碰撞过程中壳幔相互作用及其成藏成矿效应 . 见：郑度, 姚檀栋编 . 青藏高原隆升与环境效应 . 北京：科学出版社, 117-163.

罗照华, 莫宣学, 卢欣祥, 等 . 2007a. 透岩浆流体成矿作用——理论分析与野外证据 . 地学前缘, 14（3）：165-183.

罗照华, 莫宣学, 万渝生, 等 . 2006a. 青藏高原最年轻碱性玄武岩 SHRIMP 年龄的地质意义 . 岩石学报, 22（3）：578-584.

罗照华, 魏阳, 辛后田, 等 . 2006b. 造山后脉岩组合的岩石成因——对岩石圈拆沉作用的约束 . 岩石学报, 22（6）：1672-1684.

罗照华, 辛后田, 陈必河, 等 . 2007c. 壳幔过渡层及其大陆动力学意义 . 现代地质, 21（2）：421-425.

罗照华, 杨宗锋, 代耕, 等 . 2013. 火成岩的晶体群与成因矿物学展望 . 中国地质, 40（1）：176-181.

罗照华，周久龙，黑慧欣，等．2014b. 超级喷发（超级侵入）后成矿作用. 岩石学报，30（11）：3131-3154.

莫宣学，潘桂棠．2006. 从特提斯到青藏高原形成：构造−岩浆事件的约束. 地学前缘，13（6）：43-51.

莫宣学，沈上越，朱勤文，等．1998. 三江中南段火山岩——蛇绿岩与成矿. 北京：地质出版社，1-128.

穆治国，佟伟，Curties G H．1987. 腾冲火山活动的时代和岩浆来源问题. 地球物理学报，30（3）：261-270.

戚学祥．2012. 青藏高原东南缘腾冲早白垩世岩浆岩锆石 SHRIMP U-Pb 定年和 Lu-Hf 同位素组成及其构造意义. 岩石学报，27（11）：3409-3421.

戎嘉树，杜乐天．1995. 地幔岩包体中斜方辉石的 GOD 化现象. 岩石学报，11（1）：28-42.

石玉若，吴中海，范桃园，等．2012. 滇西腾冲地区龙川江河谷上新世火山岩 SHRIMP 锆石 U-Pb 年龄及其地球化学特征. 地质通报，31（2-3）：241-249.

覃锋，徐晓霞，罗照华．2006. 北京房山岩体形成过程中的岩浆混合作用. 岩石学报，22（12）：2957-2970.

陶奎元．1998. 徐霞客对火山地热考察及其意义——述评徐霞客在地学上的第三大贡献. 火山地质与矿产，19（2）：147-157.

佟伟，章铭陶．1989. 腾冲地热. 北京：科学出版社.

王椿镛，楼海，吴建平，等．2002. 腾冲火山地热区地壳结构的地震学研究. 地震学报，24（3）：231-242.

王非，彭子成，陈文寄，等．1999. 滕冲地区年轻火山岩高精度热电离质谱（HP-TIMS）铀系法年龄研究. 科学通报，44（17）：1878-1882.

王书兵，傅建利，李朝柱，等．2015. 滇西南腾冲地块新构造运动阶段初步划分. 地质通报，34（1）：146-154.

魏海泉．2014. 长白山天池火山. 北京：地震出版社，1-448.

杨思思．2015. 河北武安南洺河铁矿床成因. 北京：中国地质大学（北京）硕士学位论文，1-53.

尹功明，李盛华．2000. 云南腾冲马鞍山最后一次喷发的热释光年龄. 地震研究，23（4）：388-391.

于红梅．2011. 火山喷发物的显微构造研究及其地质意义. 北京：中国地震局地质研究所博士学位论文，1-122.

张中杰，白志明，王椿镛，等．2005. 三江地区地壳结构及动力学意义：云南遮放−宾川地震反射/折射剖面的启示. 中国科学 D 辑：地球科学，35（4）：314-319.

赵慈平．2008. 腾冲火山区现代幔源氦释放特征及深部岩浆活动研究. 中国地震局地质研究所博士学位论文，1-123.

赵崇贺，陈廷方．1992. 腾冲新生代火山作用构造−岩浆类型的探讨——一种滞后型的弧火山. 现代地质，6（2）：119-129.

赵勇伟，樊祺诚．2010. 腾冲马鞍山、打鹰山、黑空山火山岩浆来源与演化. 岩石学报，26（4）：1133-1140.

赵志丹，莫宣学，罗照华，等．2003. 印度−亚洲俯冲带结构——岩浆作用证据. 地学前缘，10（3）：149-157.

钟大赉．1998. 滇川西部古特提斯造山带. 北京：地质出版社，1-330.

Anderson D L. 2005. Large igneous provinces, delamination, and fertile mantle. Elements，1：271-275.

Asimow P D，Ghiorso M S. 1998. Algorithmic modifications extending MELTS to calculate subsolidus phase relations. American Mineralogist，83：1127-1132.

Bachmann O，Bergantz G W. 2006. Gas percolation in upper-crustal silicic crystal mushes as a mechanism for upward heat advection and rejuvenation of near-solidus magma bodies. Journal of Volcanology and Geothermal Research, 149: 85-102.

Bain A A, Jellinek A M, Wiebe R A. 2013. Quantitativefield constraints on the dynamics of silicic magma chamber rejuvenation and overturn. Contributions to Mineralogy and Petrology, 165: 1275-1294.

Baker D R. 1998. Granitic melt viscosity and dike formation. Journal of Structural Geology, 20 (9-10): 1395-1404.

Bird P. 1978. Initiation of intracontinental subduction in the Himalaya. Journal of Geophysical Research, 83 (B10): 4975-4987.

Boynton W V. 1984. Cosmochemistry of the rare earth elements: Meteorite studies. In: Henderson, P, ed. Rare Earth Element Geochemistry Amsterdam: Elsevier, 63-114.

Burgisser A, Bergantz G W, Breidenthal R E. 2005. Addressing complexity in laboratory experiments: the scaling of dilute multiphase flows in magmatic systems. Journal of Volcanology and Geothermal Research, 141: 245-265.

Burgisser A, Bergantz G W. 2011. A repid mechanism to remobilize and homogenize highly crystalline magma bodies. Nature, 471 (7337): 212-215.

Chaurel C, Lewin E, Carpentier M, et al. 2008. Role of recycled oceanic basalt and sediment in generating the Hf-Nd mantle array. Nature Geoscience, 1 (1): 64-67.

Chen F, Li X H, Wang X L, et al. 2007. Zircon age and Nd-Hf isotopic composition of the Yunnan Tethyan Belt, southwestern China. International Journal of Earth Sciences, 96: 1179-1194.

Chen F K, Satir M, Ji J, Zhong D. 2002. Nd-Sr-Pb isotopes of Tengchong Cenozoic volcanic rocks from western Yunnan, China: evidence for an enriched mantle source. Journal of Asian Earth Science, 21: 39-45.

Cheng L L, Zeng L, Ren Z Y, et al. 2014. Timescale of emplacement of the Panzhihua gabbroic layered intrusion recorded in giant plagioclase at Sichuan Province, SW China. Lithos, 204: 203-219.

Chu M F, Chung S L, O'Reilly S Y, et al. 2011. India's hidden inputs to Tibetan orogeny revealed by Hf isotopes of Transhimalayan zircons and host rocks. Earth and Planetary Science Letters, 307: 479-486.

Cong B L, Chen Q Y, Zhang R Y, et al. 1994. Petrogenesis of Cenozoic rocks in Tengchong region of western Yunnan Province, China. Science in China (B), 37: 1264-1271.

Couch S, Sparks R S J, Carroll M R. 2001. Mineral disequilibrium in lavas explained by convective self-mixing in open magma chambers. Nature, 411: 1037-1039.

Frey H M, Lange R A. 2011. Phenocryst complexity in andesites and dacites from the Tequila volcanicfield, Mexico: resolving the effects of degassing vs. magma mixing. Contributions to Mineralogy and Petrology, 162: 415-445.

Gao J F, Zhou M F, Robinson P T, et al. 2015. Magma mixing recorded by Sr isotopes of plagioclase from dacites of the Quaternary Tengchong volcanic field, SE Tibetan Plateau. Journal of Asian Earth Sciences, 98: 1-17.

Ghiorso M S, Sack R O. 1995. Chemical mass-transfer in magmatic processes IV. A revised and internally consistent thermodynamic model for the interpolation and extrapolation of liquid-solid equilibria in magmatic systems at elevated temperatures and pressures. Contributions to Mineralogy and Petrology, 119: 197-212.

Giaccio B, Marra F, Hajdas I, et al. 2009. $^{40}Ar/^{39}Ar$ and ^{14}C geochronology of the Albano maar deposits: implications for defining the age and eruptive style of the most recent explosive activity at Colli Albani Volcanic District, Central Italy. Journal of Volcanology and Geothermal Research, 185: 203-213.

Guffanti M, Clynne M A, Muffler L J P. 1996. Thermal and mass implications of magmatic evolution in the Lassen volcanic region, California, and constraints on basalt influx to the lower crust. Journal of Geophysical Research,

101：3001-3013.

Gutiérrez F，Parada M A. 2010. Numerical modeling of time-dependent fluid dynamics and differentiation of a shallow basaltic magma chamber. Journal of Petrology，51（3）：731-762.

Hammer J E，Rutherford M J. 2003. Glass composition geobarometry：a petrologic indicator of pre-eruption Pinatubo dacite magma dynamics. Geology，31：79-82.

Hart S R. 1988，Hetrogeneous mantle domains：signatures，genesis and mixing chronologies. Earth and Planetary Science Letters，90：273-296.

Hildreth W，Moorbath S. 1988. Crustal contributions to arc magmatism in the Andes of central Chile. Contributions to Mineralogy and Petrology，98：455-489.

Hildreth W，Halliday A N，Christiansen R L. 1991. Isotopic and chemical evidence concerning the genesis and contamination of basaltic and rhyolitic magma beneath the Yellowstone Plateau volcanic field. Journal of Petrology，32：63-138.

Hildreth W. 2007. Quaternary magmatism in the Cascades：geological perspectives. USGS Professional Paper，1744：1-125.

Hoskin P W，Schaltegger U. 2003. The composition of zircon and igneous and metamorphic petrogenesis. Reviews in Mineralogy and Geochemistry，53：27-62.

Jerram D A，Martin V M. 2008. Understanding crystal populations and their significance through the magma plumbing system. In：Annen C，Zellmer G F，eds. Dynamics of Crustal Magma Transfer，Storage and Differentiation. Geological Society，London：Special Publications，304：133-148.

Kelemen P B，Hanghøj K，Greene A R. 2003. One View of the Geochemistry of Subduction-related Magmatic Arcs，with an Emphasis on Primitive Andesite and Lower Crust. In：Rudnick R L，Heinrich D H，Karl K，eds. Treatise on Geochemistry. Amsterdam：Elsevier，3：593-659.

Lange R A，Frey H M，Hector J. 2009. A thermodynamic model for the plagioclase-liquid hygrometer/thermometer. American Mineralogist，94：494-506.

Langmuir C H，Forsyth D W. 2007. Mantle melting beneath mid-ocean ridges. Oceanography，20（1）：78-89.

Langmuir C，Klein E，Plank T. 1992. Petrological systematics of mid-ocean ridge basalts constraints on melt generation beneath ocean ridges，In Morgan J P，Blackman D K，Sinton J M. Mantle flow and melt generation at mid-ocean ridges. AGU Monograph，Washington，D. C.，71：183-280.

Leeman W P，Harry D L. 1993. A binary s ourcemodel for extension related magmatism in the Great Basin，Western North America. Science，262：1550-1554.

Lei J S，Zhao D P，Su Y J. 2009. Insight into the origin of the Tengchong intraplate volcano and seismotectonics in southwest China from local and teleseismic data. Journal of Geophysical Research，114：B05302.

Liu S，Hu R Z，Gao S，et al. 2009. U-Pb zircon，geochemical and Sr-Nd-Hf isotopic constraints on the age and origin of Early Palaeozoic I-type granite from the Tengchong-Baoshan Block，Western Yunnan Province，SW China. Journal of Asian Earth Science，36：168-182.

Marini J C，Chauvel C，Maury R C. 2005. Nf isotope compositions of northern Luzon arc lavas suggest involvement of pelagic sediments in thetr source. Contributions to Mineralogy and Petrology，149（2）：216-232.

Marsh B D. 1996. Solidification fronts and magmatic evolution. Mineralogical Magazine，60：5-40.

Marsh B D. 2013. On some fundamentals of igneous petrology. Contributions to Mireralogy and Petrology，166：665-690.

Martin R F. 2012. The petrogenesis of anorogenic felsic magmas and AMCG suites：insights on element mobility and mutual cryptic contamination from polythermal experiments. Lithos，151：35-45.

Mercer C N, Johnston A D. 2007. Experimental studies of the P-T-H_2O near-liquidus phase relations of basaltic andesite from North Sister Volcano, High Oregon Cascades: constraints on lower-crustal mineral assemblages. Contribution to Mineralogy and Petrology, 155 (5): 571-592.

Metcalfe I. 2011. Palaeozoic—Mesozoic history of SE Asia. Geological Society, London: Special Publications, 355: 7-35.

Miller C F, Wark D A. 2008. Supervolcanoes and their explosive supereruptions. Elements, 4: 11-16.

Parmigiani A, Huber C, Bachmann O. 2014. Mush microphysics and the reactivation of crystal-rich magma reservoirs. Journal of Geophysical Research: Solid Earth, 119: 6308-6322.

Pearce J A, Peate D W. 1995. Tectonic implications of the composition of volcanic arc magmas. Annual Review of Earth and Planetary Science, 23: 251-285.

Petford N, Cruden A R, McCaffrey K J W. 2000. Granite magma formation, transport and emplacement in the Earth's crust. Nature, 408 (7): 669-673.

Putirka K D. 2008. Thermometers and barometers for volcanic systems. Reviews in Mineralogy and Geochemistry, 69: 61-120.

Putirka K, Ryerson F J, Mikaelian H. 2003. New igneous thermobarometers for mafic and evolvedlava compositions, based on clinopyroxene + liquid equilibria. American Mineralogist, 88: 1542-1554.

Richards J P. 2003. Tectono-Magmatic precursors for porphyry Cu-(Mo-Au) deposit formation. Economic Geology, 98: 1515-1533.

Rollinson H. 1993. Using geochemical data: evaluation, presentation, interpreration. Oohn Wiley and Sons, Inc., New York, 353.

Rothstein D A, Manning C E. 2003. Geothermal gradients in continental magmatic arcs: constraints from the eastern Peninsular Ranges batholith, Baja California, México. Geological Society of America, 374: 337-354.

Rudnick R L, Gao S. 2003. Composition of the Continental Crust. In: Roberta L, Rudnick, Heinrich D H, Karl K, eds. Treatise on Geochemistry. Amsterdam: Elsevier, 3: 1-64.

Ryan M. 1993. Neutral buoyancy and the structure of mid-ocean ridge magma reservoirs. Journal of Geophysical Research, 98: 22321-22338.

Shimoda G. 2009. Genetic link between EM1 and EM2: An adakite connection. Lithos, 112: 591-602.

Smith P M, Asimow P D. 2004. Adiabat_1ph: A new public front-end to the MELTs, pMELTS, and pHMELTS models. Geochemistry, Geophysics, Geosystems, 6 (1): Q02004.

Song S, Niu Y, Wei C, et al. 2010. Metamorphism, anatexis, zircon ages and tectonic evolution of the Gongshan block in the northern Indochina continent—An eastern extension of the Lhasa Block. Lithos, 120: 327-346.

Sun S S, McDonough W F. 1989. Chemical and Isotopic Systematics of Oceanic Basalts: implications for Mantle Composition and Processes. London: Special Publication Geological Society of London, 42: 313-345.

Turner S, Costa F. 2007. Measuring Timescales of Magmatic Evolution. Elements, 3: 267-272.

Venezky D, Rutherford M J. 1997. Pre-eruption conditions and timing of magma mixing in the 2.2 ka eruption, Mount Rainier. Journal of Geophysical Research, 102: 20069-20086.

Wang F, Peng Z C, Zhu R X, et al. 2006. Petrogenesis and magma residence time of lavas from Tengchong volcanic field (China): evidence from U series disequilibria and $^{40}Ar/^{39}Ar$ dating. Geochemistry Geophysics, Geosystems, 7: Q01002.

Wang Y, Zhang X M, Jiang C S, et al. 2007. Tectonic controls on the late Miocene—Holocene volcanic eruptions of the Tengchong volcanic field along the southeastern margin of the Tibetan Plateau. Journal of Asian Earth Sciences, 30: 375-389.

Wayer S, Munker C, Mezger K. 2003. Nb/Ta, Zr/Hf and REE in the depleted mantle: implications for the differentiate of the crust-mantle system. Eath and Planetary Sciences Letters, 205 (3-4): 309-324.

Weinberg R F, Hasalová P. 2015. Water-fluxed melting of the continental crust: a review. Lithos, 212-215: 158-188.

Wells P R A. 1977. Pyroxene thermometry in simple and complex systems. Contributions to Mineralogy and Petrology, 62: 129-39.

Wen D R, Chung S L, Song B, et al. 2008. Lake Cretaceous Gangdese intrusions of adakitic geochemical characteristics, SE Tibet: petrogenesis and technic implications. Lithos, 105 (1-2): 1-11.

White W M. 2000. Geochemistry. http://www. geo. cornell. edu/geology/classes/Chapters/.

Willbold M, Stracke A. 2006. Trace element composition of mantle end-members: implications for recycling of oceanic and upper and lower continental crust. Geochemistry Geophysics Geosystems, 7 (4): 1-30.

Wilson C J N. 2008. Supereruptions and supervolcanoes: processes and products. Elements, 4: 29-34.

Wood B J, Bano S. 1973. Garnet-orthopyroxene and orthopyroxene-clinopyroxene relationships in simple and complex systems. Contribution to Mineralogy and Petrology, 42: 109-124.

Workman R K, Hart S R. 2005. Major and trace element composition of the depleted MORB mantle (DMM). Earth and Planetary Science Letters, 231: 53-72.

Workman R K, Nart S R, Jackson M. 2004. Recycled matasomatized lithosphere as the origin of the Enriched Mantle II (EMI) end member: Evcdence from the Saman Volcanic chain. Geochemistry, Geophysics, Geosystems, 5 (4): 1-44.

Yang J H, Chung S L, Zhai M G. Geochemical and Sr-Nd-Pb isotopic compositions of mafic dikes from the Jiaodong Peninsula, China: evidence for vein-plus-peridotite melting in the lithospheric mantle. Lithos, 2004, 73: 145-160.

Zandt G, Gilbert H, Owens T J. Active foundering of a continental arc root beneath the southern Sierra Nevada in California. Nature, 2004, 431: 41-46.

Zhang Y C, Shi G, Shen S Z. 2012. A review of Permian stratigraphy, palaeobiogeography and palaeogeography of the Qinghai-Tibet Plateau. Gondwana Research, 24 (1): 55-76.

Zhu B Q, Mao C X, 1983. Nd-Sr isotope and trace element study on Tengchong volcanic rocks from the Indo-Eurasian collisional margin. Geochemica, (1): 1-14.

Zhu D C, Zhao Z D, Niu Y, et al. 2011. Lhasa terrane in southern Tibet came from Australia. Geology, 39: 727-730.

Zhu D C, Zhao Z D, Niu Y, et al. 2012. Cambrian bimodal volcanism in the Lhasa Terrane, southern Tibet: record of an early Paleozoic Andean-type magmatic arc in the Australian proto-Tethyan margin. Chemical Geology, 328: 290-308.

Zou H B, Fan Q C, Schmitt A K, et al. 2010. U-Th dating of zircons from Holocene potassic andesites (Maanshan volcano, Tengchong, SE Tibetan Plateau) by depth profiling: time scales and nature of magma storage. Lithos, 118: 202-210.

第五章　火山气体及熔岩流古高程计

通过对火山熔岩流及其气泡特征的研究能够确定熔岩流喷发时的古高程，我们将这一方法称为火山"熔岩流古高度计"。"熔岩流古高度计"是在实地测量熔岩流的厚度和实验室对熔岩流顶底气泡的体积精确测定的基础上，利用流体力学原理和气体状态方程，通过计算古大气压最终获得火山喷发时的古高程数据。新鲜的火山岩是开展同位素测年的理想材料，并且利用熔岩流估算古高程这一研究方法不受气候等因素（如温度，降雨量等）的影响，因此"熔岩流古高度计"以其相对可靠的同位素年龄和独立的计算参数（例如，熔岩流厚度和气泡体积）而明显区别于其他古高度计，目前正逐渐成为研究造山运动、回溯构造抬升和探索高原隆升历史的有效手段。利用"熔岩流古高度计"研究的前提之一是研究区必须有火山喷发和保存完好的熔岩流。我国青藏高原的隆升历史一直是国际学术界争论的热点课题之一，那里出露完好的熔岩流。可以预见，"熔岩流古高度计"将会逐渐成为研究青藏高原隆升历史的有效手段之一。腾冲分布着大量的新生代火山，本章利用"熔岩流古高度计"开展了腾冲黑空山火山全新世熔岩流古高程的估算。

腾冲是我国重要的新生代火山区之一，同时也是主要的水热活动区。该区每年向大气圈释放巨量的 CO_2 等温室气体，该地区温室气体释放通量和特征的研究对于加深认识青藏高原及其周边地区的温室气体排放具有重要的科学意义。然而，关于该火山区温室气体释放通量的研究却鲜有报道。本章估算了腾冲温泉和土壤微渗漏释放的 CO_2 通量，并通过土壤微渗漏气体和温泉气体的成分测试研究进一步探讨这些温室气体的可能来源。

第一节　腾冲古高程计

一、"熔岩流古高度计"的基本原理和计算方法

通过古高程计的研究回溯大陆高原（或者地块）隆升历史是探讨地球动力学机制及其环境响应的重要手段之一（Sahagian and Proussevitch，2007）。在以往地球科学研究中，常用的古高程计主要涉及古生物学方法（例如，利用古生物群恢复古高程等）、沉积学方法（例如，利用盆地沉积物的研究恢复古高程等）、地球化学方法（例如，利用 H 和 O 同位素、宇宙核素等）和地质与地貌学研究方法等（Sahagian and Proussevitch，2007）。通过对火山岩的研究探讨火山喷发时的古高程及其变化历史，是近年来逐渐兴起的一个新的研究方法。该方法的研究思路是，通过详细研究和测量火山熔岩流厚度和气泡体积变化特征，定量计算喷出熔岩流时的古大气压，再通过古大气压换算成古高度（图 5-1）。因此，这

一研究方法可称为火山"熔岩流古高度计"。目前,"熔岩流古高度计"以其定年准确、计算结果精度较高以及所选参数不受气候等因素影响,而逐渐成为国外学术界探讨高原隆升历史的有效手段之一。

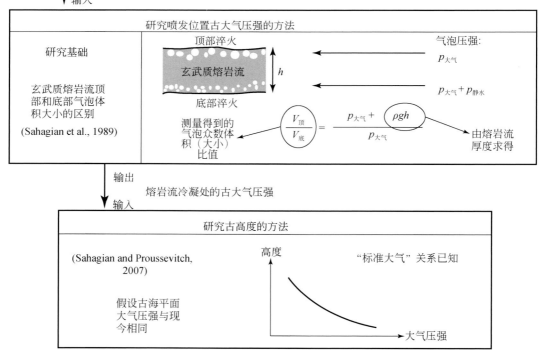

图5-1 利用玄武质熔岩流计算古高度的原理与方法(据 Sahagian and Proussevitch,2007)

如图5-1所示,火山喷出的熔岩流的底面和顶面所受的压强是不同的。根据流体力学原理,熔岩流顶面所受的压强为当时当地大气的压强,即 p_{atm};熔岩流底面的压强为当时大气的压强（p_{atm}）与熔岩流静压强（$\rho g h$）之和。利用气体状态方程，我们可以获得当时的大气压强与气泡体积的关系方程式（1）如下：

$$\frac{V_{\text{top}}}{V_{\text{base}}}=\frac{p_{\text{atm}}+\rho g h}{p_{\text{atm}}} \qquad (5\text{-}1)$$

式中，ρ 为待测熔岩流的密度（对于玄武质成分的熔岩流，通常取值为 2650 kg/m³，Sahagian and Proussevitch，2007）；g 是重力加速度，取值为 9.8 m/s²；h 是待测熔岩流的厚度，可以通过野外考察直接测量获得，单位是 m，因此，$\rho g h$ 即为熔岩流的流体静压强，单位是 kg/（m·s²）；V_{top} 与 V_{base} 分别为待测熔岩流顶部和底部气泡的众数体积（volume of modal bubble sizes），它们可以在实验室通过测试和计算获得，单位是 mm³；p_{atm} 是熔岩流冷凝地点的古大气压，单位是帕斯卡［kg/（m·s²）］。

由于式（5-1）中其他各个参数的数值（例如，V_{top}、V_{base} 和 $\rho g h$）都能够通过实际野外测量或实验室计算获得，我们可以利用式（5-1），计算出熔岩流冷凝地点的古大气压（p_{atm}），进而根据大气压强与海拔高程之间的相关关系（图 5-1），最终计算出古海拔高程。在式（5-1）的计算中，熔岩流厚度（h）和气泡体积（V_{top} 和 V_{base}）的测量是直接影响古高程计算精度的两个关键参数，下面就如何准确测量这两个参数依次进行详细分析。

二、熔岩流的选择及其厚度（h）测量

如表 5-1 所示，玄武质熔岩流的类型主要包括如下 3 类：①单一熔岩流剖面（封闭体系）；②复合熔岩流剖面（开放体系）；③具次生变化的熔岩流剖面（开放体系）。由表 5-1 可以看出，不同类型的玄武岩剖面的气泡分布特征（大小和含量）是不同的。以往研究（Sahagian and Proussevitch，2007）显示，只有符合特殊标准的熔岩流，才适用于开展古高程研究。

表 5-1　玄武质熔岩流剖面特征（据 Sahagian and Proussevitch，2007 修改）

编号	熔岩流剖面	气泡分布特点	熔岩流及其气泡特征	剖面类型
a			1. 熔岩流厚度<1 m； 2. 剖面自下向上分为底部气泡带与顶部气泡带，顶底气泡接触，无中间致密带； 3. 底部气泡较小，顶部气泡较大； 4. 熔岩流较薄，可用于测高程	单一熔岩流剖面
b			1. 熔岩流厚 1～5 m； 2. 剖面自下向上由三部分组成：底部气孔带、中部致密带及上部气孔带； 3. 底部气泡较小，底部较大； 4. 火山熔岩测高程的标准剖面	

编号	熔岩流剖面	气泡分布特点	熔岩流及其气泡特征	剖面类型
c			1. 熔岩流厚度>10 m; 2. 剖面自下向上由三层部分组成:底部气泡带,中部致密带与顶部大气泡带; 3. 气泡较大,数量较多,且均质带较宽; 4. 熔岩流较厚,可用于测高程	单一熔岩流剖面
d			1. 熔岩流较薄; 2. 在熔岩流顶底结壳之后,全部凝固之前泄漏一部分熔岩; 3. 熔岩流泄漏发生较早,上部气泡较发育,存在致密带; 4. 熔岩流后期减薄,一般不用于测高程	复合熔岩流剖面
e			1. 熔岩流较薄; 2. 在熔岩流顶底结壳之后,全部凝固之前泄漏一部分熔岩; 3. 熔岩流泄漏发生较晚,这部分熔岩流将中间的较小气泡至致密带带走,不存在致密带,但隐约可见韵律; 4. 熔岩流后期发生减薄,一般不用于测高程	复合熔岩流剖面
f			1. 熔岩流较厚; 2. 在熔岩流顶底结壳之后,全部凝固之前注入新的熔岩流,形成鸟巢状的气孔分布群; 3. 熔岩流注入的较早,不存在致密带; 4. 熔岩流后期增厚,一般不用于测高程	复合熔岩流剖面
g			1. 熔岩流较厚; 2. 在熔岩流顶底结壳之后,全部凝固之前注入新的熔岩流,多次侵入,形成鸟巢状的气孔分布群; 3. 熔岩流注入的较晚,在非鸟巢位置有均质带存在致密带; 4. 熔岩流后期增厚,一般不用于测高程	复合熔岩流剖面

续表

编号	熔岩流剖面	气泡分布特点	熔岩流及其气泡特征	剖面类型
h			1. 熔岩流流经地表时，有非熔岩流（土壤、河流等）气体注入，形成自底向顶气孔体积由小变大的连续层； 2. 熔岩流原生气泡分布受到干扰； 3. 不能用于测高程	具次生变化的熔岩流剖面

①熔岩流剖面：显示了熔岩流在纵向剖面上气泡由底到顶的垂直分布特点。②气泡分布特点：重点指示了熔岩流剖面上气孔率自底到顶的变化趋势；其中 $t=0$ 表示熔岩流开始冷凝时的气孔率特征，$t=1$ 表示熔岩流完全固结时的气孔率特点。③剖面 a ~ c 为单一熔岩流。单一熔岩流是指在熔岩流冷凝过程中没有其他熔岩流加入与混合，该类熔岩流的冷凝历史简单，容易形成适合于古高程计算的理想剖面。④剖面 d ~ f 为复合熔岩流，是指在熔岩流冷凝过程中有其他熔岩流加入或一部分熔岩流泄露以及气体逃逸，这类剖面不适合于古高程计算。⑤剖面 h 为具次生变化的熔岩流，它是指在熔岩流流动和冷凝的过程中存在非熔岩流成因的气体加入，因此该类熔岩流剖面也不能用于古高程计算。

从总体上讲，适用于古高程估算的熔岩流必须保持体系封闭，并且具有简单而明确的喷发、流动、冷凝和定位历史。具体地讲，这些待测的熔岩流必须满足如下 6 个基本条件。

（1）熔岩流以溢流的喷发形式为主。因为溢流形式的熔岩流中的挥发份会与熔浆在流动过程中均匀混合，在空间上其质量趋于均匀分布。在剖面上，熔岩流流动时期气泡的质量是均匀分布的；气泡体积的变化仅仅是由于压强不同造成的。这一条件为有效地利用气体状态方程求解古大气压，进而计算古高程提供了基础和前提。

（2）熔岩流具有中等流动规模（一般地讲，熔岩流厚度介于 1 ~ 5 m 之间最合理），同时喷发、流动和冷凝历史简单（即熔岩流从火山口喷出后，直接流动到目前的位置冷凝下来，中间没有经历任何不同熔岩流相互叠加和熔岩流内气体逃逸等过程的扰动）。这样的熔岩流在剖面上具有典型的气泡分带现象（表 5-1b）。具体的分带特征如下：在纵向剖面上，熔岩流自下而上可分为 3 个带，分别是下部气泡带、中部致密带和上部气泡带（表 5-1b）。相应地，熔岩流的气泡含量（气泡率）也呈现出 3 个带，分别是下部低气泡率带（由下向上气泡率降低）、中部气泡率急剧增长带和上部高气泡率带（由下向上气泡率降低）（表 5-1b）。从图 5-1 和式（5-1）可以看出，为了获得高精度的古大气压（P_{atm}）的计算结果，需要 ρgh 与 P_{atm} 两个参数的数值大小彼此相当，两者不能相差太远；也就是说，只有熔岩流顶部压强是 1 个古大气压，而底部相当于大约 2 个古大气压时，利用式（5-1），才能够获得较精确古大气压（p_{atm}）的计算结果（更详细论述，请参见 Sahagian and Proussevitch，2007）。如果 $\rho gh \ll p_{atm}$，或者 $\rho gh \gg p_{atm}$，都会由于一个参数过大，而另一个参数过小，造成最终获得古大气压计算值的误差较大（Sahagian and Proussevitch，2007）。一般来说，约 3 m 厚度的基性熔岩流所产生的静压强（ρgh）相当于 1 个大气压

（Sahagian and Proussevitch，2007）。基于此，一般认为剖面厚度介于 1～5 m 之间的熔岩流适于开展古高程计算研究。对于太薄（厚度<50 cm）的熔岩流（表 5-1a），其顶面承受的压强为古大气压，但是其底面承受的压强也以古大气压占主导地位，因此，对于这些剖面，在计算熔岩流顶面与底面的体积时就会误差很大（因为很难区分两者的气泡分布特征）。同样，对于太厚（厚度>10 m）的熔岩流（表 5-1c），其顶面承受的压强为古大气压，但是其底面所承受的压强会远大于古大气压，古大气压强的贡献极小，因此，对于熔岩流剖面也很难获得精确的古大气压（即古高程）的计算结果。并且，对于厚度大的熔岩流剖面来讲，熔岩流底部由于所受的压强较大，而导致其气泡体积过小，这样会在测试熔岩流底部气泡体积时，往往会由于其体积小于测试下线值而遗漏，最终导致熔岩流底部气泡体积计算数值的误差较大。另外，在纵剖面上，厚度大的熔岩流的中间致密带往往很发育（表 5-1c），表明大量的气泡在熔岩流的流动过程中不断向上迁移和互相融合，从而导致其上部气泡带含有高密度且体积大的气泡，并且厚度大的熔岩流上部带保持相对恒定高温的时间较长，因此，在测试熔岩流顶部气泡体积时，往往会由于其体积过大而导致较明显的误差。如果在冷凝之前，熔岩流经历过叠加充气（inflation）或者气体逃逸（deflation）等过程的扰动，那么熔岩流的气泡体积分布会呈现出较复杂的形式（表 5-1d，e，f，g），它们不仅受古大气压的影响，还受不同熔岩流叠加和熔岩流排气等其他因素的影响。因此，这种经历了明显扰动的熔岩流也不适用于古高度估算。

（3）熔岩流中的气体保持体系封闭（表 5-1a，b，c），即在熔岩流的流动过程中，不存在外部气体大量"灌入"的现象，这样才能更有效地保证熔岩流中的气泡处于封闭体系，剖面上气泡的体积分布仅受压强的影响。在野外剖面上表现为，熔岩流的顶面上不存在雨痕或者可能导致气体灌入的任何迹象；底面上不存在含量高并且个体异常大的管状气孔或者烧焦的植被和土壤等（表 5-1h）。

（4）为了保证式（5-1）的计算精度，通常选定偏基性（例如玄武质成分）的具有保存完好顶面和底面的熔岩流开展"熔岩流古高度计"研究。因为玄武质熔岩流的黏度小，流动性大，厚度稳定，熔岩流的强度相对较小，因此气泡对大气压反应更敏感。这样式（5-1）中的 ρ 就可以用不含气泡的玄武质熔岩流的密度代替（Sahagian and Proussevitch，2007）。另外，熔岩流的顶面和底面的气泡带由于冷凝快，会很好的保留熔岩流中原始气泡的分布状态，不存在气泡融合和纵向运移等干扰因素的影响。

（5）通常情况下，在野外要选取横向宽度较小的熔岩流的边缘、尾端或者从主体的熔岩流上分叉形成的小规模熔岩舌末端的剖面，进行系统取样。因为这些部位冷凝速率相对较快，顶面和底面保存的原始气泡形态较理想，因此最终计算的古高程精度较高。

（6）为了保证熔岩流喷发时的海平面与现在的海平面不存在较明显的差异，通常"熔岩流古高度计"主要针对晚中生代以来（特别是新生代以来）的熔岩流开展古高程计算。

由式（5-1）可知，为了准确的测量熔岩流顶部和底部的气泡体积，在野外应该在熔岩流的最顶面和最底面进行取样。但是，溢流形式的熔岩流的顶面通常由玻璃质的玄武质熔岩组成。以往研究（Sahagian and Proussevitch，2007）表明：熔岩流在冷凝过程中，其顶面熔浆在形成玻璃质熔岩的过程中会发生小规模变形，从而导致部分气体溢出，最终导致熔岩流的最顶面不再保持封闭体系，形成开放体系。因此，如果我们在野外采集熔岩流最顶面的火山岩样品进行气泡的体积计算，最终会给古高程的估算结果带来较明显的误差。

　　与熔岩流的顶面类似，熔岩流在冷凝过程中，其最底面的气泡也会发生小规模的变形，尽管这种变形，不会明显地影响熔岩流中压强的分布特点。但是，如果采集熔岩流最底面的火山岩样品进行气泡的体积计算，同样会给最终古高程的结果带来不必要的误差。可以看出，最理想的取样位置是在距离熔岩流的最顶面和最底面的 1～3 cm 范围内。相应的熔岩流厚度（h）应该为熔岩流底部和顶部取样位置之间的距离。无论如何，要避免在熔岩流内部（距离顶面或底面 30～50 cm 的范围内）进行取样，因为那里是大量气泡融合（coalescence）和纵向运移（rise）的场所，因此气泡体积及其分布不能够有效反映熔岩流原始气泡的特征。

　　在"熔岩流古高度计"的研究过程中，除熔岩流的厚度（h）测量外，熔岩流气泡的体积（V_{top} 和 V_{base}）是另一个重要参数，气泡体积的测定对于最后古高程的计算结果至关重要。准确测定气泡体积是成功开展"熔岩流古高度计"的关键，也是该研究唯一的测试难点。

　　（1）熔岩流气泡体积（V_{top} 和 V_{base}）的含义

　　在以往的研究中，式（5-1）的熔岩流气泡体积曾经被定义为：气泡体积的平均值、气泡的众数、气泡的分布形态和岩石的气泡率等。但是，随着研究的深入，不同的研究者逐渐认识到气泡的众数体积（modal size）才是式（5-1）中熔岩流气泡体积（V_{top} 和 V_{base}）最有效的替代参数。利用气泡的众数体积进行计算的优点如下：①不受测量精度和样品尺寸的影响。因为气泡的众数体积不受熔岩流中超大或者过小气泡的影响。因此如果样品中含有少量超大的气泡或者气泡被充填时，不会影响熔岩流中气泡众数体积的计算。②实验（Carlson，2006）表明，玄武质的熔岩流中气泡众数体积可以用目前被证实最精确的三维立体 CT 扫描方法进行有效测量，从而保证了气泡的众数体积测量的高精度。③气泡的横向运移不会改变熔岩流顶面和底面中气泡众数体积的比例（Sahagian et al.，1989，2002b；Sahagian and Maus，1994），因此，对最后的古高程的计算结果没有影响。④尽管喷发后结晶过程中熔岩流内气泡的成核过程可以形成新的众数体积分布，但是由于其气泡较小，不会对喷发前熔岩流中的气泡众数体积的数值产生影响。

　　（2）熔岩流气泡体积（V_{top} 和 V_{base}）的测试方法

　　熔岩流气泡体积的定量测试需要在实验室内完成。目前开展熔岩流气泡体积测试的方法（图5-1）主要包括如下 4 种：①注胶法；②岩石抛光—扫描法；③体视学转换法；④三维 CT 扫描法。

　　注胶法（Sahagian et al.，1989）主要是通过向熔岩流气泡中注入特殊成分的胶液，当注入的胶液固化后，利用 HF（氢氟酸）将火山岩样品溶解，从而留下了不溶于 HF 的固化胶充填气泡后，构成的熔岩流中气泡形态。然后就可以测量气泡体积和统计气泡个数。该计算方法的精度和效率均较低，且耗时费力。岩石抛光–扫描法是指首先将熔岩流样品进行抛光，在显微镜下观察并扫描抛光面；然后再抛光原来的抛光面，再在显微镜下观察并扫描抛光面，如此反复操作。最后，将扫描的图像进行计算机处理，最终可以计算出三维气泡的体积。每次抛掉样品的厚度决定了最终的计算精度。体视学转换法主要是利用熔岩流样品在 2D 剖面上的气泡体积分布特点，通过体视学计算，转换为 3D 气泡体积分布（Russ，1986；Mash，1988；Mangan，1990；Toramaru，1990；Higgins，1994；Peterson，

1996）。这种方法对于不规则气泡体积估算的误差较大。目前测试气泡体积的精度和效率最高的手段是三维 CT 扫描法（Ketcham and Carlson，2001；Song et al.，2001；Sahagian et al.，2002b；Carlson，2006；Shin et al.，2005；Proussevitch and Sahagian，2001；Proussevitch et al.，2007a，2007b），该方法主要是通过对特定尺寸的火山岩样品（图 5-2）进行三维 CT 扫描，获得火山岩气泡体积和分布的三维立体 CT 图像（图 5-3），在此基础上定量开展火山熔岩流底部和顶部的气泡体积及其分布特征计算研究。

图 5-2　开展三维 CT 立体扫描的腾冲火山区黑空山玄武质熔岩流柱状样品

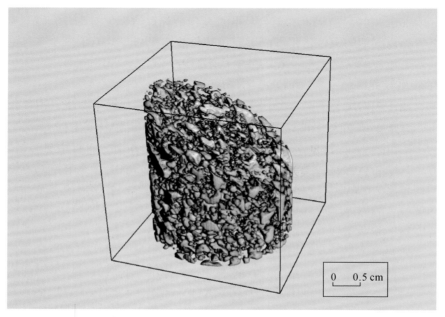

图 5-3　黑空山熔岩流三维 CT 立体扫描图片

三、误差估计

"熔岩流古高度计"的早期倡导者 Sahagian 教授领导的研究组通过如下两种方法对该高度计的误差进行了定量估算（Sahagianet al.，2002a，2002b；Sahagian and Proussevitch，2007）：①直接对比法；②影响因素分析法。

直接对比法就是通过比较"熔岩流古高度计"的计算结果与实际高程之间的差值，估算该高度计的误差。应用直接对比法的前提是必须已知待测熔岩流高程的真实数值。因此，这种方法主要适用于现代（或者历史时期）喷发的熔岩流的高程误差估计；另外，直接对比法主要用于检验"熔岩流古高度计"的误差大小及其适用性。利用直接对比法获得的高程误差主要取决于测试样品的数量。通常情况下，所测试的样品数量越多，利用"熔岩流古高度计"计算的高程和实际高程的测量结果的差值越小，误差也就会越小。例如，通过"熔岩流古高度计"计算获得的夏威夷 Mauna Loa 熔岩流高程与实际高程的误差为 372 m（$n=9$）（Sahagianet al.，2002b；Sahagian and Proussevitch，2007）。表明"熔岩流古高度计"是一个精度相对较高的研究方法，它可以为定量研究大陆高原隆升历史提供限定条件和基础数据。

影响因素分析法是通过分析导致"熔岩流古高度计"误差的各个因素，估算该高程计的误差。由式（5-1）可以看出，影响计算精度的参数包括如下 3 个：①熔岩流气泡体积的测量；②熔岩流厚度的测量；③海平面的变化。下面逐个分析每个参数对误差的影响。

（1）熔岩流气泡体积的测量

熔岩流顶面和底面气泡体积的测试误差直接影响着"熔岩流古高度计"对古高程的计算误差。目前认为，气泡体积测试误差最小的方法是火山岩三维立体 CT 扫描法。利用这种方法计算气泡体积的误差取决于实际气泡体积与 X 光射线体素两者的相对大小。以直径为 1 mm 的气孔为例，假定气泡的 X 光射线的分辨率为 $\sigma=47$ μm，如果气泡的半径用 R 表示，由此可以计算出气泡的体积误差（σ_v）为：$(R+2\sigma)^3/R^3=(500+94)^3/500^3=1.67$ 或者 $\sigma_v=67\%$。那么，气泡边界上 X 光射线体数的总个数为：4π（以体素为单位衡量的半径）$^2=4\pi\left[(1000/47)/2\right]^2=1422$ 个。由此计算出气泡体积总误差为：$\sigma_v/(N_{population})^{1/2}=67\%/(1422)^{1/2}=1.77\%$。可见在实际三维立体 CT 扫描计算中，通过定量计算体素个数，进而获得气泡体积直至高程的误差。以玄武质熔岩流为例，通常认为其气泡众数体积相当于约 1 mm³ 数量级（Sahagian and Proussevitch，2007），如果给定体素的个数为 1480，那么可以计算所得的体积误差为 1.74%，根据式（5-1），大气压会有 17 mbar[①] 的误差，从而会造成 190 m 的高程误差。

（2）熔岩流厚度的测量

对于符合上述的古高程测量标准的熔岩流来讲，熔岩流厚度 1 cm 的测量误差，会造

[①]　1 bar $=10^5$ Pa；1 mbar $=10^2$ Pa。

成古高程计算误差约 33 m。相对应地，如果熔岩流因膨胀（inflation）或收缩（deflation）作用导致熔岩流的厚度测量误差为 10 cm，那么，最终会造成高程计算误差约 330 m。野外研究表明，能够导致 10 cm 以上厚度变化的膨胀和收缩作用，也将会对熔岩流的剖面结构和气泡分布产生明显的影响。因此，通常情况下，熔岩流厚度的测量导致的古高程误差小于 330 m。

（3）海平面的变化

研究表明：由于海平面的变化，导致利用该高程计获得熔岩流的古高程误差为 150 m。

利用以上各种情况产生的最大误差，估计误差为 $\sqrt{(190)^2+(330)^2+(150)^2}$，或者为 410 m。尽管不同的误差评估方法得到的误差值不同（372，410 m），但在实际计算过程中，如果不知道实际高程的话，一般建议采用高程误差 400 m。

四、"熔岩流古高度计"在大陆高原隆升研究中的优势

与现有的其他古高度计（例如，利用同位素计算古高度、利用古生物组合恢复古高程以及利用沉积学和地貌学研究估算古高程的变化等）相比，"熔岩流古高度计"在大陆高原隆升研究中的主要优势如下：①由于新鲜的火山岩是开展同位素测年的理想材料，因此，"熔岩流古高度计"能够给出令人信服的隆升事件的年代，这为研究高原隆升历史提供了较可靠的年代学标尺。②"熔岩流古高度计"通过计算古大气压进行古高程研究，它需要测量的两个参数为熔岩流的厚度和气泡的体积，这两个参数不受气候等因素（例如，温度、降雨量和风向等）的影响，它们只与高程密切相关。由于当时古大气压和熔岩流厚度的不同，导致了熔岩流的顶部和底部气泡分布的差异（顶部气泡大、底部气泡小）；并且古大气压和熔岩流厚度的变化，会直接造成熔岩流的顶部和底部气泡体积的变化。这种相关关系不受气候等因素（例如，温度、降雨量和风向等）的影响。③"熔岩流古高度计"获得的古高程的精度相对较高，计算误差约为 400 m。④火山活动本身就是大陆高原隆升过程中剧烈构造岩浆作用的产物，同时火山活动也是目前探讨大陆高原隆升机理的主要对象之一。如果将"熔岩流古高度计"与以往利用火山岩探讨高原隆升的研究有机结合起来，将古高程计算结果作为检验和标定高原隆升模式的一个标尺，将会为研究造山运动、回溯构造抬升和探索高原隆升机理提供更加有效证据。由此可见，"熔岩流古高度计"可广泛应用于有大量玄武岩分布的大陆高原（例如青藏高原）隆升研究中。

五、研究实例：云南腾冲火山区黑空山全新世熔岩流古高程的估算研究

云南腾冲火山区位于青藏高原的东南缘，该火山区由于 17 世纪初明朝地理学家徐霞客的考察而闻名遐迩（刘嘉麒，1999）。腾冲新生代以来火山活动规模较大，形成了以玄武岩–安山岩–英安岩为主的火山岩组合，火山岩出露面积近 800 km^2（皇甫岗和姜朝松，2000）。黑空山火山位于腾冲市北的马站乡北东约 2 km 处，其喷发年龄为 0.033 Ma（李大明等，2000），喷发物成分以玄武质火山岩为主（樊祺诚等，1999）。黑空山最后一次喷

发的熔岩流以平静的溢流形式为主，分布面积很广。熔岩流厚度稳定，产状平缓。熔岩流的顶部和底部冷凝面保存完好，厚度适中（多数为 1～4 mm），在剖面上熔岩流气泡分带现象典型，并且清晰可见。由此可见，腾冲火山区是在我国开展"熔岩流古高度计"研究的理想地区之一。

本节在 2009 年和 2010 年对黑空山熔岩流进行野外考察与测量的基础上，挑选了具有中等喷发规模（厚度介于 1～3 m 范围内）和简单喷发与流动历史的熔岩流，在熔岩流或熔岩舌的近末端（大量观察表明：这些地点的熔岩流冷凝较快，在剖面上气泡分带较好，因此，开展高程计算的精度较高）进行了剖面厚度测量，并系统采集了熔岩流顶面和底面的火山岩样品。在此基础上，利用岩石抛光–扫描法，分别对熔岩流顶面和底面的火山岩样品进行了气泡体积计算（Jerram et al.，2009）。然后利用式（5-1），计算了黑空山熔岩流喷发时的古高程为 1713～2613 m（表 5-2）。目前，熔岩流测量地点实测高程为 1961 m，假定自从黑空山熔岩流喷发以来，该区没有发生大规模的升降运动，那么计算的高程与目前实际高程相差约 650 m，这一误差与上述所说的该模型的误差是大致相吻合的。对云南腾冲火山区黑空山全新世熔岩流古高程的估算研究的结果（表 5-2）表明，"熔岩流古高度计"是回溯隆升历史的有效工具之一。

表 5-2　黑空山熔岩流的高程计算结果

H/m	V_{top}/mm^3	V_{base}/mm^3	P/atm*	高程/m
1.66	0.96319	0.61315	0.745268	2613.49
1.66	0.96728	0.62157	0.764965	2385.73
1.66	1.04849	0.69208	0.826171	1713.69

* 1 atm＝101.325 kPa

表中各字母的具体含义，请参见式（5-1）。

应当指出：利用三维 CT 扫描法计算黑空山全新世熔岩流顶面和底面样品气泡体积的研究工作和计算软件程序正在调试和完善中，这一新的气泡体积的计算方法将会明显提高计算精度，减小高程的计算误差。

第二节　腾冲新生代火山区 CO_2 气体释放通量及其成因

一、引言

固体地球内部（地壳、地幔、地核）是一个巨大的碳库，全球约 99% 的碳固定在地球深部（郭正府等，2010）。火山活动常常伴随着由地球深部向大气圈的碳释放，俯冲作用又使碳重新返回至地幔，因此，对于火山作用过程中碳循环的定量估算并识别其来源可以很好地用于探究深部碳循环的动力学机制和地幔不均一性等（Sano and Williams，1996；Roulleau et al.，2013）。根据气体释放的强烈程度，火山释放温室气体的形式可以划分为两种主要类型：宏渗漏（喷发柱，温泉与喷气孔）和微渗漏。作为一个喷发系统，在喷发期，火山主要以喷发柱的形式释放温室气体；进入休眠期，火山常以喷气孔、温泉和土壤微渗漏等形式向大气圈释放温室气体（Inguaggiatou et al.，2012）。分布在火山口附近的喷气孔常剧烈的释放释放大量的气体，包括 H_2O、H_2S、SO_2、CO_2 等；土壤微渗漏主要沿着分布在火山锥及火山底部的微裂隙释放温室气体（Chiodini et al.，2001）；温泉除以气泡的形式溢出 CO_2 外，温泉水也以溶解气的方式向大气圈释放温室气体（Chiodini et al.，2004；Newell et al.，2008）。休眠火山初期以喷气孔释放的温室气体最为剧烈（Notsu et al.，2006；Inguaggiato et al.，2012），随着火山脱气过程的持续进行，喷气孔将逐渐消失，火山主要通过温泉与土壤微渗漏的方式释放温室气体（Farrar et al.，1995；Evan et al.，2002；Notsu et al.，2006）。

　　火山在进入下一次喷发期，向大气圈释放温室气体的量会剧烈增加（Chiodini，2007），同时，火山气体的成分（例如 H_2O/CO_2，SO_2/CO_2，SO_2/HCl）以及同位素组成也会发生较大的变化。因此，通过对火山区释放温室气体通量的估算和气体成分测试分析可以为监测火山活动提供较好的科学依据（Sano et al.，1984；Poreda and Craig，1989；Allard et al.，1991；Baubron et al.，1991；Sano et al.，1995；Aiuppa et al.，2010）。Mörner

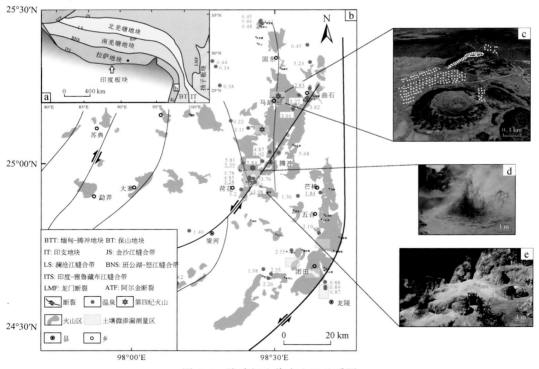

图 5-4　腾冲新生代火山区地质图

a. 腾冲新生代火山区构造背景图；b. 火山岩、温泉和土壤微渗漏测量区分布图，土壤微渗漏测量区自北向南依次为：马站，打鹰山，热海–黄瓜箐，五合，蒲川，团田，邦腊掌；c. 白色圆点为黑空山、大空山、小空山（自北向南）土壤微渗漏测量点；d. 热海地热区温泉水热爆炸照片；e. 热海地热区取磺洞土壤微渗漏测量点。蓝色数字为温泉的 $^3He/^4He$（R_a）值，有下划线的 $^3He/^4He$ 值未进行大气 He 校正和 Etiope（2002）统计了火山区气体成分特征，结果表明，CO_2 是含量仅少于 H_2O 的火山气体，由于其在岩浆中溶解度较低，会在岩浆活动的早期释放至大气圈；美国加州 Mammoth 山于 1989 ~ 1990 年间的浅部岩浆侵入活动伴随着 CO_2 的大量释放（1200 t/d），并导致当地树木的大量死亡（Farrar et al.，1995；Sorey et al.，1998）；日本 Usu 火山在 2000 年喷发前，火山口释放的 CO_2 剧烈增加，火山喷发之后，CO_2 释放量明显降低（Hernández et al.，2001）；意大利 Stromboli 火山在 2002 ~ 2003 年喷发前，土壤微渗漏 CO_2 通量及土壤温度发生明显的异常（Brusca et al.，2004），2007 年 3 月中旬火山喷发前释放的 CO_2 通量迅速增加至 1000 t/d（Aiuppa et al.，2010）。因此，CO_2 释放通量的连续测量是监测岩浆活动很好的指示标志。目前国外已在这发面开展大量工作，并取得了较好的效果（Symonds et al.，2001；Carapezza et al.，2004；Aiuppa et al.，2010；Inguaggiato et al.，2012；Parks et al.，2013）。同时，土壤微渗漏气体的释放通量的研究在其他方面也得到了广泛的应用，例如地热活动性调查、石油资源的开发、断裂活动性调查等（Lombardi and Reimer，1990；Suchomel et al.，1990；King et al.，1996；Chiodini et al.，1998；Baubron et al.，2002；Chyi et al.，2005；陶明信等，2005；Yang et al.，2005；Chiodini et al.，2007；Lan et al.，2007；Pik and Marty，2009；Bonforte et al.，2013）。

　　腾冲新生代火山区位于青藏高原东南缘，经历了多次板块碰撞及断裂活动和上新世至全新世多期次的火山喷发活动，导致腾冲地块内产生强烈地热流和大量温泉的出现。目前，区内沸泉、喷沸泉、间歇喷泉、水热爆炸和冒汽地面等强烈的水热活动形式均有分布。在约 5690 km^2 的区域范围内，温泉总计 139 处，既发育大量的低温温泉（约 25 ~ 60 ℃）和热泉（约 60 ~ 95 ℃），还分布着大量的沸泉（>95 ℃）。因此，腾冲新生代火山区温室气体通量和释放特征的研究对于加深认识青藏高原及其周边地区的温室气体排放具有重要的科学意义。然而，关于该火山区温室气体释放通量的研究却鲜有报道。本章对腾冲地区温泉中及土壤微渗漏温室气体的释放规模进行了初步估算，同时根据气体的成分探讨了这些温室气体的来源。

二、野外测量与数据处理

　　休眠期火山主要通过喷气孔、温泉以及土壤微渗漏三种方式向大气圈释放温室气体。腾冲新生代火山区尚未发现典型的喷气孔，温室气体（主要为 CO_2）释放的方式以土壤微渗漏和温泉为主。本章采用北京捷思达仪分析仪器研发中心生产的 GL-103B 型和 GL-105B 型数字皂膜通量仪测量腾冲火山区温室气体的排放通量，该仪器的量程分别为 50 ~ 2500 mL/min、50 ~ 30000 mL/min，测量精度 $\Delta Q < \pm 1\%$。数字皂膜通量仪测量温室气体排放通量的程序如下：在测量前，将漏斗、塑料管与通量仪依次连接，通量仪中注入预先配制的皂液，将漏斗没入水面以下；测量时，先将通量仪倾斜 15° 左右，使漏斗收集到的气体在进气孔形成皂膜，然后将流量计垂直放平，皂膜在不断涌入的气体的压力下上升，依次通过上下两个传感器，完成一次测量，通量仪记录下皂膜通过上下传感器的时间间隔并计算出流量（mL/min）。通量仪可连续进行 5 次测量并自动求出平均值。测量结果默认状态为 101.3 kPa，25 ℃，测量时可根据实际情况调整初始状态。根据温泉气体通量的大小

灵活选择不同量程的通量仪。在每次测量前，需清洗通量仪，以保证上下传感器感光灵敏，同时润湿皂膜管，使皂膜光滑地通过传感器。在测量时须确保漏斗一直位于水面以下，并且保持位置不变。若为间歇性温泉，皂膜通过上下传感器应为单次气泡溢出所致。对于温度较高的温泉，测量时可能有较多的水蒸气进入并在进气口冷凝导致皂液浓度降低，这会干扰皂膜的形成，建议每完成一组测量重新注入新鲜的皂液。

温泉除以气泡的方式溢出 CO_2，温泉水也向大气圈释放大量的碳。温泉水贡献碳的通量可通过水岩相互作用进行估算（Chiodini et al., 2004；Newell et al., 2008），计算方法为

$$C_{ex} = DIC - (Ca^{2+} + Mg^{2+} - SO_4^{2-}) \tag{5-2}$$

式中，C_{ex} 的单位为 mol/L，DIC 为溶解无机成因碳，它在水中以 CO_2、H_2CO_3、HCO_3^- 和 CO_3^{2-} 等形式存在，各种形式之间的比率主要取决于水的 pH。计算中假定温泉水中溶解无机成因碳主要有两个来源：来自深部的碳（C_{ex}）和来自近地表碳酸盐矿物的溶解形成的碳（含量为 $Ca^{2+} + Mg^{2+} - SO_4^{2-}$）。根据温泉水中溶解无机成因碳以及 Ca^{2+}、Mg^{2+}、SO_4^{2-} 等离子的浓度和温泉水的流量即可估算来自深部的碳通量。

2012～2013 年采用密闭气室法连续两年测量了该火山区土壤微渗漏 CO_2 的释放通量。土壤微渗漏温室气体通量的野外测量采用的是近十几年来国外广泛使用的密闭气室法（Chiodini et al., 1998；Brusca et al., 2004；Inguaggiato et al., 2012；Mazot et al., 2011）。它的基本原理为记录特定密闭气室中 CO_2 浓度随时间的变化，根据浓度–时间拟合曲线，获取土壤微渗漏 CO_2 释放通量。现场测量前，首先选择地面干燥、植被发育较少并且地热活动较强烈的地区，合理布置测量点，使每个研究区的测量点能够等间距布置并且尽可能多，获得具有统计意义的测量结果；测量时，先将密闭气室开口放置于空气中，测量当地大气的 CO_2 浓度并记录数据，然后将密闭气室埋至土壤中保持其密封，每隔一定的时间间隔测量仪器自动记录密闭气室中 CO_2 气体的浓度。每个测量点至少记录 10 组数据，完成一个测点的测量大约需要 10 min。测量仪器可以根据测点 CO_2 通量值的大小调节时间间隔。如果测量结束时密闭气室中 CO_2 浓度较高，需要将密闭气室开口与空气联通，并等待仪器 CO_2 浓度指标下降至当地大气值后再开始下一次测量。根据密闭气室中 CO_2 浓度随时间变化的关系式（Chiodini et al., 1998）使用 MATLAB 软件拟合浓度–时间曲线，曲线的初始斜率即为一个测量点土壤微渗漏 CO_2 的通量。土壤微渗漏 CO_2 通量测量使用的仪器为 GXH-3010E1 便携式红外线分析仪，测量精度为 10×10^{-6}。

三、气体样品采集与分析测试

野外采集温泉气体和土壤微渗漏气体样品进行实验室分析测试。采集气体样品使用的方法为抽真空法，即预先将铝箔袋抽真空，野外采集气体时，使用手持抽气泵清除管道中的空气后收集温泉或土壤微渗漏气体样品。采集温泉气泡溢出气体时，将内径 20 cm 的塑料漏斗倒置于水中气泡较多的位置并确保漏斗没入水面以下，上部连接长约 50 cm 的塑料管，塑料管另一端连接真空铝箔袋。土壤微渗漏气体采集方法与温泉气体类似，为尽量排除空气的干扰，使用长约 120 cm 的钢管打入地下约 100 cm，其上部连接取气装置。相比于温泉气体，土壤微渗漏气体释放的速率一般较小，完成气体收集的时间会更长一些。

收集好的气体尽快送往中国科学院油气资源研究重点实验室（兰州）进行常规气体成分（H_2、N_2、O_2、CO_2、CH_4等），微量气体成分（H_2S、SO_2、He）以及碳、氦同位素测试。气体成分测试使用的为 MAT271 气体成分质谱计，碳同位素测试在 MAT253 稳定同位素质谱仪上完成（李立武等，2010；曹春辉等，2011）。He 含量及 He、Ne 同位素测试使用的是英国 Micromasss 公司生产的 MM5400 质谱计，标准样为兰州市皋兰山顶的空气，测试方法详见文献（叶先仁等，2001，2007）。

四、温泉及土壤微渗漏通量计算结果

对于一个温泉群，由于气体溢出的剧烈程度差异较大，在测量通量时，首先根据气泡溢出的剧烈程度将其分类。每类气泡取其中一些作为代表进行测量，以通量的平均值作为这类气泡的通量。根据气泡的个数以及平均通量计算每类气泡的总通量，将各类气泡总通量求和即可计算该温泉群溢出气体的总通量。在此基础上，结合前人获得的温泉气体成分结果，可以进一步估算出温泉排放的 CO_2 等温室气体的排放通量。

2011 年 8 月中旬（表5-3）与 2011 年 10 月下旬（表5-4），先后 2 次对腾冲新生代火山区温泉 CO_2 气体排放通量开展实地测量与研究，在野外将温泉采样点由北向南依次编号，总计 17 处（图5-4）。在上述温室气体通量的测量过程中，由于地理因素和人文因素，未能将所有温泉完成 2 次测量。

表5-3 腾冲新生代火山区温泉 CO_2 排放通量的测量结果（测量时间：2011 年 8 月）

编号	位置	温泉名称	水温/℃	总通量/（mL/min）	单个气泡最大通量/（mL/min）	备注
1	界头	大塘	70.8	20054.69	305.27	气泡不连续，无泉华
2	瑞滇	竹园	84.3	676.38	676.38	气泡较连续，无泉华
3	古永	胆扎	50.8	18995.03	825.87	气泡不连续，无泉华
4	古永	黑泥潭	63.4	2113.10	769.35	气泡不连续，刺鼻的硫磺味，钙华沉积
5	界头	石墙	66.6	17667.39	2592.47	气泡不连续，钙华沉积
6	界头	石竹坝	46.1	17182.10	749.75	气泡较连续，无泉华，也叫永安澡塘洼
7	荷花	荷花	64.7	31306.45	129.60	气泡较连续，钙华沉积
9	热海	老滚锅	94.5	45464.85	817.93	气泡不连续，硅华沉积
10	热海	大滚锅	86.4	7175.83	1025.12	气泡不连续，硅华沉积
11	热海	怀胎井	93.8	2951.88	140.41	气泡较连续，无泉华
12	热海	珍珠泉	93.0	46418.40	580.23	气泡较连续，硅华沉积
13	热海	狮子头	85.6	87849.13	935.87	气泡较连续，钙华沉积
15	新华	太和	81.3	2710.23	281.11	气泡连续，无泉华
16	龙陵县	邦腊掌	91.8	1362.40	138.54	气泡较连续，钙华沉积

注：表中编号 1~6 为北区温泉，7~16 为南区温泉，单个气泡最大通量是指每个温泉群中气体溢出最剧烈的气泡的通量。

表5-4　腾冲新生代火山区温泉 CO_2 排放通量的测量结果（测量时间：2011 年 10 月）

编号	位置	温泉名称	水温/℃	总通量/(mL/min)	单个气泡最大通量/(mL/min)	备注
1	界头	大塘	70.2	8061.06	58.13	气泡溢出不连续，无泉华
2	瑞滇	竹园	85.0	728.73	364.37	气泡溢出较连续，无泉华
5	界头	石墙	66.1	36789.56	5507.16	气泡不连续，钙华沉积
7	荷花	荷花	76.6	26317.98	1199.96	气泡较连续，钙华沉积
8	马鞍山	迭水河	30.5	19557.85	1285.83	气泡较连续，无泉华
9	热海	老滚锅	66.5	71017.86	3875.65	气泡不连续，硅华沉积
10	热海	大滚锅	86.2	28446.51	3555.81	气泡不连续，硅华沉积
11	热海	怀胎井	93.3	4249.46	165.38	气泡较连续，无泉华
13	热海	狮子头	84.7	85328.76	1479.72	气泡较连续，钙华沉积
14	热海	凉亭泉	84.5	127103.40	2500.82	气泡溢出剧烈且连续，刺鼻的硫磺味，硅华沉积
15	新华	太和	67.7	2447.35	281.80	气泡溢出连续，无泉华
16	龙陵县	邦腊掌	89.7	2091.52	139.44	气泡溢出连续，钙华沉积
17	龙陵县	大沸泉	90.0	12797.78	182.83	气泡溢出连续，钙华沉积

　　注：表中编号为 1～5 为北区温泉，7～17 为南区温泉，单个气泡最大通量是指每个温泉群中气体溢出最剧烈的气泡的通量。

　　在计算腾冲新生代火山区温泉 CO_2 排放通量的过程中，所涉及的温泉释放气体的成分数据（表5-5）主要引自下列文献：上官志冠等（1999，2000）、Shangguan 等（2000）和赵慈平（2008）。本研究所以采用上述文献中的成分数据，主要有以下四方面的依据：①上述文献中的成分数据同时测量了 CO_2、N_2、O_2、H_2、CH_4 等主要气体的浓度，可以满足本书的计算需求；②由于温泉气体成分是随着时间的变化而变化的，上述气体成分的测试时间与本文采样时间的间隔最近；③温泉气体成分分析精度随着采样仪器和方法以及测试技术等的更新而不断提高，上述气体成分是最新的数据，能更好地反映腾冲温泉气体的成分特点；④上述数据多为同一批样品的测量结果，这样可有效的降低系统误差。CO_2 通量计算所采用的是每个温泉点气体成分的平均值。由表5-5 可以看出，腾冲温泉气体成分以 CO_2 为主，除大塘温泉 CO_2 仅占 33.41% 外，其余温泉 CO_2 含量可达 81.25%～98.37%。其中，尤其以热海地区温泉 CO_2 含量较高，均达到 90% 以上。每个温泉点近年来（1997～2006 年）的成分含量均较稳定，这也为 CO_2 通量估算提供了可靠的依据。

　　随着所测温泉在南北方向上距最南部邦腊掌温泉的距离变化，腾冲温泉气体的 CO_2 排放通量也呈现明显的变化（图5-5）。从图5-5 可以看出，温泉气体通量的两次测量结果均显示南部温泉 CO_2 通量较大，且变化范围较大（$1.73 \times 10^3 \sim 1.27 \times 10^5$ mL/min），最大为凉亭泉（位于热海大滚锅东南方向 10 m 的山坡上），CO_2 通量值 1.27×10^5 mL/min；北部温泉 CO_2 通量值较小，且变化范围较小，多集中于 2.0×10^4 mL/min，最大为石墙温泉，通量为

表 5-5　腾冲新生代火山区温泉气体的主要成分（%，体积分数）

编号	温泉名称	$\varphi(H_2)/10^{-6}$	$\varphi(N_2)/\%$	$\varphi(O_2)/\%$	$\varphi(CH_4)/\%$	$\varphi/(CO_2)/\%$	采样时间	$\varphi(CO_2)/\%$
1	大塘		61.71	0.65	0.29	33.41	2006	33.41
2	竹园		7.81			90.28	1999	90.57
			7.22			90.85	1999	
3	胆扎	88	4.10	1.72	1.09	94.45	2004	94.45
4	黑泥潭	88	4.10	1.72	1.09	94.45	2004	94.45
5	石墙	10	11.92	5.34	0.02	81.25	2006	86.43
		119	3.03	1.96	0.05	91.61	2006	
6	石竹坝	60	1.91	1.27	0.04	93.51	2006	93.31
		127	1.97	0.93	0.48	93.11	2006	
7	荷花热水塘	100	3.51	1.34	0.09	93.71	2003	93.71
8	迭水河	481	7.03		0.05	92.61	1997	94.74
		10	3.90	0.24	0.79	94.78	2003	
			3.33	0.31		97.05	2004	
		12	4.34	1.07	0.14	94.52	2006	
9	老滚锅	631	3.12		0.64	96.17	1997	96.17
10	大滚锅	2287	2.18	0.03	1.22	94.86	1998	94.98
		1010	1.43	0.24	1.09	94.87	2003	
		984	2.25	0.21	1.69	96.32	2004	
		597	2.02	0.21	0.64	93.87	2006	
11	怀胎井	1555	6.25	0.79	0.01	91.88	1998	95.13
		720	1.79	0.15		98.37	2003	
12	珍珠泉	4999	1.74	0.03	0.03	94.5	1997	94.5
13	狮子头	5813	2.62	0.01	0.02	94.19	1998	94.19
14	凉亭泉	984	2.25	0.21	1.69	96.32	2004	96.32
15	太和	4255	11.51	4.4	0.35	80.51	2006	86.39
		355	5.00	1.07	1.03	92.26	2006	
16	邦腊掌	3917	8.48	0.07	0.51	86.83	2006	85.31
			9.17			83.79	1999	
17	大沸泉		12.21			81.96	1999	81.96

注：表中编号为 1 ~ 6 为北区温泉，7 ~ 17 为南区温泉。数据源自上官志冠等（1999，2000），Shangguan 等（2000），赵慈平（2008）。

3.68×10^4 mL/min。根据温泉的 CO_2 通量、温度以及温泉的分布特征不同，本书以迭水河井为界将腾冲温泉分为两个区：北和南区。北区温泉包括：大塘、竹园、胆扎、黑泥潭、石墙和石竹坝 6 处温泉；南区温泉包括：荷花温泉、迭水河、老滚锅、大滚锅、怀胎井、珍珠泉、狮子头、凉亭泉、太和、邦腊掌和大沸泉 11 处温泉。

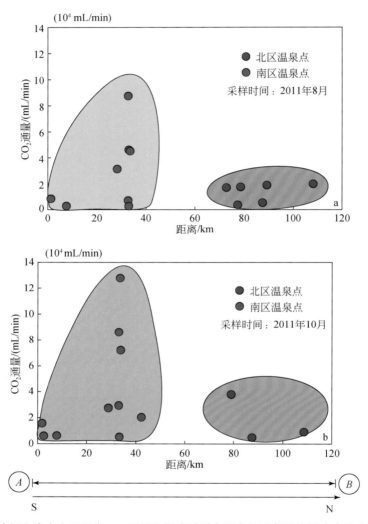

图 5-5　腾冲新生代火山区温泉 CO_2 通量和温泉采样点距龙陵县邦腊掌温泉南北向距离关系图

a. 最南端的龙陵县邦腊掌温泉，b. 最北端的大塘温泉

　　根据腾冲火山区南区与北区温泉群的 CO_2 通量的测量结果，分别计算两区 CO_2 的平均通量（表 5-6）。由表 5-6 可知，南区温泉 CO_2 平均通量明显高于北区，约为北区通量值的 2 倍。与 8 月份的数据相比，南区与北区 10 月份 CO_2 通量的平均值均有增大的趋势。单个气泡 CO_2 平均最大通量由 8 月至 10 月也呈现同样的变化。

表 5-6　腾冲新生代火山区南北两区温泉 CO_2 平均通量计算结果

测量时间	2011 年 8 月		2011 年 10 月	
温泉分区	CO_2 平均通量/(mL/min)	单个气泡平均最大通量/(mL/min)	CO_2 平均通量/(mL/min)	单个气泡平均最大通量/(mL/min)
北区	12781.45	986.52	15193.12	1976.55
南区	28154.90	506.10	37935.85	1466.72

根据腾冲干季与湿季温泉 CO_2 的平均通量数据（表 5-6），计算两区温泉全年 CO_2 平均通量：北区 13987.28 mL/min；南区 33045.37 mL/min。腾冲火山区温泉总计 139 处，其中北区 61 处，南区 78 处。已测得 CO_2 通量的温泉北区有 6 处，总通量为 8.03×10^4 mL/min；北区剩余 55 处温泉的 CO_2 的总通量为 55×13987.28 mL/min = 7.69×10^5 mL/min，因而北温泉区 CO_2 气体总通量为 8.50×10^5 mL/min；已测得通量值的温泉南区 11 处，总通量为 4.05×10^5 mL/min，剩余 67 处温泉 CO_2 的总通量为 67×33045.37 mL/min = 22.14×10^5 mL/min，因而南区 CO_2 气体总通量为 26.19×10^5 mL/min。根据上述计算结果，可得出腾冲新生代火山区温泉 CO_2 气体总通量为 3.47×10^6 mL/min，即 3.58×10^3 t/a。

腾冲地区温泉水主要成分如表 5-7 所示，温泉水近于中性，溶解无机碳（DIC）以 HCO_3^- 为主（佟伟和章铭陶，1989）。根据式（5-2），估算温泉水中来自地球深部碳的平均浓度为 4.7×10^{-3} mol/L，9 个主要温泉水的平均流量为 2.9 L/s，因此，每年释放的 CO_2 总量为 2.2×10^7 g（表 5-7）。根据已有资料，腾冲 88 处温泉的总流量为 3600 L/s（佟伟与章铭陶，1989），估算其释放 CO_2 总通量为 3.1×10^4 t/a，而腾冲温泉总计 139 处，腾冲温泉水释放 CO_2 总通量可能达到了 4.9×10^4 t/a。

近期已经估算了腾冲温泉气泡释放的 CO_2 通量为 3.6×10^3 t/a（成智慧等，2012），因此，腾冲地区 139 处温泉向大气圈释放 CO_2 气体的总通量应该可以达到 5.3×10^4 t/a，远高于意大利 Vulcano 火山区温泉通过气泡及温泉水释放的 CO_2 总通量（3.7×10^3 t/a）（Inguaggiato et al.，2012）。

2012 年 11 月在腾冲北部的马站乡大空山、小空山、黑空山、碗窑地区，腾冲中部打鹰山、热海地区以及位于腾冲市东南方向的龙陵县邦腊掌地区开展了土壤微渗漏 CO_2 释放通量的普查工作（图 5-4）。测量结果显示：马站乡大空山、小空山、黑空山、碗窑和热海地区 CO_2 通量值均较高 [34.1～6981.9 g/($m^2 \cdot$ d)]；打鹰山和邦腊掌地区 CO_2 通量值很低，在打鹰山火山锥获取了 25 组通量数据，土壤微渗漏 CO_2 平均通量为 7.1 g/($m^2 \cdot$ d)（0.5～19.1 g/($m^2 \cdot$ d)]，而邦腊掌地区，密闭气室中 CO_2 浓度几乎不随时间的增加而累积，显示 CO_2 排放通量很小。2013 年 11 月重点测量了马站、热海-黄瓜箐以及五合-蒲川-团田三个地区的土壤微渗漏 CO_2 通量。三个地区分别测量了 105，133，97 个测量点，均显示较高的 CO_2 通量（表 5-3），其中，热海-黄瓜箐土壤微渗漏 CO_2 通量最高（4.0～6981.9 g/$m^2 \cdot$ d），马站地区次之 [5.8～140.6 g/($cm^2 \cdot$ d)]，五合-蒲川-团田地区较低

表 5-7 温泉水化学数据及溢出 CO_2 通量的估算

温泉	流量/(L/s)	HCO_3^-/(mol/L)	Ca^{2+}/(mol/L)	Mg^{2+}/(mol/L)	SO_4^{2-}/(mol/L)	C_{ext}/(mol/L)	CO_2/(mol/s)	CO_2/(g/a)
大滚锅	0.9	$1.4×10^{-2}$	$3.0×10^{-3}$	$4.2×10^{-6}$	$2.1×10^{-7}$	$1.1×10^{-2}$	$9.7×10^{-3}$	$1.3×10^7$
狮子头	1.5	$9.5×10^{-4}$	$5.8×10^{-4}$	$3.9×10^{-4}$	$3.3×10^{-5}$	$1.6×10^{-5}$	$2.5×10^{-5}$	$3.4×10^4$
眼睛泉	5.0	$1.1×10^{-2}$	$2.8×10^{-3}$	$1.2×10^{-5}$	$2.1×10^{-7}$	$8.4×10^{-3}$	$4.2×10^{-2}$	$5.8×10^7$
仙澡堂	1.8	$2.1×10^{-3}$	$6.3×10^{-4}$	$1.2×10^{-5}$	$1.9×10^{-6}$	$1.4×10^{-3}$	$2.5×10^{-3}$	$3.5×10^6$
大白岩	0.9	$3.0×10^{-3}$	$7.5×10^{-4}$	$1.4×10^{-4}$	$2.2×10^{-7}$	$2.1×10^{-3}$	$1.9×10^{-3}$	$2.6×10^6$
狮子塘	0.5	$6.9×10^{-3}$	$1.4×10^{-3}$	$2.0×10^{-4}$	$9.4×10^{-7}$	$5.3×10^{-3}$	$2.7×10^{-3}$	$3.7×10^6$
小白岩	1.9	$6.2×10^{-3}$	$1.3×10^{-3}$	$1.2×10^{-4}$	$1.1×10^{-6}$	$4.9×10^{-3}$	$9.2×10^{-3}$	$1.3×10^7$
澡堂河	13.0	$7.2×10^{-3}$	$1.6×10^{-3}$	$1.1×10^{-4}$	$2.3×10^{-7}$	$5.5×10^{-3}$	$7.2×10^{-2}$	$1.0×10^8$
蛤蟆嘴	1.0	$5.6×10^{-3}$	$1.5×10^{-3}$	$4.5×10^{-4}$	$1.9×10^{-5}$	$3.6×10^{-3}$	$3.6×10^{-3}$	$5.0×10^6$
平均值	2.9						$1.6×10^{-2}$	$2.2×10^7$

[3.6～109.5 g/($m^2 \cdot d$)]。大空山火山锥相邻测点土壤微渗漏 CO_2 通量值差别较大，并且通量值较高的测点呈线状分布，可能与火山锥发育的隐伏微裂隙有关（Bonforte et al., 2013）。与 2012 年测量结果相比，马站地区土壤微渗漏通量值没有太大的变化，但是热海狮子头地区通量最高值 [3521.9 g/($m^2 \cdot d$)] 明显低于 2012 年测量结果 [6981.9 g/($m^2 \cdot d$)]，这可能与 2012 年测量土壤微渗漏 CO_2 通量时，测区刚发生过水热爆炸有关（图 5-4d）。

由于一个地区土壤微渗漏 CO_2 通量数据分布区间一般较大，国外多采用 Sinclair（1974）提出的累计概率曲线方法计算平均通量。以热海-黄瓜箐地区为例，将 CO_2 通量值投在累积概率图中（图 5-6d），根据数据点分布斜率的不同可分为 A，B，C 三组，先计算各组的 CO_2 平均通量（f_A，f_B，f_C），热海-黄瓜箐地区土壤微渗漏 CO_2 平均通量 $F_{CO_2} = f_A × P_A + f_B × P_B + f_C × P_C$，其中，$P_A$、$P_B$、$P_C$ 分别为 A，B，C 三组数据所占的权重，计算结果表明，这个地区土壤微渗漏 CO_2 平均通量为 874.5 g/($m^2 \cdot d$)。同样的方法，马站与五合-蒲川-团田地区土壤微渗漏 CO_2 通量根据累积概率曲线分别被分为 A，B 两组（图 5-6b）和 A，B，C 三组（图 5-6f），土壤微渗漏 CO_2 平均通量分别为 42.5 g/($m^2 \cdot d$) 和 25.1 g/($m^2 \cdot d$)（表 5-8）。由此可见，热海-黄瓜箐地区土壤微渗漏 CO_2 平均通量明显高于其他两个地区，五合-蒲川-团田地区平均通量最低。

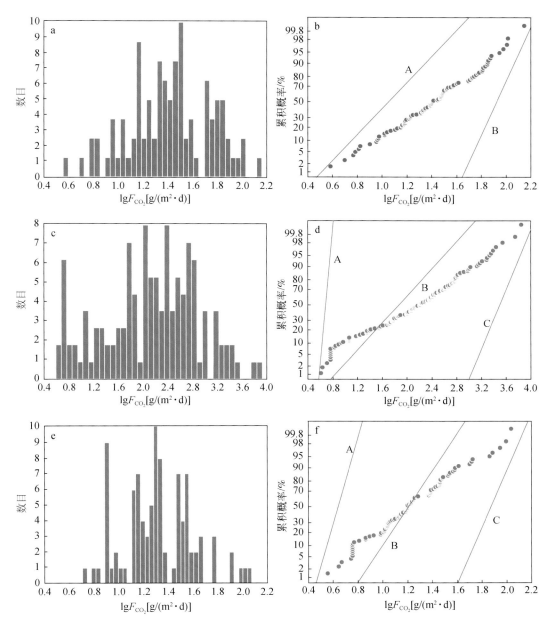

图 5-6　马站（a，b），热海-黄瓜箐（c，d）以及五合-蒲川-团田（e，f）地区土壤微渗漏 CO_2 通量柱状图（a，c，e）和累积概率曲线图（b，d，f），红色的直线分别为 A，B，C 各组的累积概率曲线

表 5-8　根据概率累积曲线分组计算土壤微渗漏 CO_2 的平均通量

测量区	分组	测量点数	百分比/%	CO_2平均通量/[g/(m²·d)]	95%置信区间/[g/(m²·d)]
马站	A	82	78.1	26.8	5.83~47.7
	B	23	21.9	98.5	56.5~140.6

续表

测量区	分组	测量点数	百分比/%	CO_2平均通量/[g/(m²·d)]	95%置信区间/[g/(m²·d)]
热海-黄瓜箐	A	10	7.5	4.9	4.04~5.71
	B	109	82.0	532.7	6.85~1058.8
	C	14	10.5	4164.7	1347.4~6981.9
五合-蒲川-团田	A	13	13.4	4.7	3.6~5.9
	B	76	78.4	23.8	6.44~41.1
	C	8	8.2	80.0	50.4~109.5

曲石-马站、热海-黄瓜箐和五合-蒲川-团田是腾冲主要的土壤微渗漏 CO_2 释放区。根据土壤微渗漏 CO_2 平均通量和三个火山、地热异常区的面积，估算各地区土壤微渗漏释放 CO_2 的总通量分别为 1.8×10^6 t/a，3.2×10^6 t/a，2.0×10^6 t/a（表5-9）。因此，腾冲新生代火山区每年通过土壤微渗漏向大气圈释放温室气体的通量可达 7.0×10^6 t，相当于意大利埃特纳火山区释放的 CO_2 通量（1.4×10^7 t/a）二分之一（D'Alessandro et al.，1997）。

表5-9　腾冲土壤微渗漏总通量计算结果

测量区	CO_2平均通量/[g/(m²·d)]	面积/km²	总通量×10⁶/(t/a)
曲石-马站	42.5	119	1.8
腾冲市-热海	874.5	10	3.2
五合-团田	25.1	217	2.0
总量			7.0

腾冲新生代火山在休眠期主要通过温泉与土壤微渗漏向大气圈释放温室气体（CO_2为主），其中温泉释放 CO_2 气体的总通量为 5.3×10^4 t/a，而土壤微渗漏 CO_2 释放通量为 7.0×10^6 t/a（图5-6）。虽然土壤微渗漏释放 CO_2 的强烈程度低于温泉，但由于土壤微渗漏释放的面积更大，持续的排放时间较长，成为了腾冲新生代火山区释放温室气体的主要类型和方式。

五、气体成分特征及来源分析

野外现场测量土壤微渗漏 CO_2 通量时，对通量值较高的测量点采集气体样品用于成分分析，结果见表5-10。与此同时，还采集了测点附近温泉的气体样品以进行对比。测试结果表明，气体成分以 CO_2 为主，最高含量达96.6%，N_2，O_2 含量较低，含少量的 CH_4 与 Ar，H_2S 与 He 含量较低。根据气体 CO_2、He 的含量以及 ³He/⁴He 值计算得气体样品的 CO_2/³He 值变化范围较大（3.0×10^9~2.0×10^{11}）³He/⁴He 值与 ⁴He/²⁰Ne 值呈正相关关系，可能反映采样过程中混入了少量空气（Yang et al.，2003）。假定 ²⁰Ne 都来自大气，根据 Poreda（1989）提出的方法对 ³He/⁴He 值进行校正，以排除采样过程中空气混入对 ³He/⁴He值的影响（表5-10）。在热海-黄瓜箐地区，采集了取磺洞土壤微渗漏气体与温泉

表 5-10　土壤微渗漏及温泉气体成分和气体同位素组成

样号	位置	气体类型	温度/℃	CO_2/%	N_2/%	Ar/%	CH_4/%	O_2/%	H_2S/%	$He/10^{-6}$	$^4He/^{20}Ne$	$CO_2/^3He$ ($\times10^9$)	$\delta^{13}C_{CO_2}$ –/‰ VPDB	$\delta^{13}C_{CH_4}$ –/‰ VPDB	R/R_a	R_C/R_a
LTQ01	取磺洞	温泉	84.3	95.8	3.0	0.03	0.59	0.5	0.17	61	21.9	3.0	-3.85	-22.6	3.76	3.80
LTQ02	取磺洞	土壤	31.7	95.6	3.2	0.04	0.61	0.5	0	64	28.1	3.1	-3.68	-22.9	3.48	3.51
SZT00	狮子头	温泉	95.2	94.2	2.6	0.04	0.02	0.01	0.11	1		200.0	-4.28		3.36	
SZT05	狮子头	土壤	24.3	93.1	6.3	0.06	0.01	0.5	0	15	8.7	33.1	-4.74	-10.9		
SZT12	狮子头	土壤	26.5	96.6	2.8	0.03	0.19	0.5	0	21	4.5	8.1	-4.80		4.04	4.27

注：国际公认大气的 $^3He/^4He = 1.4\times10^{-6} = 1$ R_a，$^4He/^{20}Ne_a$ 为标准空气中 $^3He/^4He$ 的比值，是一个定义的单位。R_C/R_a 为经过大气校正的 $^3He/^4He$，$R_C/R_a = [(R/R_a)X-1]/(X-1)$，其中，$X = (^4He/^{20}Ne)_s/(^4He/^{20}Ne)_{air}$，$R_a$ 为国际公认大气的 $^3He/^4He$。

气体，同时采集了狮子头测点的土壤微渗漏气体。测试结果表明，取磺洞测点土壤微渗漏气体与温泉气体均具有较高的 CO_2 含量（95.5%~95.8%），较低的 N_2（3.0%~3.2%）与 O_2（0.5%）含量及相对较高的 CH_4（0.59%~0.61%）含量，$\delta^{13}C_{CO_2}$（-3.68‰~-3.85‰）与 $^3He/^4He$ 值（3.48~3.76 R_a）均较高，两种气体成分及 $\delta^{13}C_{CO_2}$、$^3He/^4He$ 值均具有良好的相似性；狮子头地区采集了两组土壤微渗漏气体，CO_2 含量为 93.1%~95.6%，与前人报道的该地区温泉气体 CO_2 含量（94.2%）相差不大（Shangguan et al.，2000），平均的 $\delta^{13}C_{CO_2}$ 为 -4.77‰（-4.80‰~-4.74‰），略低于温泉气体的 $\delta^{13}C_{CO_2}$（-4.28‰），土壤微渗漏气体 $^3He/^4He$ 值（4.27 R_a）略高于温泉气体（3.36 R_a）（表5-10）。热海-黄瓜箐地区土壤微渗漏气体与温泉气体相似的成分特征可能反映二者在成因上具有相关性。

He 同位素在自然界中的变化范围巨大，不同成因和来源的 He，其同位素组成明显不同：①大气 $^3He/^4He$ 值较均一，为 1.39×10^{-6}（1 R_a）；②地壳放射成因 $^3He/^4He$ 值（0.1~0.01 R_a），远低于大气值；③上地幔 $^3He/^4He$（8±1 R_a）较高；④下地幔具有很高的 $^3He/^4He$ 值（>30 R_a）。对于地壳流体，若 $^3He/^4He$ 值高于 0.1 R_a 则表明其来源有地幔组分的加入（Hilton，2007）。例如美国 Basin and Range 地区较高的 $^3He/^4He$ 值（0.1~3 R_a）揭示该地区的流体主要来源于地幔（Kennedy and Soest，2007）；台湾北部大油坑温泉气体具有较高的 $^3He/^4He$ 值（1.19~2.54 R_a），估算出大约有 30% 的地幔来源 He（Yang et al.，1999，2003；Lan et al.，2007）；日本 Izu 半岛温泉气体和温泉水具有较高的 $^3He/^4He$ 值（3.5~8.2 R_a），揭示 He 可能主要为岩浆来源（Ohno et al.，2011）；而日本南部 Wakamiko 与 Sakurajima 地区温泉气体较高的 $^3He/^4He$ 值（1.26~7.69 R_a）进一步证实了地球物理探测结果显示的地下 10 km 深度存在的岩浆囊（Roulleau et al.，2013）。腾冲地区存在大量的温泉，前人研究积累了大量的 He 同位素数据。Xu 等（1994）测试了腾冲温泉气体的 $^3He/^4He$ 值，较高的 $^3He/^4He$ 值（0.22~5.16 R_a）主要分布在腾冲市迭水河温泉、和顺温泉以及热海地区（4.08~5.17 R_a），推断气体来源与下部的岩浆囊有关。对最近大量报道的 $^3He/^4He$ 值进行统计（图5-4）（王先彬等，1993；戴金星等，1994；Xu et al.，1994；上官志冠等，1999，2000，2004；赵慈平，2008），腾冲较高的 $^3He/^4He$ 值主要分布在三个地区：北部的曲石-马站，中部的腾冲市-热海以及南部的五合-团田地区。腾冲市-热海地区 $^3He/^4He$ 值较高，最高可达 5.92 R_a；曲石-马站地区 $^3He/^4He$ 值多介于 2.83~3.91 R_a 之间；五合-团田地区 $^3He/^4He$ 值相对于北部地区较低，但最高值也达到了 2.55 R_a，明显高于地壳和大气的 $^3He/^4He$ 值。将腾冲温泉及土壤微渗漏气体成分进行 $^{20}Ne/^4He$-$^3He/^4He$ 投图（图5-7），结果显示，气体具有地壳、地幔与大气三端元混合的特征。计算结果表明（表5-11），曲石-马站地区地幔组分含量最高达 31%；腾冲市-热海地区地幔组分含量较高，38%~66% 的 He 来自地幔；而在五合-团田地区，地幔 He 所占的比例也达到了 24%~30%。但是，这三个区域的周围地区，$^3He/^4He$ 值及地幔 He 所占的比例较低，例如曲石-马站北部的胆扎、瑞滇、石墙温泉，中部的大村温泉及南部的邦腊掌、仙人洞、底养温泉等，它们的 $^3He/^4He$ 值多低于 2.0 R_a，地幔组分所占的比例低于 10%。

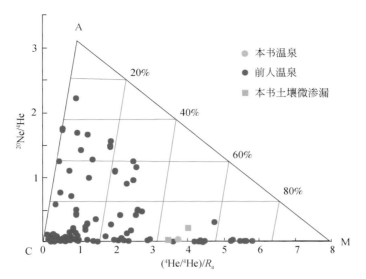

图 5-7　温泉气体与土壤微渗漏气体$^{20}Ne/^{4}He$-$^{3}He/^{4}He$图

A 为大气，C 为地壳，M 为地幔。数据来源：王先彬等，1993；戴金星等，1994；Xu et al.，1994；
上官志冠等，1999，2000，2004；赵慈平，2008

表 5-11　温泉与土壤微渗漏气体$^{3}He/^{4}He$，$^{4}He/^{20}Ne$组成以及 He 来源判断，
A 为大气，C 为地壳，M 为地幔

温泉	纬度/°N	经度/°E	温度/℃	$^{4}He/^{20}Ne$	$^{3}He/^{4}He$ $/10^{-6}$	M/%	C/%	A/%	地区
大塘中寨	25.63	98.67	73.0	41	0.52	4.5	94.8	0.7	曲石－马站以北
胆扎	25.47	98.26	50.5	20	0.29	2.3	96.1	1.6	
瑞滇-3	25.44	98.46	54.0	760	0.63	5.6	94.4	0.0	
石墙-2	25.36	98.63	19.4	46	0.64	5.6	93.8	0.7	
硝水坝	25.30	98.29	34.0	160	0.48	4.2	95.7	0.2	
青口	25.23	98.31	44.5	26	0.54	4.6	94.2	1.2	
曲石	25.21	98.59	27.5	0.9	3.95	31.4	33.3	35.3	曲石－马站
绿甸田	25.21	98.58	28.2	0.8	3.53	27.0	33.3	39.7	
北洞	25.10	98.41	57.5	30	2.76	24.9	74.1	1.0	
猴子崖	25.10	98.85		23	0.97	8.6	90.1	1.4	腾冲市－热海以北
打苴	25.06	98.53	42.0	10.8	2.43	21.6	75.5	2.9	
大村温泉	25.06	98.37	52.0	23	1.00	8.8	89.9	1.4	
迭水河	25.03	98.48	20.5	200	7.07	64.2	35.7	0.1	腾冲市－热海
和顺	25.01	98.47	26.0	250	7.22	65.6	34.3	0.1	
吴邦桥	24.98	98.54	29.1	3.4	2.42	20.7	69.9	9.3	
永乐	24.97	98.54	36.2	4.6	1.65	14.0	79.1	6.9	
板山澡塘	24.96	98.62	42.0	1.4	1.12	7.2	70.1	22.7	

温泉	纬度/°N	经度/°E	温度/℃	$^4He/^{20}Ne$	$^3He/^4He$ $/10^{-6}$	M/%	C/%	A/%	地区
LTQ01	24.95	98.44	84.30	21.9	3.8	47.6	50.9	1.4	腾冲市–热海
LTQ02	24.95	98.44	31.70	28.1	3.5	44.1	54.8	1.1	
大滚锅	24.95	98.44	89.5	400	6.78	61.6	38.4	0.0	
交通宾馆	24.95	98.44	77.1	37	6.13	55.6	43.6	0.8	
热海	24.95	98.43	94.0	21	5.84	52.8	45.7	1.5	
SZT12	24.95	98.44	26.50	4.5	4.0	50.5	42.5	7.1	
大爆炸点	24.95	98.44	82.5	58	6.29	57.1	42.4	0.5	
朗蒲	24.91	98.39	84.5	16	4.26	38.4	59.7	2.0	五合–蒲川–团田以北
刘家寨	24.91	98.54	40.0	6.37	1.03	8.6	86.4	5.0	
勐连	24.90	98.59	44.5	2.3	1.83	14.8	71.4	13.8	
革家寨井	24.88	98.66	68.7	148	2.70	24.4	75.4	0.2	五合–蒲川–团田
养喜澡塘	24.79	98.67	36.0	178	2.94	26.6	73.2	0.1	
户蚌	24.73	98.59	47.1	7.3	3.26	29.0	66.7	4.3	
上邦乃东	24.73	98.56	43.5	5.4	3.42	30.3	63.9	5.9	
攀枝花	24.72	98.48	99.3	2.4	2.99	25.4	61.4	13.2	
黑石河	24.70	98.48	78.6	32	3.14	28.3	70.7	1.0	
速庆澡塘	24.68	98.46	53.2	90	2.76	24.9	74.7	0.3	
仙人洞	24.67	98.45	40.4	1.7	0.50	2.1	79.2	18.7	五合–蒲川–团田以南
邦腊掌–1	24.66	98.67	76.4	12	1.23	10.7	86.7	2.6	
黄草坝	24.64	98.79	73.8	8.45	0.18	1.0	95.3	3.7	
底养	24.59	98.31	67.6	12	1.08	9.4	88.0	2.6	

前人研究结果表明，不同来源的地质流体具有特征的$CO_2/^3He$值：①幔源流体$CO_2/^3He$值（$10^8 \sim 10^{10}$）明显低于壳源流体（$10^{10} \sim 10^{12}$）；②来自MORB气体的$CO_2/^3He$值为$1.5×10^9$；③火山弧$CO_2/^3He$值为$1.5±1.1×10^{10}$（Marty，1998；Sano and Williams，1996；Roulleau et al.，2013）。腾冲温泉与土壤微渗漏气体的$CO_2/^3He$值与$^3He/^4He$值呈负相关关系（图5-8a），推测气体可能具有壳幔混合来源的特征，即具较高的$CO_2/^3He$值（>2.6 ×10^{10}）及较低的$^3He/^4He$值的气体受地壳混染相对较多。在$CO_2-^3He-^4He$三角图中（图5-8b），灰色区域中的气体$CO_2/^3He$较低、$^3He/^4He$较高，主要为地幔来源的气体。部分气体的$CO_2/^3He$值低于来自MORB的气体（$1.5×10^9$），可能由于气体向上运移过程中随着温度的降低，CO_2发生沉淀使CO_2与He分馏而导致$CO_2/^3He$降低（Hilton et al.，1998；Hahm et al.，2008）。

前人多根据He同位素组成判断气体来源，但是对碳来源的研究相对较少。不同来源的碳，其同位素$\delta^{13}C_{CO_2}$具有较大的差异：上地幔碳具有较高的$\delta^{13}C_{CO_2}$（-4‰ ~ -9‰，平

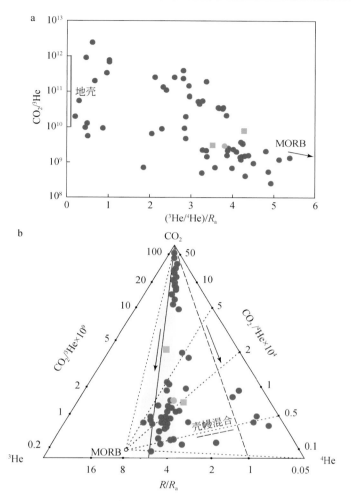

图 5-8　温泉及土壤微渗漏气体的 $CO_2/^3He$ 值与 $^3He/^4He$ 值呈反相关（a）；气体成因 CO_2–^3He–^4He
三角图（b），灰色区域代表具有岛弧特征的 $^3He/^4He$ 值（5.4±1.9 R_a）（Hilton et al.，2002），
灰色区域向右的数据点代表气体可能发生了较多的地壳混染

均值为 -6.5‰）；地壳碳主要有两个来源，海相碳酸岩和有机沉积物，前者 $\delta^{13}C_{CO_2}$ 近于
0‰，而后者具有很低的 $\delta^{13}C_{CO_2}$，为 -40‰ ~ -20‰。因此，碳同位素可以较好地示踪 CO_2
的来源。腾冲 CO_2 气体 $\delta^{13}C_{CO_2}$ 为 -6.3‰ ~ -0.5‰，从图 5-9 可以看出，气体成分具有三端
元混合来源。Sano and Wakita（1987）提出在火山–地热区，通过 $CO_2/^3He$ 与 $\delta^{13}C_{CO_2}$ 模型
计算可很好地限定碳的来源。计算公式如下：

$$(^{13}C/^{12}C) = f_M (^{13}C/^{12}C)_M + f_L (^{13}C/^{12}C)_L + f_S (^{13}C/^{12}C)_S$$

$$1/(^{12}C/^3He) = f_M/(^{12}C/^3He)_M + f_L/(^{12}C/^3He)_L + f_S/(^{12}C/^3He)_S$$

$$f_M + f_L + f_S = 1$$

其中，三个端元分别为 MORB（M，$^3C_{CO_2} = -6.5‰$，$CO_2/^3He = 1.5 \times 10^9$），海相碳酸岩
（L，$^3C_{CO_2} = 0‰$，$^3He = 1.0 \times 10^{13}$）和有机沉积物（S，$\delta^{13}C_{CO_2} = -30‰$，$CO_2/^3He = 1.0 \times$

10^{13}）。f_M，f_L，f_S分别为 MORB、海相碳酸盐岩、有机沉积物三种来源气体所占的比例。计算结果表明，腾冲 CO_2 主要来源于碳酸盐岩脱碳和地幔碳释放，来源于有机沉积物脱碳作用的碳含量较低（表 5-12）。地幔来源碳的含量变化较大（2.7%~70.8%）：曲石-马站地区地幔来源碳的含量为 3%~19%，碳主要来源于碳酸盐岩的脱碳作用；腾冲市-热海地区，地幔来源碳含量相对较高（3%~71%），迭水河井地幔来源碳的含量最高，达到70.8%，碳酸盐脱碳作用形成的 CO_2 含量占 29%~85%；五合-团田地区可以进行端元计算的数据较少，根据已有数据估算来自地幔碳的含量为 12%~29%，CO_2 主要来源于碳酸盐岩的脱碳作用。需要注意的是，马站地区有一组土壤微渗漏气体有机碳的含量较高（66%），而热海地区土壤微渗漏气体有机碳含量都低于 15%。上述计算中未考虑 CO_2 与 ^3He 分馏造成的 $CO_2/^3He$ 的降低，因此是对幔源碳含量的最高估计。

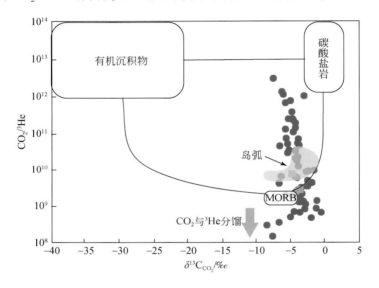

图 5-9 根据气体 $CO_2/^3He$ 及 $\delta^{13}C_{CO_2}$ 判断来源

表 5-12 气体 $\delta^{13}C_{CO_2}$、$^3He/^4He$ 值以及碳来源判断

温泉	CO_2/%	$\delta^{13}C_{CO_2}$/‰	He/10^{-6}	$^3He/^4He$ /10^{-6}	$CO_2/^3He$ /10^9	M/%	S/%	L/%	地区
硝塘坝	92.78	−4	3.6	4.58	56.3	2.7	12.8	84.6	曲石-马站
扯雀塘	89.94	−2.4	23.8	3.96	9.5	15.7	4.6	79.7	
朗蒲热水塘	91.54	−3.81	18	3.62	50.9	2.9	12.1	85.0	腾冲市-热海
澡塘河北 1	96.16	−6.58	20	3.34	48.1	3.1	21.3	75.6	
珍珠泉	93.64	−5.3	5	5.11	36.6	4.1	16.8	79.1	
眼睛泉	94.5	−4.3	5.2	5.13	35.4	4.2	13.4	82.4	
澡堂河北 3	89.54	−5.42	29	3.64	30.9	4.8	17.0	78.1	
坡顶	97.66	−3.96	40	5.89	24.4	6.1	11.9	82.0	

续表

温泉	$CO_2/\%$	$\delta^{13}C_{CO_2}/‰$	$He/10^{-6}$	$^3He/^4He$ $/10^{-6}$	$CO_2/^3He$ $/10^9$	$M/\%$	$S/\%$	$L/\%$	地区
大爆炸点	98.31	-4.13	50	6.29	19.7	7.6	12.1	80.3	
SZT12	96.56	-4.80	21	5.66	8.1	18.4	12.0	69.6	
大滚锅	94.87	-4.36	145	6.78	6.5	22.9	9.6	67.5	
老滚锅	96.17	-3.51	48	5.93	3.4	44.4	2.1	53.5	腾冲市-
LTQ02	95.62	-3.67	64	4.87	3.1	48.9	1.6	49.4	热海
LTQ01	95.75	-3.85	61	5.26	3.0	50.3	1.9	47.7	
迭水河	92.61	-4.7	65	6.73	2.1	70.8	0.3	28.8	
黑石河藻塘	92.26	-3.88	71	3.14	13	11.5	10.4	78.0	五合-蒲
攀枝花硝塘	80.51	-2.57	153	2.99	5.3	28.5	2.4	69.1	川-团田

六、火山气体排放通量的控制因素

　　CO_2通量计算结果表明，马站、热海-黄瓜箐和五合-蒲川-团田三个地区的土壤微渗漏 CO_2 通量较高，而位于马站与热海之间的打鹰山火山及五合-蒲川-团田东南的邦腊掌地区通量值却很低。国外一些研究结果表明，休眠期火山区 CO_2 脱气除了直接来自地幔外，还可能存在壳内岩浆囊、壳内岩浆囊并经历地壳混染和碳酸盐矿物的低温变质作用等多个来源（Mazot and Taran，2009）。大地电磁测深、地震及大地形变观测、地热梯度以及地球物理深部探测等结果均显示腾冲新生代火山区地下深部可能存在岩浆囊（白登海等，1994；黎炜等，1998；楼海等，2002；叶建庆等，2003；赵慈平等，2011；李辉等，2011；姜枚等，2012；Xu et al.，2012）。在热海地区进行的大地电磁测深结果表明（白登海等，1994），腾冲市以南的热海地区 7 km 以下可能存在延伸约 20 km 的岩浆囊；而采用精密大地测量的方法对腾冲火山区域地壳变形的研究结果也显示腾冲地下可能存在岩浆囊（黎炜等，1998），并且南部的活动性高于北部；上地壳三维地震速度层析成像认为腾冲约 7~12 km 深度存在着上地壳岩浆囊，且主体位于热海地区的东北侧、固东与腾冲之间以及腾冲与团田之间（楼海等，2002）；基于火山微震活动观测结果推测，打鹰山火山以南的老龟坡、马鞍山、腾冲市、热海一带 4~14 km 范围内可能存在上下两个岩浆囊（叶建庆等，2003）；赵慈平等（2011）利用 CO_2 与 CH_4 碳同位素分馏效应计算的气体源区平衡温度推断腾冲火山区现存着三个岩浆囊，分别位于马站和曲石一带以下 19 km，腾冲市和清水 20 km 深度及五合、龙江和团田 28 km 深度，并且由北向南岩浆囊的活动性增强；李辉等（2011）根据腾冲 132 个月的夜间月平均地表温度圈定了三个地温异常区，并推测其下存在 3 个岩浆囊，分别位于朗蒲-热海-马鞍山、马站-曲石之间以及五合-新华-蒲川-团田，并认为朗蒲-热海-马鞍山岩浆囊活动性最强；姜枚等（2012）在马站到固东、曲石乡一带的大地电磁测深、可控源音频大地电磁测深等工作表明，马站-固东-曲石乡深部 12~30 km 存在一个岩浆囊。Xu 等（2012）根据 P 波地震成像认为腾冲 10~30 km 存在低速带，它可能是腾冲更新世—全新世火山活动的岩浆源区。

曲石–马站，热海–黄瓜箐和五合–团田地区土壤微渗漏 CO_2 通量较高并且具有较高含量的地幔来源的碳，很可能与下部的岩浆囊有关。根据 $^3He/^4He-^4He/^{20}Ne$ 三端元混合计算结果，认为曲石–马站、腾冲市–热海及五合–蒲川–团田地区 He 有较高的地幔组分，可能来自其下的岩浆囊。同时 $CO_2/^3He$ 与 $\delta^{13}C_{CO_2}$ 三端元混合模型计算结果也表明，这三个地区 CO_2 主要形成于碳酸盐岩的脱碳作用，同时具有相对较高的地幔来源。已有的火山岩定年结果表明（穆治国等，1987；皇甫岗和姜朝松，2000；李大明等，2000），腾冲南北向盆地火山活动具有四周老，中间新的分布特征。腾冲最新一期火山作用形成的三座全新世火山（黑空山，马鞍山，打鹰山）均分布在腾冲地区的中部，而五合–蒲川–团田地区分布着上新统至早更新统的火山岩（姜朝松，1998）。随着时间的推移，岩浆囊对围岩的烘烤强度及岩浆囊去气强度减弱，可能是五合–蒲川–团田地区土壤微渗漏 CO_2 通量较低 $[3.6 \sim 109.5\ g/(m^2 \cdot d)]$ 的主要原因，这也与五合–蒲川–团田地区 $^3He/^4He$ 值较低的特征一致。热海–黄瓜箐地区土壤微渗漏 CO_2 通量 $[4.0 \sim 6981.9\ g/(m^2 \cdot d)]$ 明显高于马站地区 $[5.8 \sim 140.6\ g/(m^2 \cdot d)]$，可能反映了热海地区岩浆囊比较新，并且比较活跃。

同时，腾冲地区 CO_2 的排放通量还与区内广泛分布的北西及南北向断裂有关（上官志冠等，2004），这些断裂为气体上升提供了良好的运移通道，促进了土壤微渗漏 CO_2 气体的释放（图 5-10）。腾冲新生代火山区分布在断裂带上的温泉主要包括：东温泉带的石墙、大塘温泉；中带的瑞滇、石竹坝温泉；西带的黑泥潭、胆扎温泉等。这些温泉温度普遍较低，平均温度 63.7 ℃，最低温度 46.1 ℃。北区温泉 CO_2 气体平均排放通量较低，通量变化范围小，并且温泉多沿断裂带分布，推断北部温泉 CO_2 气体通量主要受控于断裂，它为 CO_2 气体排放提供了良好的通道。在南温泉区，温泉也基本沿断裂带分布，但是它具

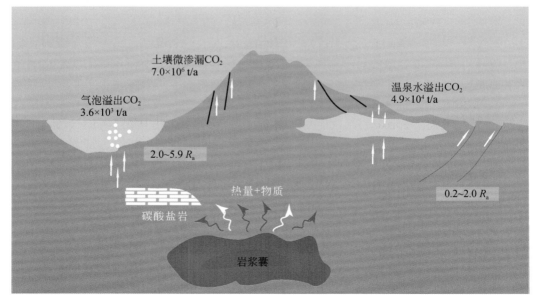

图 5-10　腾冲新生代火山区温泉 CO_2 成因模式图

有显著区别于北温泉区的特征：①南温泉区 CO_2 气体平均通量远高于北温泉区，约为北区通量值的 2 倍，其中，热海地热区 CO_2 通量为腾冲最高值；②南区温泉具有较高的温度，尤其在热海地区，温泉的平均温度为 91 ℃，最高温度可达 93.8 ℃；③以热海为代表的南温泉区地热活动类型复杂，包括沸泉、喷沸泉、高温喷气、水热爆炸等，水热活动剧烈。

　　综上所述，腾冲新生代火山区温泉 CO_2 通量主要受岩浆作用和断裂构造两方面因素的影响。岩浆活动为腾冲地热活动提供了热源，也是 CO_2 重要的物质来源；区内南北向为主的断裂则为 CO_2 的溢出提供了通道，同时控制着温泉的空间分布。

参 考 文 献

白登海，廖志杰，赵国泽，等.1994. 从 MT 探测结果推论腾冲热海热田的岩浆热源. 科学通报，39（4）：344-347.

曹春辉，李中平，杜丽，等.2011. 气体同位素质谱仪 MTA271 分析天然气组分的方法研究. 现代科学仪器，5：28.

成智慧，郭正府，张茂亮，等.2012. 腾冲新生代火山区温泉 CO_2 气体排放通量研究. 岩石学报，28（4）：1217-1224.

戴金星，戴春森，宋岩，等.1994. 中国一些地区温泉中天然气的地球化学特征及碳，氦同位素组成. 中国科学（B 辑），24（4）：426-433.

樊祺诚，刘若新，魏海泉，等.1999. 腾冲活火山的岩浆演化. 地质论评，45（增刊）：895-904.

郭正府，李晓惠，张茂亮.2010. 火山活动与深部碳循环的关系. 第四纪研究，30（3）：497-505.

皇甫岗，姜朝松.2000. 腾冲火山研究. 昆明：云南科技出版社，1-148.

姜朝松.1998. 腾冲地区新生代火山活动分期. 地震研究，21（4）：320-329.

姜枚，谭捍东，张丰文，等.2012. 云南腾冲火山构造区马站-固东岩浆囊的地球物理模式. 地球学报，33（5）：731-739.

黎炜，刘玉权，邵德晟.1998. 腾冲火山区水平形变初探. 地震研究，21（4）：362-373.

李大明，李齐，陈文寄.2000. 腾冲火山区上新世以来的火山活动. 岩石学报，16（3）：362-370.

李辉，彭松柏，乔卫涛，等.2011. 根据多时相夜间 MODIS LST 推断的腾冲地区新生代火山岩岩浆囊分布与活动特征. 岩石学报，27（10）：2873-2882.

李立武，曹春辉，李中平，等.2010. MAT271 质谱计测控程序研制. 现代科学仪器，6：97-98.

刘嘉麒.1999. 中国火山. 北京：科学出版社，1-93.

楼海，王椿镛，皇甫岗，等.2002. 云南腾冲火山区上部地壳三维地震速度层析成像. 地震学报，24（3）：243-251.

穆治国，佟伟，Curtis G H.1987. 腾冲火山活动的时代和岩浆来源问题. 地球物理学报，30（3）：261-270.

上官志冠.1999. 腾冲火山区幔源岩浆气体上升过程中的变化及原因. 地质论评，45（Z1）：926-933.

上官志冠，白春华，孙明良.2000. 腾冲热海地区现代幔源岩浆气体释放特征. 中国科学（D 辑），4（30）：407-414.

上官志冠，高清武，赵慈平.2004. 腾冲热海地区 NW 向断裂活动性的地球化学证据. 地震地质，26（1）：46-51.

上官志冠，孙明良，李恒忠.1999. 云南腾冲地区现代地热流体活动类型. 地震地质，21（4）：436-442.

上官志冠，赵慈平，李恒忠，等.2004. 腾冲热海火山地热区近期水热爆炸的阶段性演化特征. 矿物岩石地球化学通报，23（2）：124-128.

陶明信，徐永昌，史宝光，等.2005.中国不同类型断裂带的地幔脱气与深部地质构造特征.中国科学（D 辑），35（5）：441-451.

佟伟，章铭陶.1989.腾冲地热.北京：科学出版社.

王先彬，徐胜，陈践发，等.1993.腾冲火山区温泉气体组分和氦同位素组成特征.科学通报，38（9）：814-817.

颜坤，万登堡.1998.腾冲热海温泉群化学特征与形成机理研究.地震研究，21（4）：388-396.

叶建庆，蔡绍平，刘学军，等.2003.腾冲火山地震群的活动特征.地震地质，25（S1）：128-137.

叶先仁，陶明信，余传螯，等.2007.用分段加热法测定的雅鲁藏布江蛇绿岩的 He 和 Ne 同位素组成：来自深部地幔的信息.中国科学（D 辑），37（5）：573-583.

叶先仁，吴茂炳，孙明良.2001.岩矿样品中稀有气体同位素组成的质谱分析.岩矿测试，20（3）：174-178.

赵慈平.2008.腾冲火山区现代幔源氦释放特征及深部岩浆活动研究.北京：中国地震局地质研究所博士学位论文.

赵慈平，冉华，陈坤华.2011.腾冲火山区壳内岩浆囊现今温度：来自温泉逸出气体 CO_2、CH_4 间碳同位素分馏的估计.岩石学报，27（10）：2883-2897.

Aiuppa A，Burton M，Caltabiano T，et al. 2010. Unusually large magmatic CO_2 gas emissions prior to a basaltic paroxysm. Geophysical Research Letters，37（17）：L17303.

Allard P，Carbonnelle J，Dajlevic D，et al. 1991. Eruptive and diffuse emissions of CO_2 from Mount Etna. Nature，351（6325）：387-391.

Baubron J C，Allard P，Sabroux J C，et al. 1991. Soil gas emanations as precursory indicators of volcanic eruptions. Journal of the Geological Society，148（3）：571-576.

Baubron J C，Rigo A，Toutain J P. 2002. Soil gas profiles as a tool to characterise active tectonic areas：the Jaut Pass example（Pyrenees，France）. Earth and Planetary Science Letters，196（1-2）：69-81.

Bonforte A，Federico C，Giammanco S，et al. 2013. Soil gases and SAR measurements reveal hidden faults on the sliding flank of Mt. Etna（Italy）. Journal of Volcanology and Geothermal Research，251：27-40.

Brusca L，Inguaggiato S，Longo M，et al. 2004. The 2002−2003 eruption of Stromboli（Italy）：evaluation of the volcanic activity by means of continuous monitoring of soil temperature，CO_2 flux，and meteorological parameters. Geochemistry，Geophysics，Geosystems，5（12）：Q12001.

Burnard P，Zimmermann L，Sano Y. 2013. The Noble Gases as Geochemical Tracers：History and Background. Berlin Heidelberg：Springer，1-15.

Carapezza M L，Inguaggiato S，Brusca L et al. 2004. Geochemical precursors of the activity of an open-conduit volcano：the Stromboli 2002—2003 eruptive events. Geophysical Research Letters，31（7）：L07620.

Carlson W D. 2006. Three-dimensional imaging of earth and planetary materials. Earth Planet Science Letter，249（3-4）：133-147.

Chiodini G，Cardellini C，Amato A，et al. 2004. Carbon dioxide earth degassing and seismogenesis in central and southern Italy. Geophysical Research Letters，31（7）：L07615.

Chiodini G，Cioni R，Guidi M，et al. 1998. Soil CO_2 flux measurements in volcanic and geothermal areas. Applied Geochemistry，13（5）：543-552.

Chiodini G. Frondini F，Cardellini C，Granieri D，Marini L，Ventura G. 2001. CO_2 degassing and energy release at Solfatara volcano，Campi Flegrei，Italy. Journal of Geophysical Research，106（B8）：16213-16221.

Chiodini G. 2007. Carbon dioxide degassing at Latera caldera（Italy）Evidence of geothermal reservoir and evaluation of its potential energy. Journal of Geophysical Research，Solid Earth，112：B12204.

Chyi L L, Quick T J, Yang T F, et al. 2005. Soil gas radon spectra and earthquakes. Terrestrial, Atmospheric and Oceanic Sciences, 16: 763-774.

D'Alessandro W, Giammanco S, Parello F, et al. 1997. CO_2 output and $\delta^{13}C$ (CO_2) from Mount Etna as indicators of degassing of shallow asthenosphere. Bulletin of Volcanology, 58 (6): 455-458.

Evans W C, Sorey M L, Cook A C, et al. 2002. Tracing and quantifying magmatic carbon discharge in cold groundwaters: lessons learned from Mammoth Mountain, USA. Journal of Volcanology and Geothermal Research, 114 (3-4): 291-312.

Farrar C D, Sorey M L, Evans W C, et al. 1995. Forest-killing diffuse CO_2 emission at Mammoth Mountain as a sign of magmatic unrest. Nature, 376 (6542): 675-678.

Hahm D, Hilton D R, Cho M, et al. 2008. Geothermal He and CO_2 variations at Changbaishan intra-plate volcano (NE China) and the nature of the sub-continental lithospheric mantle. Geophysical Research Letters, 35 (22): L22304.

Hernández P A, Notsu K, Salazar J M, et al. 2001. Carbon dioxide degassing by advective flow from Usu Volcano, Japan. Science, L292 (5514): 83-86.

Higgins M D. 1994. Numerical modeling of crystal shapes in thin sections: estimation of crystal habit and true size. American Mineralogist, 79: 113-119.

Hilton D R, Fischer T P, Marty B. 2002. Noble gases and volatile recyling at subductiong zones. Reviews in Mineralogy and Geochemistry, 47 (1): 319-370.

Hilton D R, Gronvold K, Sveinbjornsdottir A E, et al. 1998. Helium istope evidence for off-axis degassing of the Icelandic hotspot. Chemical Geology, 149 (3-4): 173-187.

Hilton D R. 2007. The leaking mantle. Science, 318 (30): 1389-1390.

Inguaggiato S, Mazot A, Diliberto I S, et al. 2012. Total CO_2 output from Vulcano Island (Aeolian Islands, Italy). Geochemistry, Geophysics, Geosystems, 13: Q02012.

Jerram D A, Mock A, Davis G R, et al. 2009. 3D crystal size distributions: a case study on quantifying olivine populations in kimberlites. Lithos, 112S: 223-235.

Kennedy B M, Soest M C. 2007. Flow of mantle fluids through the ductile lower crust: helium isotope trends. Science, 318 (1433): 1433-1436.

Ketcham R A, Carlson W D. 2001. Acquisition, optimization and interpretation of X-ray computed tomographic imagery: applications to the geosciences. Computers & Geosciences, 27: 381-400.

King C Y, King B S, Evans W C, et al. 1996. Spatial radon anomalies on active faults in California. Applied Geochemistry, 11 (4): 497-510.

Lombardi S, Reimer G M. 1990. Radon and helium in soil gases in the Phlegraean Fields, central Italy. Geophysical Research Letters, 17 (6): 849-852.

Mangan M. 1990. Crystal size distribution systematics and the determination of magma storage times: the 1959 eruption of Kilauea volcano, Hawaii. Journal of Volcanologyand Geothermal Research, 44: 295-302.

Marsh B D. 1988. Crystal size distributions (CSD) in rocks and the kinetics and dynamics of crystallization: 1. Theory. Contribution to Mineralogy and Petrology, 99: 277-291.

Marty B, Tolstikhin I N. 1998. CO_2 fluxes from mid-ocean ridges, arcs and plumes. Chemical Geology, 145: 233-248.

Mazot A, Taran Y. 2009. CO_2 flux from the volcanic lake of El Chichón (Mexico). Geofisica Internacional, 48 (1): 73-83.

Mazot A, Rouwet D, Taran Y, et al. 2011. CO_2 and He degassing at El Chichón volcano, Chiapas, Mexico: gas flux, origin and relationship with local and regional tectonics. Bulletin of Volcanology, 73 (4): 423-441.

Mörner N A, Etiope G. 2002. Carbon degassing from the lithosphere. Global and Planetary Change, 33 (1-2): 185-203.

Newell D L, Jessup M J, Cottle J M, et al. 2008. Aqueous and isotope geochemistry of mineral springs along the southern margin of the Tibetan Plateau: implications for fluid sources and regional degassing of CO_2. Geochemistry, Geophysics, Geosystems, 9 (8): Q08014.

Notsu K, Mori T, Vale S C D, et al. 2006. Monitoring quiescent volcanoes by diffuse CO_2 degassing: case study of Mt. Fuji, Japan. Pure and Applied Geophysics, 163 (4): 825-835.

Ohno M, Sumino H, Hernandez P A, et al. 2011. Helium isotopes in the Izu Peninsula, Japan: relation of magma and crustal activity. Journal of Volcanology and Geothermal Research, 199 (1-2): 118-126.

Parks M M, Caliro S, Chiodini G, et al. 2013. Distinguishing contributions to diffuse CO_2 emissions in volcanic areas from magmatic degassing and thermal decarbonation using soil gas ^{222}Rn-$\delta^{13}C$ systematics: application to Santorini volcano, Greece. Earth and Planetary Science Letters, 377-378: 180-190.

Peterson T. 1996. A refined technique for measuring crystal size distributions in thin section. Contributions to Mireralogy and Petrology, 124: 395-405.

Pik R, Marty B. 2009. Helium isotopic signature of modern and fossil fluids associated with the Corinth rift fault zone (Greece): implication for fault connectivity in the lower crust. Chemical Geology, 266 (1-2): 67-75.

Poreda R, Craig H. 1989. Helium isotope ratios in circum-Pacific volcanic arcs. Nature, 338 (6215): 473-478.

Proussevitch A A, Sahagian D L. 2001. Recognition and separation of discrete objects within complex 3D voxelized structures. Computers & Geosciences, 27: 441-454.

Proussevitch A A, Sahagian D L, Carlson W D. 2007a. Statistical analysis of bubble and crystal size distributions: application to Colorado Plateau basalts. Journal of Volcanology and Geothermal Research, 164: 112-126.

Proussevitch A A, Sahagian D L, Tsentalovich E P. 2007b. Statistical analysis of bubble and crystal size distributions: formulations and procedures. Journal of Volcanology and Geothermal Research 164: 95-111.

Roulleau E, Sano Y, Takahata, et al. 2013. He, N and C isotopes and fluxes in Aira caldera: comparative study of hydrothermal activity in Sakurajima volcano and Wakamiko crater, Kyushu, Japan. Journal of Volcanology and Geothermal Research, 258: 163-175.

Russ J C. 1986. Practical Stereology. New York: Plenum Press.

Sahagian D L, Maus J E. 1994. Basalt vesicularity as a measure of atmospheric pressure and paleoelevation. Nature, 372: 449-451.

Sahagian D L, Proussevitch A A. 1998. 3D particle size distributions from 2D observations: stereology for natural applications. Journal of Volcanology and Geothermal Research, 84 (3-4): 173-196.

Sahagian D L, Proussevitch A A. 2007. Paleoelevation measurement on the basis of vesicular basalts. Reviews in Mineralogy and Geochemistry, 66: 195-213.

Sahagian D L, Anderson A T, Ward B. 1989. Bubble coalescence in basalt flows: comparison of a numerical model with natural examples. Journal of Volcanology and Geothermal Research, 52: 49-56.

Sahagian D L, Proussevitch A A, Carlson W D. 2002a. Timing of Colorado Plateau uplift: initial constraints from vesicular basalt-derived paleoelevations. Geology, 30 (9): 807-810.

Sahagian D L, Proussevitch A A, Carlson W D. 2002b. Analysis of vesicular basalts and lava emplacement processes for application as a paleobarometer/paleoaltimeter. Journal of Geology, 110: 671-685.

Sano Y, Wakitalf. 1987. Helium isotopes and heat flow on the ocean floor chemical Geology, 66: 217-226.

Sano Y, Williams S N. 1996. Fluxes of mantle and subducted carbon along convergent plate boundaries.

Geophysical Research Letters, 23 (20): 2749-2752.

Sano Y, Gamo T, Notsu K, et al. 1995. Secular variations of carbon and helium isotopes at Izu-Oshima Volcano, Japan. Journal of Volcanology and Geothermal Research, 64 (1-2): 83-94.

Sano Y, Nakamura Y, Wakita H, et al. 1984. Helium-3 emission related to volcanic activity. Science, 224: 150-151.

Shangguan Z G, Bai C H, Sun M L. 2000. Mantle-derived magmatic gas releasing features at the Rehai area, Tengchong Country, Yunnan Province, China. Science in China (Series D), 43 (2): 132-140.

Shin H, Lindquist W B, Sahagian D L, et al. 2005. Analysis of the vesicular structure of basalts. Computers & Geosciences, 31 (4): 473-487.

Sinclair A J. 1974. Selection of threshold values in geochemical data using probability graphs. Journal of Geochemical Exploration, 3 (2): 129-149.

Song S R, Jones K, Lindquist W B, et al. 2001. Synchrotron X ray computed microtomography: studies on vesiculated basaltic rocks. Journal of Volcanology and Geothermal Research, 63: 252-263.

Sorey M L, Evans W C, Kennedy B M, et al. 1998. Carbon dioxide and helium emissions from a reservoir of magmatic gas beneath Mammoth Mountain, California. Journal of Geophysical Research: Solid Earth, 103 (B7): 15303-15323.

Suchomel K H, Kreamer D K, Long A. 1990. Production and transport of carbon dioxide in a contaminated vadose zone: a stable and radioactive carbon isotope study. Environmental Science and Technology, 24 (12): 1824-1831.

Symonds R B, Gerlach T M, Reed M H. 2001. Magmatic gas scrubbing: implications for volcano monitoring. Journal of Volcanology and Geothermal Research, 108 (1-4): 303-341.

Toramaru A. 1990. Measurement of bubble size distributions in vesiculated rocks with implications for quantitative estimation of eruption processes. Journal of Volcanology and Geothermal Research, 43: 71-90.

Xu S, Nakai S, Wakita H, Wang X. 1994. Helium isotopic compositions in Quaternary volcanic geothermal area near Indo-Eurasian collisional margin at Tengchong, China. In: Matsuda J I, Noble Gas Geochemistry and Cosmochemistry (eds). Tokyo: Terra Scientific Publishing Company (TERRAPUB) 305.

Xu Y, Yang X, Li Z, Liu J. 2012. Seismic structure of the Tengchong volcanic area southwest China from local earthquake tomography. Journal of Volcanology and Geothermal Research, 239-240: 83-91.

Yang T F, Chen C H, Tien R L, et al. 2003. Remnant magmatic activity in the Coastal Range of East Taiwan after arc-continent collision: fission-track data and ^{3}He/^{4}He ratio evidence. Radiation Measurements, 36 (1-6): 343-349.

Yang T F, Italiano F, Heinicke J, et al. 2005. Special issue: Recent progress in gas geochemistry. Geochemical Journal, 39 (5): 397-409.

Yang T F, Wang J R, Lo C H, et al. 1999. The thermal history of the Lhasa Block, South Tibetan Plateau based on FTD and Ar-Ar dating. Radiation Measurements, 31 (1): 627-632.

第六章 腾冲地热特征及成因

第一节 区域大地热流背景

一、背景与概况

腾冲火山地热区位于印度板块向北和向东与欧亚板块碰撞带交界的雅鲁藏布大拐弯附近、阿尔卑斯-喜马拉雅特提斯构造带的东段。区内火山和地震等构造活动强烈，地表水热活动规模宏大，水热蚀变现象强烈，钙华、硅华、硫华随处可见，是我国大陆地区唯一确认与近代火山活动有直接成因联系的高温地热区。上个世纪80年代和90年代，中国地震局地质研究所、中国科学院地质与地球物理研究所、云南省地震局等单位曾先后在这一地区开展了热流测量和岩石圈热结构的研究（汪缉安和徐青，1990；吴乾蕃等，1988；徐青和汪缉安，1992a；周真恒和向才英，1997），取得了一系列成果。根据区内已有的热流资料分析，腾冲火山地热构造区具有明显的高热流背景（汪缉安和徐青，1990；徐青和汪缉安，1997），钻孔实测热流值平均大于90 mW/m^2，大大高于中国大陆地区的区域背景热流值，而且热岩石圈厚度小（黄少鹏等，1996）、地幔热流与构造活动的余热之和远大于地壳岩石放射性生热的热流贡献（徐青和汪缉安，1992b）。这一地区的高地表热流和深部热结构特征与该地区自新生代以来持续经历强烈的地壳运动和火山活动的热构造演化历史以及存在上地壳岩浆囊等多方面资料一致的。

我国第一批热流测量数据发表于20世纪60年代，历经几次汇编（胡圣标等，2001；汪集旸和黄少鹏，1988，1990），根据截至2012的921个热流数据的统计结果（汪集旸等，2012），中国大陆地区实测热流值变化范围为23～319 mW/m^2，平均值63±24.2 mW/m^2，剔除明显与地表热异常相关的数据后，热流值变化范围为30～140 mW/m^2，平均61±15.5 mW/m^2。

我国地处欧亚板块、印度板块和西太平洋板块交汇位置，经历了漫长的地质演化过程，是地球上地质构造最复杂的地区之一。从现有的热流测量结果看，中国大陆地区的区域热流分布的总体格局是南高北低。热流最高的地区是包括腾冲在内的西南部藏-滇地区，其次是我国东南部沿海地区以及东部松辽盆地及周缘，西北部的塔里木盆地、柴达木盆地以及华北地台和扬子地台的核心地区则普遍为低热流区，这种区域性的热流分布格局主要受中-新生代深部岩石圈动力学过程控制（胡圣标等，2001）。

二、热流的构成及影响因素

地热界普遍认为，大陆地区热流主要由三部分构成（Furlong and Chapman，2013；Rudnick and Fountain，1995）：①地壳岩石放射性元素衰变产生的热，也称地壳热流；②由于构造活动产生的热扰动，也称构造热；③来自岩石圈底部的热流，也就是地幔热流。总体上，在大陆热流的三个组分中，地幔热流最为稳定，取决于岩石圈深部构造形态；构造热最不稳定，随地质时间的推移，构造热可能来得快，去得也快；地壳热流的变化通常比较缓慢，但也可能随着地壳厚度的急剧变化而加剧。

强烈的构造运动通常伴随着岩浆的侵入和岩石块体的摩擦生热等与热量的产生、运移、储存和消耗相关的过程，由构造运动引起的热扰动的持续时间，称为热松弛时间，它与构造运动的持续时间和规模大小等因素有关。通常构造运动持续时间越长，规模越大，卷入构造运动的岩石圈深度就越大，构造热松弛时间也就越长。热松弛时间与涉及构造运动的岩石圈层的深度平方成正比（Jaupart and Mareschal，2007），地壳规模的构造热松弛时间约为 100 Ma，而岩石圈规模的构造热松弛时间在 200~500 Ma。全球热流统计分析表明，热流值随地质体的年龄（造山作用或构造-热事件年龄）增加趋于降低（Pollack，et al.，1993；Sclater，et al.，1980；Vitorello and Pollack，1980）。

从地球动力学的角度，大陆地区构造运动可以划分为张性伸展（如断陷裂谷）和压性缩短（如碰撞造山）两个类型，与这两类构造运动对应的地表热流变化历史是明显不同的（Furlong and Chapman，2013）。在张性应力作用下，岩石圈发生张裂减薄，从而使软流圈顶面迅速上升，并可能伴随着岩浆活动和火山喷发，从而使地表热流在比较短的时间内迅速上升。一旦伸展过程停止，岩石圈进入热松弛阶段，地表热流开始回落，此后由于富含放射性元素的地壳被拉张减薄，地壳生热量亏损，地表热流可能低于构造运动前的水平（图 6-1a）。相反，碰撞造山过程除了可能将原本温度较低的浅部层物质挤压到深部以外，对软流圈也具有压制作用，因而对整个岩石圈来说具有冷却作用，可能引起地表热流降低。挤压过程停止以后，由于地壳压缩增厚，放射性生热元素在空间上相对富集，地壳热流量增加，从而可能导致地表热流长期高于造山活动之前的水平（图 6-1b）。需要指出的是，图 6-1b 中没有能够体现在强烈的陆-陆碰撞过程中，由于一系列物理和化学作用可能引发地壳部分熔融，从而出现高热流。青藏高原广泛分布的高温热泉和高热流异常就是印度板块与欧亚板块碰撞造成壳内部分熔融在地热上的体现。

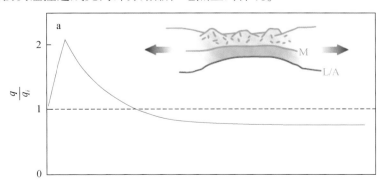

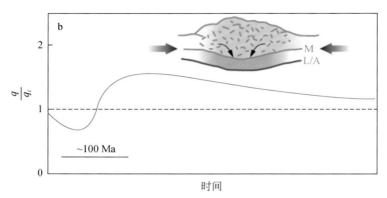

图 6-1　拉伸张裂（a）和挤压造山（b）对地表热流的影响（Furlong and Chapman, 2013）

第二节　热红外遥感地热异常分布特征

在火山活动或喷发的前期，高温岩浆和其他高温热物质流沿断裂和火山通道上涌，加热所经过的围岩、土壤层和地下水，因而地下岩浆活动在地表温度变化上具有明显反应（薄立群和华仁葵，2003）。热红外遥感技术由于可以全天候低成本快速获取和捕捉区域地表温度变化这一重要信息，因而被广泛用于火山及岩浆活动引起的地热异常监测。

Rotheryet 等（2005）利用公开发布的 MODIS 热警报数据（thermal-alert data）研究了 Ambrym、Bagana、Langila、Pago 和 Lopevi 等地的火山活动性。Vaughan 等（2008）通过 ASTER 和 MODIS 影像监测到坦桑尼亚 Oldoinyo Lengai 火山喷发前的热异常，认为卫星遥感结合历史热活动监测数据可以用来预测未来火山喷发时间，从而减少灾害损失。Miliaresis（2009）利用 MODIS 热红外影像研究了 Afar Depression 地区地震火山危机期间的地热异常，揭示了地热活动主要分布在北部和中部地区。季灵运等（2009）利用 TM/ETM+ 和 ASTER 影像的热红外波段反演的地温，对长白山天池火山活动性进行了研究和监测，其结果与测震、GPS 形变以及 He 同位素比值变化趋势具有较好的一致性。上述研究表明，利用 MODIS 等热红外遥感影像进行热异常研究和实时监测具有巨大潜力和优势。

本章利用 MODIS-LST 数据，以新生代地热活动强烈的腾冲地区为研究对象，对其地下可能存在的岩浆囊及其分布与活动性进行了探索和研究，为地下深部岩浆活动与地热-构造活动的关系和规律研究提供卫星热红外遥感的依据。

一、MODIS-LST 数据与研究方法

1. MODIS-LST 数据

中分辨率成像光谱仪 MODIS（moderate-resolution imaging spectroradiometer）是美国对

地观测系统（EOS）中 TERRA 和 AQUA 卫星搭载的主要传感器之一。两颗星相互配合每 1~2 d 可重复观测整个地球表面，得到 36 个波段的观测数据。MODIS 标准数据产品根据内容的不同分为 0 级、1 级数据产品，在 1B 级数据产品之后，划分 2~4 级数据产品。地表温度/地表发射率全球月平均数据产品 MOD11C3 是 MODIS 的三级数据产品，该数据集是在全球日数据产品 MOD11C1 的基础上，利用晴空条件下获得的数据合成得到的月 LST 平均数据。LST 日数据利用 MODIS 的 31 和 32 波段，采用推广的分裂窗算法反演得到（Wan and Dozier，1996）。MOD11C3 提供了每个像素点的温度和发射率值，温度单位为 K，精度为 1 K，数据资料的时间覆盖为 32 d，空间范围为全球，空间分辨率为 0.05°× 0.05°经纬度 CMG 格点，资料分为日间温度和夜间温度；每个 LST 产品还包括有观测角信息等 16 个科学数据集。LST 是地球表面能量平衡的一个很好指标，它是区域和全球尺度地表过程中的一个关键因子，因此，LST 广泛应用于土壤水分状况、森林火灾监测、地热位置识别，以及石油和矿产资源勘探等领域。

2. 研究方法

MODIS-LST 是平均地表温度指标，主要受太阳辐射、岩浆活动及下垫面属性等因素影响。因此，为了减小白天太阳辐射引起的地表升温对地热异常的掩盖，本章选取夜间 LST 数据进行地温分析和异常解译。此外，为了消除偶然的地表温度变化引起的误差，本章采用 2001 年 3 月至 2011 年 3 月共 132 个月的长时间序列 MODIS 月平均 LST 为数据源。

通过空间分析方法、密度分割方法分别绘制等温线图和圈定地温异常范围，进而推断腾冲地热活动区地下可能的岩浆囊空间分布特征。根据地温异常区多年年内及年际间地温变化特征，分析其随时间变化的规律，研究地下不同岩浆囊活动的时间演化特征与活动性。

二、分析结果与讨论

1. 地热异常的空间分布

根据腾冲地区 10 年（2001.3~2011.3）的 LST 数据计算的月平均地表温度，运用空间分析方法、密度分割方法分别绘制的温线图和圈定地热异常范围，结果显示：研究区地表温度从南至北逐渐降低，其中北部、东北边界区地温最低，这与该地区地势地貌为海拔 3000 m 以上高山区、总体以北高南低的箕状地形地貌特征有关。特别是，从图中可以看出，研究区内存在有 3 个明显的地热异常区。第 1 个地热异常区位于五合-新华-蒲川-团田一带，面积约为 537 km²，月平均最高地表温度 14.4 ℃；第 2 个地热异常区位于朗蒲-热海-马鞍山地区，呈南北向带状分布，面积约为 226 km²，月平均最高地表温度12.8 ℃；第 3 个地热异常区位于马站-曲石之间，面积约为 28 km²，月平均最高地表温度10.6 ℃。从等温线的形态及伸展方向看，第 1 与第 2 个地热异常区似乎相连。其形态大体是北西-南东方向延伸，这可能与局部北西向断裂构造的影响有关，但在更大区域范围第 1、2 个地热异常区则呈北东方向展布，并且与高黎贡近南北向构造转为北东-南西向构造的区域大地构造格局是一致的。根据地热异常推断，腾冲火山区地下现今可能存在 3 个岩浆囊，它们作为额外热源干扰了正常的地表温度，对应于地表所发现的 3 处地热异常区。

2. 地热异常的时间活动性

腾冲地区 11 年的各个月份平均地表温度的研究结果表明，不同月份 3 个地热异常区的分布范围大致相同，但也存在一定的变化。五合-新华-蒲川-团田地热异常区分布范围最广，在年内各月份的温度均高出周围许多，地温异常非常明显。但年内温度变化似乎不太明显，这可能与显示的色彩拉伸度有关。朗蒲-热海-马鞍山地热异常区地温异常也非常明显，年内的温度变化较大，并具有周期性的变化：1～4 月份地温异常明显呈块状分布，温度较低；5 月份开始异常区由块状分布变为条带状分布，异常面积缩小，温度不断升高；7～8 月份异常区温度最高，地温异常也最为明显；9 月开始异常区温度逐渐下降，并由条带状分布转变为块状分布；11～12 月异常区温度地温异常呈较为明显的块状分布。马站-曲石地热异常区的周期性变化也与之相似，1～4 月份异常区地温与周边温度相近，地温异常并不明显；5 月份开始温度逐渐升高，7～8 月份达到最大，地温异常表现尤为突出；9 月开始下降，11～12 月份异常区温度再次接近周围温度，地温异常变的不明显。值得注意的是，1～2 月份五合-芒棒及其以北地区存在一个较为明显的地温异常，但之后逐渐变得不明显，从 11 月份开始该异常区又再次开始显现，到 12 月份研究区再次呈现为地温异常区。

腾冲地区 3 个地热异常区的地表温度具有随时间周期性变化的特征，从其年内地表温度分析可以看出，3 个异常区在不同月份的地温变化趋势基本一致，均在 5～6 月份和 8～9 月份出现 2 个温度峰；而同期腾冲地区平均气温（中国气象科学数据共享服务网）在不同月份的变化趋势与 3 个地热异常区有明显的差异（图 6-2），且未出现 2 个明显的峰值，这说明地热异常可能与研究区地下岩浆物质的活动有关。

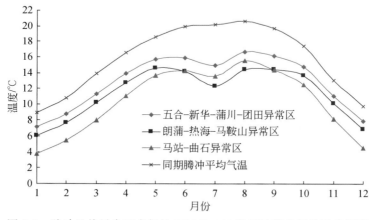

图 6-2　腾冲地热异常区多年月 MODIS-LST 数据计算的平均地表温度

3 个地热异常区的 10 年平均地表温度（图 6-3）结果显示，五合-新华-蒲川-团田地热异常区、马站-曲石地热异常区的变化趋势基本一致，而朗蒲-热海-马鞍山地热异常区则存在较大的波动，且大于同期气温的变幅。五合-新华-蒲川-团田地热异常区的年平均最高温、最低温分别为 13.20 ℃（2009）、12.62 ℃（2007），变幅为 0.58 ℃；朗蒲-热海-

马鞍山地热异常区的年平均最高温、最低温分别为 12.01 ℃（2009）、11.01 ℃（2004），变幅为 1 ℃；马站–曲石地热异常区的年平均最高温、最低温分别为 10.75 ℃（2002）、10.04 ℃（2010），变幅为 0.71 ℃；而腾冲年均最高、最低气温分别为 16.13 ℃（2009）、15.53 ℃（2004），变幅为 0.60 ℃。这说明，异常区多年平均地温的变化不仅受气象因素影响，更受来自地下岩浆活动的控制。

　　总之，3 个异常区年际及年内的地温变化均表明，五合–新华–蒲川–团田、马站–曲石地热异常区的变化趋势稳定一致，而朗蒲–热海–马鞍山地热异常区的变化波动较大，这可能反映了其地下岩浆地热系统的开放性和活动性更高，地表地下水补给的流量变化更大。

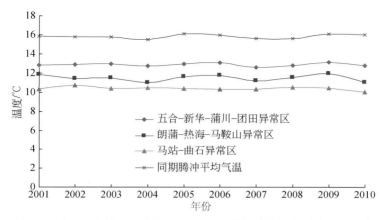

图 6-3　腾冲地热异常区多年 MODIS-LST 数据计算的年平均地表温度

　　此外，从区域构造角度分析，朗蒲–热海–马鞍山、五合–新华–蒲川–团田地热异常区均位于近南北向转为北东向弧形构造带的转折部位的次级大盈江断裂、龙川江断裂带的上盘，马站–曲石地热异常区是朗蒲–热海–马鞍山地热异常区的北延，而这 2 个断裂带在新生代晚期均表现为伸展–走滑犁式正断层，属同一构造应力场作用的产物（图 6-4）。因此，综合 3 个异常区的地温变化趋势及所处构造背景，认为其地下岩浆囊有可能是联通的，但仍需进一步深入研究。

三、地热异常的影响因素

　　腾冲地区的岩浆–地热–火山活动是否存在深部岩浆囊一直是众多研究者关注的重要问题。阚荣举等（1996）认为腾冲地区是在现代板块构造运动强烈挤压及俯冲作用下，上地幔热物质通过深部通道上涌，形成上地壳岩浆囊和地表火山群。胡亚轩和王雄等（2009）对腾冲火山岩区垂直变形的研究显示，研究区可能存在多个岩浆囊。地球物理探测和地球化学结果也表明，腾冲地区地壳浅部可能存在幔源岩浆侵入活动，它不仅为研究区现代地热流体活动提供了强大的热源，而且伴有强烈的幔源气体释放（佟伟和章铭陶，1989；白登海等，1994；上官志冠等，2000）。此外，腾冲地区中新世至第四纪发生了强烈的中基性岩浆喷发活动，堆积了巨厚的熔岩和火山碎屑岩。虽然火山岩分布较广，但主要集中分

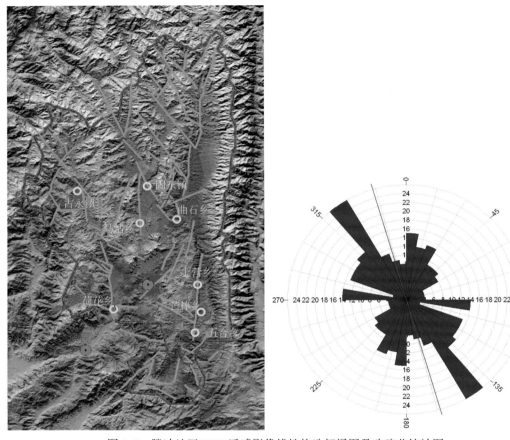

图 6-4　腾冲地区 ETM 遥感影像线性构造解译图及玫瑰花统计图

布于曲石−马站−腾冲−清水一带和五合−团田−蒲川一带（皇甫岗和姜朝松，2000），而 3 个地热异常区恰好位于其中，这表明腾冲地区地热异常主要受新生代岩浆活动的控制，较大规模的喷发活动意味着地下岩浆囊体可能较大，其作为地下热源对地温的影响也较大（赵慈平等，2006）。

地温除了与岩浆活动有关外，还受当地气象、海拔高程及土地利用类型等因素影响。由于缺乏卫星过境时的同步气温数据，目前我们还无法定量确定气温对地热异常的贡献，但从已有数据分析结果看，异常区地温变化与气温之间并无明显相关关系，这可能是地温变幅较大而掩盖了气温的影响。此外，地理位置决定了接收的太阳辐射量，在北半球的北回归线（23.5°N）以北，一年内太阳经过同一地点一次，因此太阳辐射只有一次峰值，而以南地区，太阳经过同一地点两次，辐射量也将出现两次峰值（陈顺云等，2009）。但腾冲地区位于北回归线以北，异常区地温却出现了 2 个峰值，这说明异常区地温受到了太阳辐射以外因素的干扰。自然条件下温度随海拔增加而降低，研究区内马鞍山（约1700 m）、热海（约1800 m）及朗蒲（约1650 m）等地附近的高程均要高于腾冲市（约1630 m），而其地温却高于腾冲市，这表明外界因素扰动了正常的垂直气温梯度。不同土地利用类型对地区气温贡献也不同，植被、水体、建筑用地、城郊开发区及半裸地等 5 种土地类型对气温的贡献均不相同，其中建筑用地对气温增温贡献最大，其次为城郊开发区及半裸地。

因此，在自然状况下，城区地温应该比周围其他土地利用类型的要高，但腾冲市的地温并不比周边高，这说明土地利用类型对异常区地温的影响也较小。综上分析，本章发现的 3 个地热异常区主要是由岩浆活动引起的，因此不难推断其地下深部应存在 3 个高热异常源-岩浆囊。

腾冲地区岩浆囊的活动性更是学者们关注的焦点。本章根据 3 个异常区年内及年际间的地温变化幅度（图 6-2 和图 6-3）可以推测，朗蒲-热海-马鞍山地下岩浆囊活动性可能最强。其他研究者也用不同方法研究了该地区地下岩浆囊的活动性。叶建庆（1998）和叶建庆等（2003）在腾冲热海及马鞍山一带观测到的微小地震活动，主要集中分布在马鞍山和热海一带，显示这一地区的构造-岩浆-地热活动现今仍比较活跃，而且地震群活动主要围绕在可能的岩浆囊体周围，与岩浆活动密切相关。李恒忠和杨存宝（2000）通过观测数据研究了腾冲热海地区地下流体，认为热海地区的地热活动处于不断变化之中，这种变化可能和研究区的地下岩浆活动有关。李成波等（2007）利用 GPS 观测网数据，采用 Mogi 模型，对腾冲-热海附近区域岩浆活动性进行了反演，认为等效源位置在腾冲的西南方向，岩浆活动量约为 8×10^5 m^3/a。赵慈平等（2011）对腾冲地区幔源氦释放强度的研究，也发现中部腾冲市-和顺一带，^{3}He/^{4}He 值达 5.5 Ra 以上，幔源成分达 70% 以上，释放强度为该地区最强。本章根据卫星热红外遥感分析的地热异常区地温变化结果也进一步支持了上述认识。

参 考 文 献

白登海．廖志杰，赵国泽，等．1994．从 MT 探测结果推论腾冲热海的岩浆热源．科学通报，39（4）：344-347．

薄立群，华仁葵．2003．长白山火山热红外卫星遥感监测原理与框架设计．地质灾害与环境保护，14（1）：38-43．

陈顺云，马瑾，刘培洵，等．2009．中国大陆地表温度年变基准场研究．地球物理学报，52（9）：2273-2281．

成智慧，郭正府，张茂亮，等．2012．腾冲新生代火山区温泉 CO_2 气体排放通量研究．岩石学报，28（4）：1217-1224．

胡圣标，何丽娟，汪集旸．2001．中国大陆地区大地热流数据汇编（第三版）．地球物理学报，44：611-626．

胡亚轩，王雄．2009．应用形变和重力资料分析腾冲火山区岩浆的活动特征．地震地质，31（4）：655-663．

胡亚轩，王庆良，崔笃信，等．2007．用形变资料分析腾冲火山区岩浆的活动特征．地震地质，30（2）：164-169．

胡亚轩，施行觉，王庆良，等．2003．腾冲火山区地表垂直形变分析．大地测量与地球动力学，23（2）：32-41．

黄少鹏，汪集旸，陈墨香，1996．热岩石圈厚度图，见：袁学诚编．中国地球物理图集．国际岩石圈委员会（ICL）出版物第 201 号．北京：地质出版社．

皇甫岗，姜朝松.2000.腾冲火山研究.昆明：云南科技出版社，1-418.

李恒忠，杨存宝.2000.腾冲热海地下流体观测研究.地震地质，23：231-238.

李成波，施行觉，刘苏苏，等.2007.腾冲火山区的GPS形变特征.地球物理学进展，22（3）：765-770.

季灵运，许建东，林旭东，等.2009.利用卫星热红外遥感技术监测长白山天池火山活动性.地震地质，31（4）：617-627.

阚荣举，赵晋明，阚丹.1996.腾冲火山地热区的构造演化与火山喷发.地震地磁观测与研究，17（4）：28-36.

上官志冠，白春华，孙明良.2000.腾冲热海地区现代幔源岩浆气体释放特征.中国科学（D辑），4（30）：407-414.

佟伟，章铭陶.1989.腾冲地热.北京：科学出版社.

吴乾蕃，祖金华，谢毅真，等.1988.云南地区地热基本特征.地震地质，177-183.

汪集暘，黄少鹏.1988.中国大陆地区大地热流数据汇编.地质科学，2：196-204.

汪集暘，黄少鹏.1990.中国大陆地区大地热流数据汇编（第二版）.地震地质，12：351-366.

汪集暘，胡圣标，庞忠和，等.2012.中国大陆干热岩地热资源潜力评估.科技导报，30：25-31.

汪缉安，徐青.1990.云南大地热流及地热地质问题.地震地质，12（4）：367-377.

徐青，汪缉安.1992a.云南大地热流及其大地构造意义.大地构造与成矿学，16：285-299.

徐青，汪缉安.1992b.大陆碰撞造山带复合叠加型岩石圈热结构.地质论评，38（6）：540-545.

徐青，汪缉安.1997.云南地热资源——以腾冲地区为重点进行解剖.地质地球化学，25（4）：77-84.

叶建庆.1998.丽江地震场地响应分析研究.地震地质，2：3-9.

叶建庆，蔡绍平，刘学军，等.2003.腾冲火山地震群的活动特征.地震地质，25：128-137.

张龙，胡毅力，秦敏，等.2015.云南腾冲火山区地壳及岩石圈厚度研究.地球物理学报，58（5）：1622-1633.

赵慈平，冉华，陈坤华.2006.由相对地热梯度推断的腾冲火山区现存岩浆囊.岩石学报，22（6）：1517-1528.

赵慈平，冉华，陈坤华.2011.腾冲火山区壳内岩浆囊现今温度：来自温泉逸出气体 CO_2、CH_4 间碳同位素分馏的估计.岩石学报，27（10）：2883-2897.

赵慈平，冉华，王云.2012.腾冲火山区的现代幔源氦释放：构造和岩浆活动意义.岩石学报，28（4）：1189-1204.

周真恒，向才英.1997.云南深部热流研究.西北地震学报，19：51-57.

Furlong K P, Chapman D S. 2013. Heat flow, heat generation, and the thermal state of the lithosphere. Annual Review of Earth and Planetary Sciences, 41: 385-410.

Jaupart C, Mareschal J. 2007. Heat flow and thermal structure of the lithosphere. Treatise on Geophysics, 6: 217-252.

Miliaresis G C, Ventura G, Vilardo G. 2009. Terrain modelling of the complex volcanic terrain of Ischia Island, Italy. Canadian Journal of Remote Sensing, 35 (4): 385-398.

Pollack H N, Hurter S J, Johnson J R. 1993. Heat flow from the Earth's interior: analysis of the global data set. Reviews of Geophysics, 31: 267-280.

Rudnick R L, Fountain D M. 1995. Nature and composition of the continental crust: a lower crustal perspective. Reviews of Geophysics, 33: 267-267.

Rothery D A, Coppola D, Saunders C. 2005. Analysis of volcanic activity patterns using MODIS thermal alerts. Bulletin of Volcanology, 67 (6): 539-556.

Sclater J, Jaupart C, Galson D. 1980. The heat flow through oceanic and continental crust and the heat loss of the

Earth. Reviews of Geophysics, 18: 269-311.

Vaughan R G, Kervyn M, Realmuto V, et al. 2008. Satellite measurements of recent volcanic activity at Oldoinyo Lengai, Tanzania. Journal of Volcanology and Geothermal Research, 173: 196-206.

Vitorello I, Pollack H N. 1980. On the variation of continental heat flow with age and the thermal evolution of continents. Journal of Geophysical Research Solid Earth, 85: 983-995.

Wan Z M, Dozier J. 1996. A generalized split-window algorithm for retrieving land-surface temperature from space. IEEE Transactions on Geoscience and Remote Sensing, 34 (4): 892-906.

第七章　构造演化及地球动力学过程

第一节　青藏高原构造演化

晚白垩世—始新世期间，印度板块与欧亚板块在新特提斯洋闭合后发生强烈的碰撞造山运动（Klootwijk and Peirce，1979；莫宣学等，2003；Mo et al.，2007；吴福元等，2008），俯冲的新特提斯洋板片发生回转及断离后，印度板片随后向北俯冲，并于约30～25 Ma发生自东向西的断离，断离后的印度板片持续向北俯冲，在约25～8 Ma逐渐回转及撕裂，并于约8 Ma俯冲方向发生变化；同时，约45～25 Ma期间，松潘–甘孜地块向南俯冲至羌塘地块之下；约25 Ma至今，亚洲大陆向南俯冲至松潘–甘孜地块之下，其间发生俯冲板片的回转及断离（图7-1）。在这些板块俯冲、回转、断离的过程中，软流圈地幔发生不同程度的上涌，岩石圈地幔及地壳均发生不同深度不同程度的部分熔融。同时，印度板块持续向北的俯冲以及松潘–甘孜地块和亚洲大陆向南的俯冲造成岩石圈和软流圈向东的挤出，并引发一系列的走滑、逆冲（图7-2）。

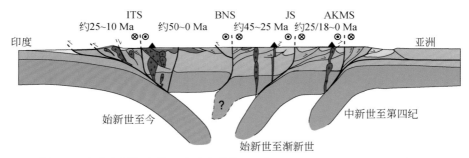

图7-1　青藏高原新生代地球动力学模型（据Tapponnier et al.，2001修改）

ITS-雅鲁藏布江缝合带，BNS-班公湖–怒江缝合带，JS-金沙江缝合带，AKMS-阿尼玛卿–昆仑–木孜塔格缝合带。
图中标示年龄为相应块体新特提斯洋板片断裂后岩浆作用发生的时间

始新世期间，腾冲地块位于欧亚大陆与新特提斯洋的边缘位置（杨振宇等，1998；刘俊来等，2006，2007），随着雅鲁藏布洋及密支那洋在密支那缝合线–那邦剪切带闭合，受印度大陆开始与拉萨地块碰撞并持续向北俯冲的影响和扬子地块的阻挡，三江地区受北东–南西向的挤压作用，发生旋转和大规模走滑作用并形成一系列近北西–南东向逆冲推覆断层（图7-3a），同时缅甸地块在印度板块侧向俯冲的带动下沿密支那缝合线俯冲于腾冲地块之下。受此影响，腾冲地块高黎贡山群变质岩再次变质发生大规模混合岩化作用和动

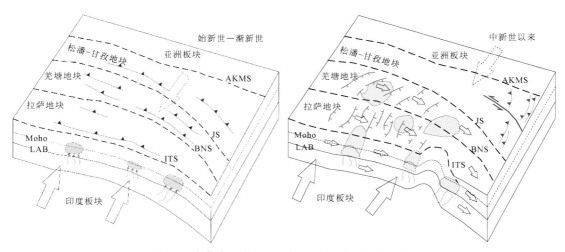

图 7-2　青藏高原岩石圈及软流圈物质向东挤出模型

LAB-岩石圈与软流圈界面，Moho-莫霍面，ITS-雅鲁藏布江缝合带，BNS-班公湖-怒江缝合带，

JS-金沙江缝合带，AKMS-阿尼玛卿-昆仑-木孜塔格缝合带

力变质作用，并伴有大规模新生代花岗岩侵位。另外，由于软流圈上涌，地壳发育伸展构造较强的深部热流活动，同时伴随强烈的中酸性岩浆活动。

始新世至渐新世，印度板块沿喜马拉雅山前缘碰撞带进一步向北北东方向强烈俯冲碰撞，造成青藏地区地壳的强烈缩短、增厚与隆升，腾冲地区也受其影响而发生强烈的构造运动，形成区内广泛发育的始新统—渐新统的磨拉石沉积建造；另外，印度板块的持续俯冲造成青藏周缘地块的持续挤压、逃逸和旋转，在三江地区产生陆内变形，发育大规模剪切走滑构造。区内不同地块间的走滑、剪切或移位、旋转，使得早期构造格局受到强烈的改造。

第二节　腾冲地区地球动力学过程

青藏高原在约 25/18 Ma 进入印度大陆与亚洲大陆双向俯冲阶段，标志着青藏高原构造体制在渐新世–中新世过渡期发生了重大变化。青藏中部南北向逆冲作用在约 23 Ma 停止，转而进入南北向挤压、东西向伸展的裂谷形成阶段。在青藏中部遭受南北双向夹击的情况下，岩石圈物质持续向东大规模挤出，印度板块沿实皆断裂进一步向北东挤压，三江地区各地块均受到了印度板块侧向的强大的推动力，腾冲地块及其周边构造变形转为大规模水平右旋走滑运动主导，致使腾冲地块向南南西运动并发生顺时针旋转（图 7-3b），导致其区内构造整体上呈向南东凸起的类开阔褶皱带（转折端在腾冲南东与龙陵交界一带）。该时期主要存在两期右旋走滑运动：约 24 ~ 19 Ma 和约 14 ~ 11 Ma（季建清，2000）。早期与 Tapponnier（1990）模式中挤出块体东边界红河–哀牢山左旋走滑断裂活动的时限相一致，指示高黎贡和那邦右旋走滑断裂在此时期是挤出的印支地块的西边界；晚期与安达曼海的扩张、缅甸境内实皆断裂的右旋活动相一致，可能是此期地块再次发生挤出的结果。

中新世末以来（<11 Ma），腾冲地块主要受右旋剪切应力和北北东–南南西向挤压力的共同作用（樊春和王二七，2004；季建清，2000；王刚等，2006）。现代腾冲地区构造–地热–火山活动的成因可以用枢纽近直立的褶皱纵弯弯滑模式进行解释，即腾冲地区地层和断裂的排布事实上相当于枢纽和轴面近直立的倾竖褶皱，北部近南北向展布的地层和花岗岩为褶皱北翼，南部北东–南西向展布的花岗岩和地层为褶皱南翼。在北北东–南南西向区域构造挤压应力场的作用下，腾冲地块内部各块体通过两组（近南北向、北东向）近垂直断裂面的滑动来调节适应区域应力场，形成了北翼（北部南北向）的右旋走滑断裂和南翼（南部北东向）的左旋走滑断裂，并在弧形转折部位形成与之配套的北西向张性断裂（图7-3c）。这就很好地解释了为何区内断裂基本都是北段南北向为右行，南段北东–南西向左行的几何学和运动学特征，且断裂几乎都是同形态平行分布。由于南北两翼和块体的弯折，弧形转折部位沿两组追踪剪切裂面发育形成一系列北西向的张性断裂，组成北西向腾冲–澜沧江断裂，比较好的解释了区域内火山岩、地热异常、新生的腾冲–澜沧江断裂和强震带均位于弧形断裂转折端部位的特征（图7-3）。弧形断裂转折端部位的拉张也为岩浆上涌提供了通道，使下地壳的岩浆得以不断喷出地表，这也造就了腾冲地区从上新世到全新世持续的火山喷发。火山喷发间歇期留下的地壳岩浆囊则成为区内良好的热源，而弧形断裂与北西–南东向断裂的交会构造断陷沉降部位又提供了良好的热水补给和热水上涌通道，控制腾冲的热泉及地热异常分布。

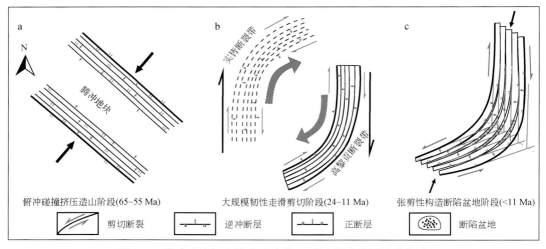

图7-3 腾冲地块新生代火山岩浆–地热–构造成因演化模式

参 考 文 献

樊春，王二七.2004.滇西高黎贡山南段左行剪切构造形迹的发现及其大地构造意义.自然科学进展，14（10）：1189-1193.

季建清.2000.滇西南新生代走滑断裂运动学、年代学、及对青藏高原东南部块体运动的意义.地质科学，35（3）：336-349.

刘俊来，曹淑云，翟云峰，等.2007.用陆块旋转解释藏东南渐新世–中新世伸展作用——来自点苍山及邻区变质核杂岩的证据. 地学前缘, 14 (4): 40-48.

刘俊来, 宋志杰, 曹淑云, 等. 2006. 印度-欧亚侧向碰撞带构造-岩浆演化的动力学背景与过程——以藏东三江地区构造演化为例. 岩石学报, 22 (4): 775-786.

莫宣学, 赵志丹, 邓晋福, 等. 2003. 印度-亚洲大陆主碰撞过程的火山作用响应. 地学前缘, 10 (3): 136-149.

王刚, 万景林, 王二七. 2006. 高黎贡山脉南部的晚新生代构造-重力垮塌及其成因. 地质学报, 80 (9): 1262-1273.

吴福元, 黄宝春, 叶凯, 等. 2008. 青藏高原造山带的垮塌与高原隆升. 岩石学报, 24 (1): 1-30.

杨振宇, Besse J, 孙知明, 等. 1998. 印度支那地块第三纪构造滑移与青藏高原岩石圈构造演化. 地质学报, 2: 18-31.

Klootwijk C T, Peirce J W. 1979. India's and Australia's Pole Path since the late Mesozoic and the India-Asia collision. Nature, 282: 605-607.

Mo X X, Hou Z Q, Niu Y L, et al. 2007. Mantle contributions to crustal thickening during continental collision: evidence from Cenozoic igneous rocks in southern Tibet. Lithos, 96 (1-2): 225-242.

Tapponnier P, Lacassin R, Leloup P H, et al. 1990. The Ailao Shan/Red River metamorphic belt: Tertiary left-lateral shear between Indochina and South China. Nature, 343: 431-437.

Tapponnier P, Xu Z Q, Roger F, et al. 2001. Oblique stepwise rise and growth of the Tibet Plateau. Science, 294 (5547), 1671-1677.

第八章 科 学 钻 探

第一节 科学钻探选址及依据

腾冲地块在中-新生代以来经历了不同的构造环境。中生代时期，腾冲地块地处新特提斯洋向东俯冲-碰撞挤压下的岛弧构造环境，形成大量的高钾钙碱性的花岗岩，并发育大规模走滑剪切断裂，其中北段发育近南北向高角度韧性挤压剪切断裂带，剪切作用表现为右行；南段弧形则转为南南西向左行走滑剪切。新生代腾冲地块则主要处在印度板块向东俯冲-碰撞造山的构造背景，形成大量新生代花岗岩及火山岩，并发育犁式正断层，其中北段断裂方位为近南北向，南段为南南西向的腾冲-梁河弧形地堑-地垒构造系。基于该地区的上述构造演化历史、火山活动和热红外遥感等，并综合考虑选址的研究目的和价值，最后选取腾冲市马站乡腾冲火山地热国家地质公园为钻探位置，孔位坐标：98°29′33.77″N，25°12′50″E，海拔 1888 m。主要选址依据如下：

（1）火山岩层序齐全。根据 1：5 万区域地质调查和相关研究工作的测年资料，马站-腾冲地区为一菱形断陷盆地，基底为晚侏罗世—白垩世东河群花岗岩（中粒斑状角闪二长花岗岩 $J_3^2Sηγ$，局部有古生代和中生代地层残留），其上依次为：上新世芒棒组一段（N_2m_1）泥沙岩（半固结砂砾岩、含砾砂岩，夹粉砂岩及黏土岩，厚 15～185 m）；上新世芒棒组二段（N_2m_2）玄武岩（厚层块状橄榄玄武岩、气孔状玄武岩，发育柱状节理，厚 20～380 m）；上新世芒棒组三段（N_2m_3）泥沙岩（半固结、弱固结砂砾层/岩、含砾砂/岩、细砂/岩、黏土/岩、碳质黏土，局部夹褐煤，厚 45～182 m）；早更新世酸性火山岩：余家大山安山质英安岩（Q_1^1），大六冲、小六冲英安质安山岩（Q_1^2），青龙坡头、板壁坡、象塘安山质英安岩（Q_1^3），猪头山、大坡头、前董库、尹家湾英安质安山岩（Q_1^4）；中更新世湖相沉积（Q_2）；晚更新世基性火山岩：圆臼顶含气孔黑云母安山岩（Q_3^1），团山、大空山、小空山、顺江火山湖致密-气孔状（含）橄榄玄武岩（Q_3^1），城子楼、焦山、小团山、碗窑致密-气孔状（含）橄榄玄武岩（Q_3^2），大空山、小空山、箐坡、龙虎山、松峰寺、铁锅山、碗窑东、下秋坡、黑龙湾致密-气孔状（含）橄榄玄武岩、多气孔状玄武岩、浮岩、火山弹（Q_3^3）；全新世基性火山岩：黑空山东气孔状安山玄武岩（Q_4^1），黑空山气孔状玄武安山岩、安山质熔岩、浮岩、火山弹（Q_4^2）。除全新世基性火山岩外，在该处钻探，将揭露从基底花岗岩到上部的上新世芒棒组二段基性火山岩-早更新世酸性火山岩-晚更新世基性火山岩的全部火山岩层序，为腾冲火山喷发序列和环境变化研究提供连续样品。

（2）便于测量地热梯度及大地热流。腾冲火山区目前存在 3 个岩浆囊，马站火山公园下方为其中的 1 个岩浆囊所在地，该岩浆囊埋深约 10 km，直径约 20 km，中心温度约 660 ℃，岩浆囊上方地表表现为相对地热梯度高异常值。马站公园内之所以没有温泉出露，正是由于该公园地形中间高（黑空山最高海拔 2072 m），四周低（龙江谷底最低海拔 1500 m），有 500 多米的高差，公园下方有多层气孔状玄武岩，大量地下水通过地下暗河（熔岩隧洞、层间裂隙）从东边深切割的龙江流出，除大流量的地下暗河（黑鱼河）外，江边尚有地温温泉、热水沟等出露。该井位可为火山区的地热梯度和大地热流测量提供条件。

（3）可证实该破火山口是否存在。腾冲火山区喷发了大量的火山岩（已有钻孔揭露的腾冲一带玄武岩的厚度为 155～645 m，其下为花岗岩，尚未被钻孔揭穿），以余家大山、大六冲（高黎贡山以西的最高山峰，海拔 2763 m）、小六冲为代表的酸性火山岩至今山体高大，说明当时的喷发量相当大。该次喷发产生的地形变化导致龙江由原来近南北向直流腾冲改为南东向汇入龙川江。一般酸性火山岩的岩浆起源于地壳，如此大量的酸性火山岩浆的喷出必然会导致岩浆囊上方的塌陷，从而形成破火山口。从马站火山区东边的龙江深切玄武岩（紧邻花岗岩和古生代地层）未见底显示，破火山口可能是存在的。该钻孔位于推测的被覆盖的大盈江断裂的西盘（上盘），而大盈江断裂具有高倾角的正断性质，因此在该孔位可能保留有破火山口中更新世（Q_2）较厚的湖相沉积地层，钻探岩心可能会为中更新世（Q_2）腾冲火山区破火山口是否存在提供证据。

（4）可提供永久地震观测深井。腾冲火山区位于著名的腾冲–龙陵地震带的中段，是我国除台湾外距离板块俯冲带最近的地震带之一，腾冲火山区位于拟议中的川滇国家地震预报实验场腾冲重点实验区，该区将建设天地一体化的立体地震观测系统，该井的取心和测井任务完成后，可用于深孔应力应变长期连续实时观测。

（5）钻孔位置位于马站腾冲火山地热国家地质公园内，该公园久负盛名，游客很多，成井后可将井架保留，作为永久纪念、观光景点和地学科普教育基地。

（6）该钻孔场址土地为腾冲火山地热国家地质公园所有，公园同意无偿使用该土地。钻孔场址地形平坦，三通一平的条件已具备，有房子可供施工人员办公和住宿。同时，钻孔场址位于公园大门附近，公园的管理机构和值班人员均在附近，便于施工时的联系和日后场址的保护与管理。

第二节　科学钻探及岩心编录

一、钻探工作进展

云南腾冲火山–地热–构造带科学钻探预导孔于 2012 年 5 月开钻，并于 2013 年 9 月完成该井钻探工作，其后进行了测井、固井等一系列后期工作，最终于 2013 年 11 月完成了封井工作。该井孔采取全井取心的钻探方式，由于地质条件复杂，钻孔钻探难度较大，钻探过程中多次出现钻井事故，影响了钻进进度。该井在初始位置钻探至 190.42 m 处发生钻井事故，使在该井位处无法继续钻进。为保证取心质量，在邻近地区重新开钻，并自 98.39 m 处开始取心，最终钻至 1222.24 m 取心结束。该井完整反映了该区地层的变化情况，从上层新生代中基性火山岩、到中部发生严重蚀变的花岗岩至底部新鲜花岗岩均有钻遇，为研究该区地层变化提供了依据。

二、岩心编录结果

钻井过程中，李晓惠、杨梦楚、郭文峰、张磊、孙春青、成智慧、高金亮、丁磊磊共8人分6次赴井场进行了系统的岩心编录工作，对所取岩心进行了详细的分层和细致的描述，针对岩性变化特点，对每层进行连续取样及照片采集，保证了取样密度和取样质量。井1从1 m至190.42 m，全长189.42 m，共有50个回次，分出了24个岩性层，共取样79件。井2从98.39 m至1222.24 m，全长1123.85 m，共有278个回次，分出了297个岩性层，共取318件样品，共采集岩心照片约1000张。最终建立了该钻孔的地层综合柱状图（附图），对钻孔信息进行了全面、系统、详细的反映。

岩心编录结果显示，该区构造条件复杂，地层经历了较为严重的构造变动，形成岩体较为破碎，岩石内部次生裂隙发育，上部火山岩地层及中部蚀变花岗岩带岩心破碎程度较高，下部新鲜花岗岩体岩心较为完整。

井1编录结果显示，该区地层在190 m以上主要为中基性火山岩，岩石类型包括玄武岩、玄武安山岩、玄武安山质火山凝灰岩，各类岩石在井内不同深度段交互出现。其中玄武安山岩为该井段内的最主要岩石类型，100 m以上除个别层段发育火山凝灰岩外，其余层段均为玄武安山岩，约100~190 m之间发育玄武安山岩与玄武岩的互层。钻孔内玄武安山岩包括灰色及红灰色，气孔发育程度不一，部分层段较为致密，部分层段气孔发育，呈蜂窝状。不同颜色、构造的玄武安山岩均具有斑状结构，基质为隐晶质-细粒结构，斑晶以斜长石为主，局部层段含暗色矿物斑晶（图8-1）。玄武岩为该井内仅次于玄武安山

图8-1　灰红色气孔玄武安山岩岩心

岩的岩石类型，主要出现于约 100～190 m 之间，主要呈灰色，斑状结构，基质为微细粒结构，辉石及斜长石斑晶含量很高，橄榄石斑晶含量较低，岩石较为致密，局部层段气孔发育（图 8-2）。井 1 中约 179.70～186.98 m 出现岩性混杂层，岩心破碎，岩性变化杂乱，包括玄武安山岩、玄武岩、火山凝灰岩等多种岩性，推测该段岩心为钻探中混杂所致，无法代表地层特征。

图 8-2　灰色致密玄武岩岩心

井 2 岩心完整反映了该区自浅部中基性火山岩至深部酸性花岗岩体之间完整的岩石序列。根据岩心编录结果大致可以分为三段，分别为火山岩破碎带（约 98.39～523.28 m）、蚀变花岗岩带（约 523.28～1087.63 m）、未蚀变花岗岩带（约 1087.63～1222.24 m）。

火山岩破碎带：该层段深度为约 98.39～523.28 m，对应岩心长度为 424.89 m。该段岩心总体上具有破碎程度高、岩石类型多样、单层厚度小、互层频繁等特点，并以频繁出现成因不确定的碎屑层为突出特征。该段地层受后期构造变动影响明显，使得地层本身在构造应力、风化淋滤等作用下发生明显的破碎和蚀变，可进一步划分为岩性差异较为明显的 3 个层段：

（1）约 98.39～216.92 m：该层段主要为玄武安山岩与碎屑物质的互层，单层厚度小，岩性递变迅速。安山玄武岩多含橄榄石斑晶（1%～5%），呈灰色–深灰色，斑状结构，基质为隐晶质，斑晶主要为斜长石、橄榄石、辉石（图 8-3）。气孔发育程度差别较大，部分层段较为致密，部分层段气孔极为发育，呈蜂窝状。碎屑层与安山玄武岩呈互层产出，厚度不一，颗粒一般呈角砾状，局部层段磨圆较好，呈次圆状。分选较差，粒径变化范围大，1 mm 至数厘米均有产出，颜色主要为灰色及灰褐色（图 8-4），局部层段出现黄褐色黏土质碎屑物质。

图 8-3　深灰色玄武安山岩岩心

图 8-4　灰色碎屑层

（2）约 216.92~320.50 m：该层段岩心主要包括厚度较大的熔结凝灰岩、细粒碎屑物质及部分层段的玄武岩。熔结凝灰岩主要为安山质及玄武安山质，特征表现为灰黑色夹粉红色条带，斑状结构，气孔构造，假流纹构造，气孔大小介于约 1~20 mm 之间，含量约为 5%，岩心完整性中等。碎屑层主要包括黏土层、细粒碎屑层及两者之间的混层。其中黏土层多为黄色，以半固结状态的黏土质岩心形式产出。细碎屑层颗粒分选程度较高，磨圆较好，粒径介于约 1~2 mm 之间（图 8-5）。玄武岩呈灰黑色，加蚀变褐红色，斑状结构，块状构造，斑晶矿物为长石与少量暗色矿物。长石为乳白色粒状，板条状，含量约占 30%。暗色矿物主要为辉石，黑色短柱状，含量约占 2%。基质为灰黑色致密隐晶质物质，约占 68%，岩石蚀变较严重，蚀变后变为褐红色（图 8-6）。

图 8-5 灰色碎屑层

图 8-6 灰黑色玄武岩层

（3）约 320.50～523.28 m：该段上部主要发育玄武岩和熔结凝灰岩，同时在岩层之间发育多层风化壳（图 8-7）。风化壳为褐黄色，黏土状弱胶结，用手轻捻即为粉末，与下伏基岩呈渐变过渡，从黏土到中等颗粒碎屑到基岩。风化壳下覆基岩为玄武岩及熔结凝灰岩，其中玄武岩为灰黑色，斑状结构，块状构造。斑晶矿物有橄榄石、辉石等暗色矿物，浅色矿物为长石，约占 15%；辉石约占 10%，灰黑色，短柱状，其他暗色矿物约占 1%。熔结凝灰岩为灰黑色，具有斑状结构，块状构造，假流纹构造。斑晶矿物可见乳白色板状或粒状长石，含量约 20%。含少量暗色矿物，基质为灰黑色隐晶质。在上部层段内部同样发育碎屑层，同时在岩心内存在数段辉长岩，具有灰黑色斑状结构、块状构造，岩心破碎较严重。矿物组成主要为乳白色的粒状长石，含量约占 15%，辉石约占 20%。基质为灰黑色隐晶质。岩石表面被风化蚀变为麻粒状（图 8-8）。

图 8-7　风化壳层段岩心

图 8-8　灰绿色辉长岩岩心

　　该段底部出现岩性较为特殊的浅灰绿色草煤层及黑色泥炭层。草煤层主要由黏土质粉砂组成，岩心完整，固结良好。岩心断面可见夹杂有黑色煤片，是植物残体形成的片状碳化碎屑。煤片长约 20 mm，宽约 10 mm，分布均匀。断面上约 50% 的表面为煤片所覆盖。本层含有少量风化的砾石，呈土黄色磨圆较好，粒径平均约为 20 mm（图 8-9）。泥炭层主要为黑色泥质，夹杂有煤炭块。中等固结，无完整岩心，呈泥块状分布。黑色煤炭块比较坚硬，多呈片状，沿层理面容易断开，大的直径约 40 mm，小的直径约 5 mm，夹杂在泥炭中（图 8-10）。

图 8-9　浅灰绿色草煤层岩心

图 8-10　灰黑色泥炭层岩心

蚀变花岗岩带：该层段深度范围为约 523.28 ~ 1087.63 m，对应岩心长度约 564.35 m。该段岩心主要为蚀变花岗岩与碎屑物质的互层。其中花岗岩蚀变程度不一，风化最为严重的岩石呈灰白色，只能分辨出石英和钾长石残骸。石英未风化，钾长石、钠长石、角闪石都已风化蚀变，岩石固结较好或呈碎屑状（图 8-11）。风化程度次之的岩石呈褐色或灰白色，岩心破碎，用手一捏即为粉末。粉末组成包括石英、长石、暗色矿物及蚀变矿物等颗粒（图 8-12）。风化程度较低的花岗岩一般仍具有花岗结构，块状构造，破碎程度不一，主要矿物组成为石英、长石、暗色矿物及部分风化蚀变产物，岩心内发育节理面，岩心多沿节理面整齐断开。

　　碎屑层与蚀变花岗岩互层产出，不同层位的碎屑层颗粒存在较大差异，从粉砂到粗砾级别的碎屑层均有出现，一般具有分选、磨圆中等的特征，主要的颗粒组成为岩屑、石英、长石及少量暗色矿物，同时碎屑层中存在不同比例的黏土矿物。该段中碎屑层的形成可能是由于在强烈风化作用下导致花岗岩层呈松散的半固结状态，并在钻探过程中发生破碎。

图 8-11　蚀变花岗岩岩心

图 8-12　蚀变花岗岩碎屑

　　未蚀变花岗岩带：该层段的深度范围是约 1087.63～1222.24 m，对应岩心长度约为 134.61 m。该段地层较为稳定，为新鲜的花岗岩带，岩心完整。根据矿物含量的差异，进一步划分出了英云闪长岩、花岗闪长岩、二长花岗岩、正长花岗岩、副石英花岗岩等岩石类型。英云闪长岩一般呈灰白色，具有中粗粒花岗结构，块状构造，主要矿物组成为石英

（约40%~50%），斜长石（约35%~45%），暗色矿物主要为黑云母（约15%），零星可见黄铁矿（图8-13a）。花岗闪长岩主要呈灰白色，具有中粗粒花岗结构，块状构造，主要矿物组成为石英（约50%），斜长石（约35%），暗色矿物主要为黑云母（约10%），可见少量的钾长石和黄铁矿（约5%）（图8-13b）。二长花岗岩多呈灰红色，具中粗粒花岗结构，块状构造，主要矿物组成为石英（40%），钾长石（25%），斜长石（20%），黑云母（15%）（图8-13c）。正长花岗岩为灰红色，具中粗粒花岗结构，块状构造，主要矿物组成为石英（50%），钾长石（30%），黑云母（15%），斜长石（5%）（图8-13d）。副石英花岗岩为浅灰白色，中细粒花岗结构，块状构造，主要矿物组成为石英（65%），斜长石（20%），暗色矿物主要为黑云母（15%）。可见少量黄铁矿。

图8-13　英云闪长岩岩心（a），花岗闪长岩岩心（b），二长花岗岩岩心（c）和
未蚀变正长花岗岩带岩心（d）照片

三、井温变化特点及意义

通过钻井过程中的井温测试数据，获得该区温度随深度变化曲线（图8-14）特征：深度约400 m以上地温梯度相对较低，与正常地温梯度较为接近；约400 m以下温度随着深度的增加急剧升高，地温梯度远高于普通地温梯度，至井底约1222.24 m处，温度达到约74 ℃，说明该区在岩浆囊影响下具有极高的大地热流值，与理论推断结果一致。钻孔

反映出的极高的地温梯度也进一步说明该区地热资源潜力巨大，为地热资源的开发利用提供了理论依据。

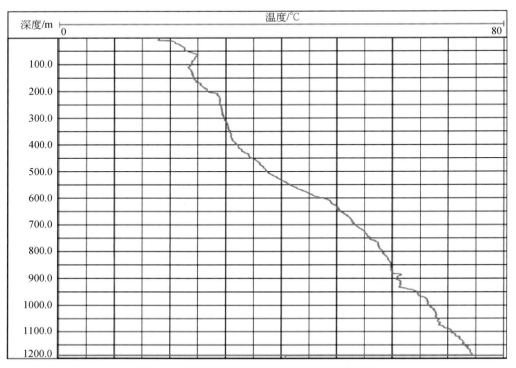

图 8-14　腾冲科钻井温随钻孔深度变化曲线图

附 图

取心日期	回次	取心 自/m	至/m	进尺/m	岩心/m	取心率/%	分层 序号	层厚/m	底深/m	深度/m	岩性柱	初步定名	采样 采样位置	采深深度/m	采样编号	岩性描述	照片 岩心照片	照片号
2012-5-19	1	1	2.07	1.07	0.25	23	1	2.8	3.8			灰色气气玄武安山岩	▲	2.2	TCKZ1-1	岩石呈灰色，块状结构，基质为隐晶质，细粒结构，斑晶以斜长石为主，气孔发育，以中小气孔为主		TCKZ1-1
	2												▲	3.9	TCKZ1-2			TCKZ1-2
	3	3.07																
	4	3.07	4.63	1.56	1.40	90												TCKZ1-3
2012-5-20	5	4.63	8.42	3.79	2.00	53	2	5.53	9.33			暗红色玄武安山岩	▲	5.5	TCKZ1-3	岩石呈暗红色，块状结构，基质为隐晶质－细粒结构，斑晶以斜长石为主，中小气孔为主		
	6	8.42	9.62	1.20	1.20	100							▲	7.8	TCKZ1-5			TCKZ1-4
	7	9.62	12.12	2.50	2.30	92	3	3.03	12.36			灰蓝色玄武安山岩	▲	8.8	TCKZ1-6	岩石呈灰蓝色，块状结构，基质为隐晶质－细粒结构，斑晶以斜长石为主，气孔发育程度纵向变化较大		
2012-5-21													▲	11.1	TCKZ1-7			
	8	12.12	18.92	6.80	5.20	76	4	9.5	21.86			暗红色玄武安山岩	▲	12.2	TCKZ1-8	岩石呈暗红色，块状结构，基质为隐晶质－细粒结构，斑晶以斜长石为主，以中小气孔为主		TCKZ1-5
2012-5-22	9	18.92	21.86	2.94	1.90	65							▲	14.3	TCKZ1-9			
	10	21.86	23.91	2.05	1.70	83	5	4.9	26.76			灰蓝色玄武安山岩	▲	16.4	TCKZ1-10	岩石表面附着有泥浆物质，呈灰蓝色，斑状结构，斑晶以斜长石为主，气孔较为发育		TCKZ1-6
2012-5-23	11	23.91	28.67	4.76	4.50	95							▲	19.2	TCKZ1-12			
	12	28.67	34.28	5.61	4.60	82	6	7.52	34.28			灰蓝色玄武安山岩/山顶火山凝灰岩	▲	22.1	TCKZ1-13	呈灰白色，岩石为细晶结构，岩石表面附着有泥浆物质，物质富集产量		TCKZ1-7
2012-5-24													▲	24.8	TCKZ1-16			
	13	34.28	38.28	4.00	2.00	50	7	4	38.28			灰红色玄武安山岩	▲	26.7	TCKZ1-15	岩石呈灰红色，块状结构，斑状结构，基质为隐晶质，暗色物质含量较高，斜长石晶体发育，气孔发育程度低		TCKZ1-8
2012-5-31	14	38.28	41.98	3.70	3.50	95							▲	28.1	TCKZ1-17			
	15	41.98	48.86	6.88	0.00	0	8	13.56	51.84			灰蓝色玄武安山岩	▲	30.8	TCKZ1-20	岩心表面附着有灰黄色泥浆物质，岩石呈灰红色，斑状结构，基质呈隐晶质－细粒结构，岩石致密，气孔发育		
2012-6-1	16	48.86	51.84	2.98	1.50	50							▲	32.3	TCKZ1-22			
	17	51.84	59.14	7.30	1.50	21	9	17.54	69.38			灰红色气孔玄武安山岩	▲	35.0	TCKZ1-23	岩心表面附着有灰黄色泥浆物质，岩石呈灰红色，斑状结构，基质呈隐晶质－细粒结构，斑晶以斜长石为主，其次为暗色矿物斑晶，气孔发育，呈蜂窝状		TCKZ1-9
2012-6-2	18	59.14	63.24	4.10	0.30	7							▲	36.3	TCKZ1-24			
	19	63.24	67.49	4.25	2.30	54							▲	38.4	TCKZ1-26			
2012-6-3	20	67.49	70.97	3.48	2.40	69							▲	41.5	TCKZ1-28			
													▲	49.6	TCKZ1-29			
													▲	52.7	TCKZ1-30			
													▲	59.8	TCKZ1-31			
													▲	63.8	TCKZ1-32			
													▲	65.5	TCKZ1-33			
													▲	68.0	TCKZ1-35			
													▲	69.6				

附图1　云南腾冲火山－地热－构造带科学钻探（SinoProbe）地层综合柱状图——钻井1

取心日期	回次	取心 自/m	至/m	进尺/m	岩心长/m	岩心采取率/%	分层序号	层厚/m	底深/m	深度/m	岩性柱	初步定名	采样位置	采样深度/m	采样编号	岩心描述	岩心照片	照片号
2012-6-4	21	70.97	74.92	3.95	0.94	24						灰蓝色含云母玄武安山岩	◄	69.6	TCKZ1-35	岩心表面附着有灰黄色泥浆物质，岩石呈灰蓝色，斑状结构，基质呈隐晶质—细晶结构，斑晶主要为暗色矿物、斜长石斑晶较少，岩石气孔发育，但纵向上发育程度不一		TCKZ1-10
	22	74.92	80.81	5.89	5.00	85	10	11.43	80.81				◄	71.3	TCKZ1-36			
													◄	75.3	TCKZ1-38			
2012-6-5	23	80.81	85.11	4.30	3.50	81	11	5.73	86.54			含云母角闪安山岩	◄	76.9	TCKZ1-39	岩石呈灰蓝色，斑状结构，基质为细晶结构，斑晶为暗色矿物、角闪石斑晶含量较高，云母含量次之，斜长石含量较低，发育少量气孔		TCKZ1-11
													◄	78.6	TCKZ1-40			
2012-6-10	24	85.11	86.54	1.43	1.43	100							◄	80.9	TCKZ1-41			
	25	86.54	89.16	2.62	0.20	8						蓝灰色橄榄玄武安山岩	◄	82.7	TCKZ1-42	岩石为蓝灰色，斑状结构，基质为细晶结构，变程度不一，局部小区域气孔发育较高，橄榄石斑晶发育，橄榄石蚀变呈蜂窝状		TCKZ1-12
	26	89.16	93.91	4.75	4.30	91	12	12.49	99.03				◄	84.1	TCKZ1-43			
	27	93.91	94.84	0.93	0.70	75							◄	86.1	TCKZ1-44			
2012-6-13	29	95.24	99.34	4.10	3.60	88							◄	89.8	TCKZ1-45			
	30	99.34	100.09	0.75	0.70	93							◄	91.8	TCKZ1-46			
2012-6-14	31	100.09	104.54	4.45	4.30	97	13	5.51	104.54			灰蓝色致密玄武岩	◄	94.0	TCKZ1-48	岩石呈灰蓝色，斑状结构，基质为隐晶质，含有少量气孔，气孔不发育，斜长石斑晶发育，橄榄石含量之，岩石致密		TCKZ1-13
	32	104.54	109.72	5.18	2.30	44	14	5.18	109.72			灰蓝色玄武安山岩	◄	95.4	TCKZ1-49	岩石呈灰蓝色，斑状结构，基质为细晶结构，斑晶主要以斜长石为主，气孔含量较低，岩石致密		TCKZ1-14
2012-6-15	33	109.72	114.32	4.60	2.40	52	15	4.6	114.32			杂色气孔玄武岩	◄	97.8	TCKZ1-51	岩石呈杂色，暗红色基质与灰蓝色基质相间分布，斑状结构，基质为隐晶质，以中小气孔为主，斑晶主要为斜长石		TCKZ1-15
	34	114.32	118.8	4.48	4.10	92	16	9.23	123.55			灰黄色气孔玄武安山岩	◄	99.6	TCKZ1-54	岩石呈灰黄色，斑状结构，基质为隐晶质，斑晶以斜长石为主，气孔致密，岩石发育，气孔呈蜂窝状		TCKZ1-16
	35	118.8	123.55	4.75	3.00	63							◄	102.5	TCKZ1-56			
2012-6-16	36	123.55	130.32	6.77	0.40	6	17	2.03	125.58			深蓝色致密玄武岩	◄	103.8	TCKZ1-57	岩石呈深蓝色，斑状结构，基质为隐晶质，斑晶以斜长石为主，岩石致密，仅在局部区域气孔比较发育		TCKZ1-17
2012-6-17	37	130.32	134.6	4.28	3.50	82	18	26.28	151.86			暗红色气孔玄武安山岩	◄	105.9	TCKZ1-58	岩石呈暗红色，斑状结构，基质为隐晶质，斑晶含量高，斜长石斑晶含量高，单斜辉石斑晶含量较低，岩石气孔发育		TCKZ1-18
	38	134.6	139.9	5.30	3.50	66							◄	110.4	TCKZ1-59			
	39	139.9	147.43	7.53	4.00	53							◄	115.2	TCKZ1-61			
2012-6-18	40	147.43	151.86	4.43	2.30	52							◄	117.1	TCKZ1-62			
													◄	119.3	TCKZ1-63			
													◄	130.5	TCKZ1-65			
													◄	132.0	TCKZ1-66			
													◄	136.5	TCKZ1-67			
													◄	137.9	TCKZ1-68			
													◄	140.2	TCKZ1-69			
													◄	141.4	TCKZ1-70			
													◄	143.7	TCKZ1-72			
													◄	149.2	TCKZ1-73			

日期	回次	起始深度	终止深度	进尺	岩心长	采取率
	41	151.86	156.76	4.90	2.50	51
2012-6-19	42	156.76	160.91	4.15	3.00	72
	43	160.91	165.49	4.58	3.60	79
	44	165.49	170.02	4.53	1.50	33
2012-6-20	45	170.02	174.5	4.48	0.80	18
	46	174.5	180.64	6.14	1.81	31
2012-6-21	47	180.64	183.22	2.58	1.60	62
2012-6-22	48	183.22	185.22	2.00	1.40	70
2012-6-23	49	185.22	186.74	1.52	1.00	66
2012-6-24	50	186.74	190.42	3.68	3.68	100

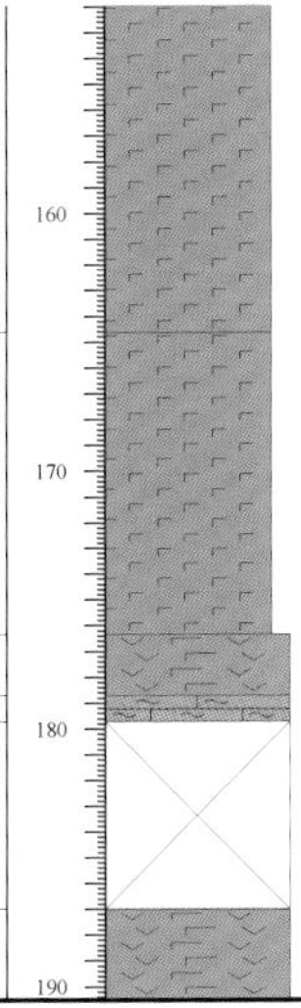

层号	厚度	底深	岩性	采样深度	样品号	岩性描述	照片	照片编号
19	12.74	164.6	灰蓝色玄武岩	152.5 154.4 159.0 162.6	TCKZ1-74 TCKZ1-75 TCKZ1-76 TCKZ1-78	岩石呈深灰蓝色，斑状结构，基质为微细粒结构，辉石及斜长石斑晶含量很高，橄榄石斑晶含量较低，岩石较为致密，偶见气孔，局部层段气孔发育	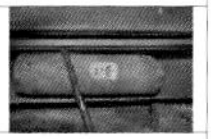	TCKZⅠ-19
20	11.73	176.33	灰蓝色气孔玄武岩	167.0 170.4 176.0	TCKZ1-79 TCKZ1-80 TCKZ1-81	岩石呈深灰蓝色，斑状结构，基质为微细粒结构，辉石及斜长石斑晶含量很高，橄榄石斑晶含量较低，气孔发育，岩心破碎	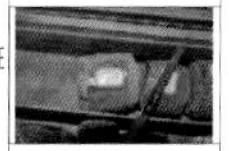	TCKZⅠ-20
21	2.35	178.68	灰蓝色玄武安山岩			岩石呈灰蓝色，斑状结构，基质粒度不等，隐晶质–中粒结构，斜长石斑晶发育，其次为辉石斑晶，岩石风化严重，岩心破碎		
22	1.02	179.7	中细粒火山凝			中细粒结构，块状构造，辉石斑晶呈自形，含量高，其次为斜长石斑晶，斜长石发生蚀变形成白色斑点	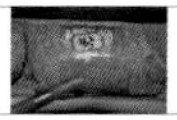	TCKZⅠ-22
23	7.28	186.98	混杂层	180.9 183.3 185.9	TCKZ1-82 TCKZ1-83 TCKZ1-84	岩心破碎，岩性变化杂乱，包括玄武安山岩、玄武岩、火山凝灰岩等多种岩性，推测该段岩心为钻探中混杂所致，无法代表地层特征	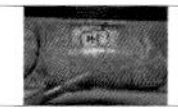	TCKZⅠ-23
24	3.44	190.42	灰蓝色玄武安山岩	187.2	TCKZ1-85	岩石呈灰蓝色，斑状结构，基质为细粒结构，斑晶主要以辉石和斜长石为主，气孔发育程度不一，岩心破碎	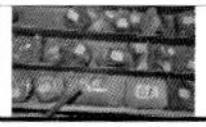	TCKZⅠ-24

附图1　云南腾冲火山–地热–构造带科学钻探（SinoProbe）地层综合柱状图——钻井1(续)

取心日期 2012-8-15

回次	取心 自/m	取心 至/m	进尺/岩心/m	取心率/%	分层序号	层厚/m	底深/m	初步定名	采样深度/m	采样编号	岩性描述	照片号
1	98.39	104.13	5.74 / 4.80	84	1	5.74	104.13	玄武安山岩	99.1	T212-1-3/20	玄武安山岩。深灰色，斑状结构，块状构造。基质为隐晶质。角闪石1.5-0.7 mm（10%），橄榄石1.5-0.5 mm（3%），辉石1-1.5 mm（5%）	20121027岩心编录第一天01、013、014
2	104.13	112.20	8.07 / 7.05	87	2	0.56	104.69	碎屑	101.9	T212-1-12/21	该段为辉绿玄武安山岩与含橄玄武安山岩的互层。火山碎屑熔岩，疏松的少量物质组成。火山角砾呈稀疏分布，有黄色、红色、灰色、黑色。含橄玄武安山岩，深灰色，角砾直径自1 mm至数数米均有，大小不一。橄榄石1 mm，斜长石1 mm（3%），斜长石1-5 mm。基质为隐晶质。（4%）	20121028编录第二天021
					4	0.45	105.35	火山碎屑熔岩	105.0	T212-2-2/12		
					6	1.09	106.75	火山碎屑熔岩	105.7	T212-2-3/12		
					8	0.8	107.93	火山碎屑熔岩	106.3	T212-2-7/12		
					10	0.33	108.26	含橄玄武安山岩				
					12	0.67	109.06	含橄玄武安山岩	109.2	T212-2-9/12	该段为更橄玄武岩与火山碎屑岩的互层。橄榄玄武岩，浅灰色，斑状结构，隐晶质，致密。偶见压偏状气孔。晶体为斜辉石1-1.5 mm，橄榄石直径0.3-3 mm，2%，5 mm占大多数	
					13	0.44	110.05	玄武安山岩				
					15	1.47	112.2	火山碎屑熔岩				
3	112.20	114.40	2.20 / 2.20	100	17	1.05	113.63	玄武安山岩	112.4	T212-3-2/5	玄武安山岩。深灰色，斑状结构，隐晶质。气孔状构造。气孔1 mm，（3%），斜长石1-5 mm。辉石1-5 mm占大多数	20121028编录第二天022
					21	0.54	115.2	含橄玄武安山岩	113.9	T212-3-5/5	玄武安山岩。深灰色，斑状结构，隐晶质。气孔状构造，（3%），斜长石占任何。含量占15%	
4	114.40	119.38	4.98 / 4.80	96	22	1	116.2	含橄玄武安山岩	116.0	T212-4-8/15	该段为更橄玄武岩与火山碎屑熔岩的互层。橄榄玄武岩，浅灰色，斑状结构，隐晶质，2%。岩心完整。橄榄石1-1.5 mm，橄榄石直径0.3-3 mm，2%，5 mm占大多数	20121028编录第二天023
					24	0.53	117.06	含橄玄武安山岩				
					25	0.97	118.03	玄武安山岩	118.4	T212-4-13/15	含橄玄武安山岩。深灰色，斑状结构。气孔状构造。气孔直径约1-10 mm。气孔有位任何。辉石1-5 mm。品晶为斜长石。品晶为斜长石	
					26	0.47	118.5	含橄玄武安山岩				
5	119.38	129.06	9.68 / 9.68	100	30	1.6	120.98	火山碎屑熔岩	120.0	T212-5-5/14	含橄玄武安山岩。深灰色，斑状结构，块状构造。致密。辉石2-3 mm，1%。橄榄石直径0.2-3 mm。品晶为斜长石。岩心完整度不好	20121028编录第二天024
					31	2.4	123.38	火山碎屑熔岩				
					32	0.68	124.06	黏土及火山碎屑物			玄武安山岩。深灰色。角闪状。10-20 mm。大约占1.80%；斜长石1-2 mm；辉石2-3 mm，基质为隐晶质。品晶为斜长石，10-30 mm。大约占1.90%	
					34	0.8	125.08	火山碎屑熔岩				
					35	2.58	127.66	黏土及火山碎屑物			安山岩。黄色。黏土质角砾和碎屑分粒约占90%。其粒径大小分别为90%。辉石1%，为红色。为红色的为黏土	
					36	1.4	129.06	玄武安山岩				
6	129.06	140.94	11.88 / 11.88	100	37	2.22	131.28	气孔状玄武安山岩	129.8	T212-6-5/24	玄武安山岩。中灰色，斑状结构，隐晶质。气孔状构造。致密。略见气孔。辉石2-3 mm，1%。橄榄石2-3 mm。品晶为斜长石1 mm。岩心完整度不好	20121028编录第二天025
					38	4.78	136.06	火山碎屑熔岩	136.5	T212-6-22/24	火山碎屑层。深灰色。粒度0.2-20 mm。5 mm上下各占一半。橄圆差。斜长石2 mm（1%），辉石少见。岩心较破碎	20121028编录第二天026
					39	1	137.06	玄武安山岩			玄武安山岩。深灰色。粒度0.2-20 mm。5 mm上下各占一半。橄圆差	
					40	1.96	139.02	火山碎屑熔岩	140.2		火山碎屑层。紫黑色。粒度0.2-20 mm。5 mm上下各占一半。橄圆差	20121028编录第二天027
					41	1.92	140.94	火山碎屑熔岩			安山岩。褐黄色，斑状结构，隐晶质。斜长石2 mm（2%），橄榄石1-2 mm，辉石少见。岩心较破碎	
					42	2	142.94	黄色黏土及火山碎屑物			火山碎屑层。粒度0.2-20 mm。含较多的黏土块（25%）。黏土质角砾	

测井温度/℃ 17 → 77

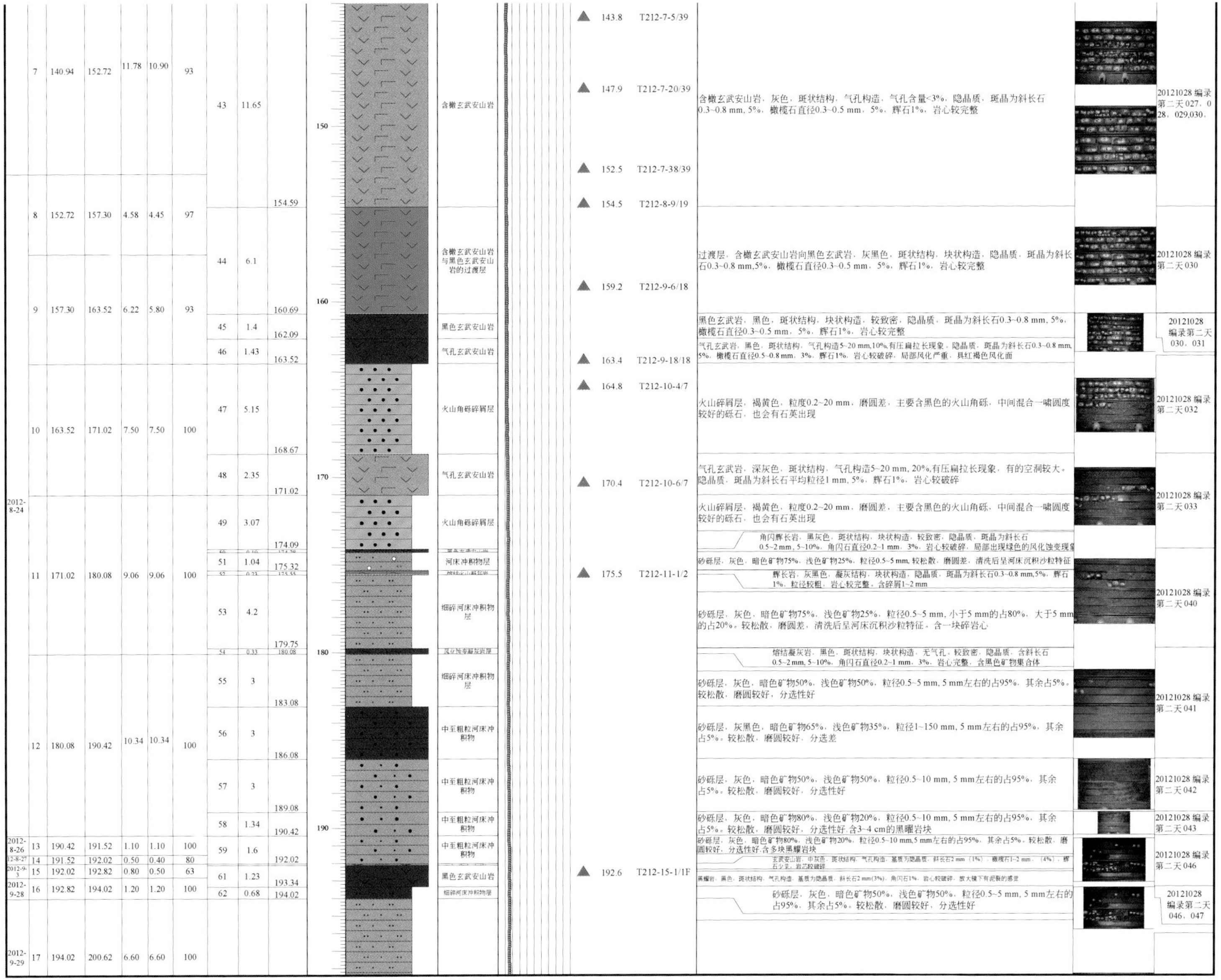

附图2　云南腾冲火山-地热-构造带科学钻探（SinoProbe）地层综合柱状图—钻井2

取心日期	回次	自/m	至/m	进尺/m	岩心/m	取心率/%	序号	层厚/m	底深/m	深度/m	岩性柱	初步定名	测井温度/℃	采样位置	采样深度/m	采样编号	岩性描述	岩心照片	照片编号
2012-10-1	18	200.62	204.20	3.58	3.58	100	63	10.18				细粒河流冲积物砂粒层					砂砾层，灰色，中-细粒砾砂，暗色矿物约80%，浅色矿物约20%，粒径0.5~5mm，5mm左右的占50%，其余占10%，较松散，磨圆度较好，分选性好。		2012I028编录 第一天048
	19	204.20	209.34	5.14	5.10	99	64	4.8	204.2			细粒河流冲积物砂粒层					砂砾层，灰黑色，中-细粒较砂，暗色矿物约70%，浅色矿物约30%，粒径1~2mm，1mm左右的占50%，其余占50%，较松散，磨圆度较好，分选性好，有片状云母。		2012I028编录 第一天050
							65	0.34	209 209.34			细粒河流冲积物砂粒层					砂砾层，灰黑色，中-细粒较砂，暗色矿物约70%，浅色矿物约30%，粒径1~2mm，1mm左右的占50%，其余占50%，较松散，磨圆度较好，分选性好，有片状云母。		2012I028编录 第一天050.0 51
2012-10-10	20	209.34	216.92	7.58	6.70	88	66	2.6	211.94	210		砂粒物和较土层					黏土层，黄色，弱固结，块状构造。		2012I028编录 第一天052
							67	1.15	213.09								细砂砾层，岩屑散落其中，暗色矿物约40%，浅色矿物约占50%，其余占10%，磨圆度较好，分选性好，有片状云母。		2012I028编录 第一天053
							68	1.45	214.54			玄武安山岩层					蚀变安山岩，黑色，块状构造，岩心完整。		
							69	1.27	215.81								黏土层，黄色，弱固结，块状构造，岩心为主导。		2012I028编录 第一天054
	21	216.92	219.72	2.80	2.10	75	70	1.11	216.92			砂粒物和较土层					黏土层，黄色，弱固结，块状构造，岩心为主导。		
							71	3.3	220.22	220		泥沙物和中-细粒砂较混合层					砂土层，褐色，主体为砂层，泥土占25%，砂占75%。		
	22	219.72	228.50	8.78	8.00	91	72	2.5	222.72			泥沙物和中-细粒砂较混合层					砂土层，黄色，主体为砂层，泥土占20%，砂占80%。		
2012-10-11							73	4	226.72			蚀变安山玄武岩					蚀变安山岩，玻璃质黑色岩屑约0.5~1.5mm		
	23	228.50	232.08	3.58	3.58	100	74	2.64	229.36	230							砂土层，土黄色，主体为砂层，泥土占30%，砂占70%，固结为块状		2012I028编录 第一天059
							76	0.43	229.79								砂砾层，土黄色，主体为砂层，泥土占30%，砂占70%，磨圆度较好。颗粒角较好，磨圆度较好，分选状。		
							77	0.57	230.5								砂砾层，土黄色，主体为砂层，泥土占20%，砂占80%，分选较好，磨圆度较好，颗粒1~2mm，岩心完整		
	24	232.08	235.08	3.00	3.00	100	78	1.58	232.08			砂粒物和较物层					粉砂层，黄色，固结，块状构造，泥土占20%，砂占80%，分选较好，颗粒1~2mm，岩心完整		2012I028编录 第一天060
							79	0.66	232.74								黏土层，黄色，固结，块状构造，岩心为主导。		
2012-10-12	25	235.08	237.58	2.50	2.40	96	80	2.12	234.86			较物物和泥质砂较物					蚀变含较安山岩，土黄色，固结构造，块状构造，泥土及细粒约占97%，分选状。		2012I028编录 第一天061
							81	1	235.14								黏土层，黄色，弱固结，块状构造，岩心完整。		
							82		236.14										
	26	237.58	240.52	2.94	2.70	92	83	1.44	237.58			较物物和泥质砂较物					含较土砂砾层，灰黑色为主体，蚀变含较安山岩，块状结构，泥土及细粒约占50%，椭圆状。		2012I028编录 第一天062
							84	0.8	238.38			安山质细粒较安岩					安山质细粒较安岩，斜长石1~2mm（3%），岩心破碎中等，存在暗红色氧化面		
	27	240.52	243.66	3.14	3.00	96	85	2.56	240.94	240				▲	241.0	T212-27-1-2	安山质细粒较安岩，斜长石小于1mm，含量约占60%，斑晶、较土砾状约占5%，发育节理，块状构造，斜长石晶体，基质为隐晶。		
							86	0.74	241.68			软较粉泥物细粒较安岩					含较土砂砾层，灰黑色含大量白色岩屑（1%），斑状较粉中等，磨圆度中等，暗色矿物约占70%，棱角分明，其他		
							87	1.45	243.13			安山细粒较安岩					安山质细粒较安岩，斜长石1~2mm（3%），岩心破碎中等，分选性差。		
							88	1.53	244.66			细粒较物物冲积物层							2012I029编录 第一天006

2012-10-25	29	247.66	250.74	3.08	2.10	68
	30	250.74	251.24	0.50	0.40	80
	31	251.24	254.27	3.03	1.20	40
	32	254.27	256.44	2.17	0.90	41
2012-10-26	33	256.44	358.42	1.98	1.60	81
	34	258.42	260.42	2.00	2.00	100
	35	260.42	262.42	2.00	2.00	100
	36	262.42	264.62	2.20	1.80	82
	37	264.62	266.22	1.60	1.60	100
2012-10-27	38	266.22	270.22	4.00	3.12	78
	39	270.22	274.22	4.00	4.00	100
	40	274.22	278.28	4.06	3.00	74
2012-10-29	41	278.28	279.48	1.20	1.20	100
	42	279.48	282.08	2.60	2.60	100
	43	282.08	284.66	2.58	2.10	81
	44	284.66	287.36	2.70	2.70	100
2012-10-30	45	287.36	289.16	1.80	1.30	72
	46	289.16	293.26	4.10	2.50	61
	47	293.26	296.24	2.98	1.50	50
2012-10-31	48	296.24	300.24	4.00	3.80	95
	49	300.24	304.32	4.08	2.40	59

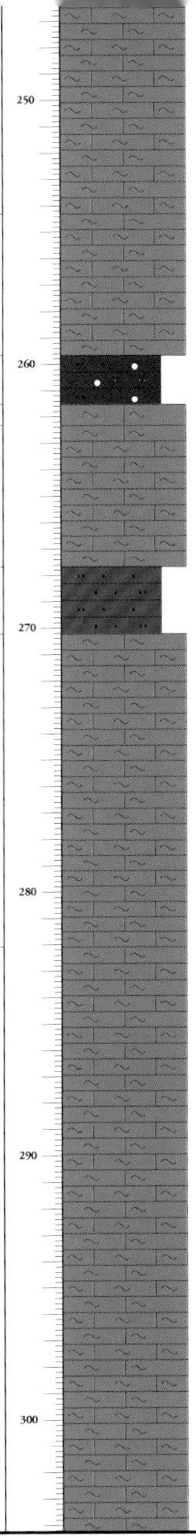

89	9.61	254.27	安山质熔结凝灰岩	▲ 249.2 T212-29-1/1	安山质熔结凝灰岩，灰黑色带大量白色斑状麻点，斑状结构，块状构造，发育节理，基质为隐晶质，斜长石1~2 mm（1%），岩心破碎中等，存在暗红色氧化面	20121029编录第三天006，007，008
90	5.39	259.66	岩性混合化安山质熔结凝灰岩	▲ 258.2 T212-33-3/3	安山质熔结凝灰岩，灰黑色带大量白色斑状麻点，斑状结构，块状构造，发育节理，基质为隐晶质，斜长石1~2 mm（1%），岩心破碎中等，存在暗红色氧化面，有馒头片状岩块	20121029编录第三天008
91	1.86	261.52	细碎火山灰物质和河床冲积物混合层		粉砂层，黑灰色，主体为砂层，黏土占20%，砂占80%。粒径小于2 mm，分选较好，磨圆度、球度较好。暗色矿物约占85%，浅色矿物15%。出现晶屑	20121029编录第三天008，009
92	0.8	262.32	安山质火山凝灰岩		熔结凝灰岩，灰黑色带粉砂，火山碎屑结构，块状构造，主要含黑色矿物50%，红色矿物35%，乳白色晶体板条状10%，此外还有黄色土状物夹杂其中	
93	5.34	267.66	玄武安山质火山凝灰岩	▲ 263.7 T212-36-4/8	熔结凝灰岩，灰黑色带粉砂，火山碎屑结构，气孔构造，假流纹构造，气孔1~2 mm，含量4%，主要含黑色隐晶质约占75%，乳白色晶体板条状3%，黑色晶体2%，斜长石2%	20121029编录第三天009
94	2.56	270.22	细碎火山灰物质和河床冲积物混合层		粉砂层，暗红黑色，主体为砂层，黏土占20%，砂占80%。粒径小于2 mm，分选较好，磨圆度、球度较好。暗红色岩屑约占40%，黑色岩屑35%，白色透明碎屑和乳白色岩屑约占15%	20121029编录第三天010
95	11.86	282.08	玄武安山质火山凝灰岩	▲ 270.5 T212-39-2/21 ▲ 278.5 T212-41-2/5 ▲ 280.9 T212-43-2/6	熔结凝灰岩，灰黑色夹粉红色条带，斑状结构，气孔构造，假流纹构造，气孔1~20 mm，含量4%，主要含黑色隐晶质约占75%，粉红色基质约占15%，乳白色粒状晶体4%~5%，斜长石2%。岩心较完整	20121029编录第三天010，011，012，013
96	14.16	304.32	玄武安山质火山凝灰岩	▲ 286.9 T212-44-7/9 ▲ 294.3 T212-47-2/4	熔结凝灰岩，灰黑色夹粉红色条带，斑状结构，气孔构造，假流纹构造，气孔1~20 mm，含量4%，主要含黑色隐晶质约占80%，粉红色基质约占10%，乳白色粒状晶体7%~8%，其他矿物2%~3%。岩心完整性中等	20121029编录第三天014

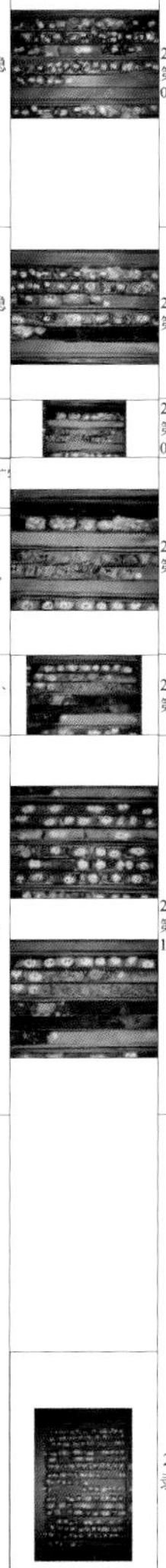

附图2　云南腾冲火山-地热-构造带科学钻探（SinoProbe）地层综合柱状图——钻井2(续)

地质钻孔岩心编录表

取心日期	回次	自/m	至/m	进尺/m	岩心/m	取心率%	分层序号	层厚/m	底深/m	初步定名	采样深度/m	采样编号	照片号
2012-11-4	50	304.32	307.32	3	2.6	87	98	4.35	308.92	松散碎屑层	304.5	TCKZ13001	110-5504
	51	307.32	309.32	2	1.9	95				玄武岩	306.0	TCKZ13002	110-5505
	52	309.32	311.32	2	1.6	80	99	2.4	311.32		310.0	TCKZ13003	110-5509,5510
2012-11-5	53	311.32	314.32	3	2.5	83	100	1	312.32	砾石层	312.0	TCKZ13004	
							101	2	314.32	松散碎屑层	313.0	TCKZ13005	110-5545
	54	314.32	317.4	2	1.8	90	102	6.18	320.5	4套火山岩与松散碎屑物互层	315.5 / 315.8 / 316.2	TCKZ13006-1S / TCKZ13006-1 / TCKZ13006-3N	岩石110-5542; 岩屑110-5544
	55	317.4	318.3	1.9	1.5	79					317.0 / 317.7	TCKZ13006-3X / TCKZ13006-4N	
	56	318.3	320.5	2.2	1.5	68					319.5 / 320.0	TCKZ13006-	
	57	320.5	321.08	0.58	0.5	86	103	12.41	332.91	5套风化岩与松散玄武互层	321.5	TCKZ13007-1S	岩石110-5554,5553,5557,5560,5562,5561
2012-11-9	58	321.08	322.3	1.22	1	82					322.5	TCKZ13007-1X	
	59	322.3	324.68	2.38	1.4	59					323.2	TCKZ13007-2S	
2012-11-10	60	324.68	326.08	1.4	1.3	93						TCKZ13007-2X	
	61	326.08	327.23	1.5	1	67					327.0 / 327.7	TCKZ13007-5S / TCKZ13007-5X	岩石110-5552,5549,51,5550,5549,5556,5555,5559,5561
	62	327.23	329.48	2.25	1.7	76							
2012-11-11	63	329.48	331.56	2.08	1.6	77							
	64	331.56	332.56	1	0.7	70	104	4.15	337.06	松散碎屑层	331.9	TCKZ13008	110-5565
2012-11-14	65	332.56	334.56	2	1.5	75							
	66	334.56	338.46	4	3.9	98	105	3.58	340.64	风化壳	337.5	TCKZ13009-1S	110-5729,572（8金缕）
2012-11-15	67	338.46	340.64	2.08	1.5	72	106	5.2	345.84	玄武质板结砾灰流层	339.0	TCKZ13009-1X	110-5731,5730,5618,5617,5622
	68	340.64	342.04	1.4	1.2	86				风化壳	341.0	TCKZ13009-2S	110-5733,5732,5734 全套
	69	342.04	343.84	1.8	1.8	100				玄武岩	343.0	TCKZ13010	110-5619
	70	343.84	347.74	3.9	3.5	90	107	1.9	347.74	松散碎屑层	346.0		110-5621,5620
2012-11-16	71	347.74	350.74	3	3	100	108	2.36	350.74	风化壳	349.0	TCKZ13011-01S	110-5630
	72	350.74	354.12	3.37	3	91		2.87	352.97	熔结凝灰岩	351.0 / 354.0	TCKZ13011-01X / TCKZ13011-02S	110-5623,5624 / 110-5625,5626,5627

测井温度℃ 17—77

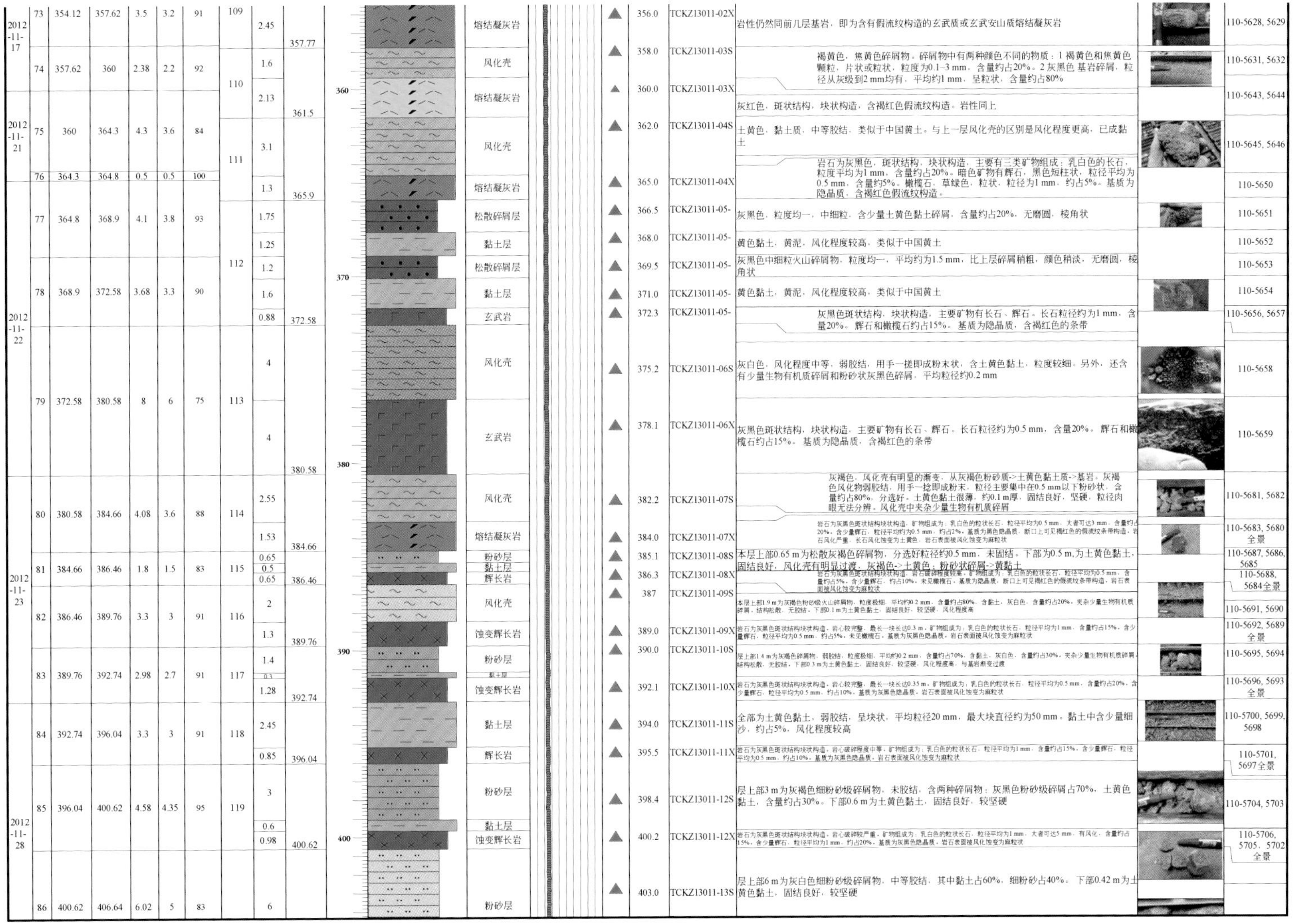

附图2 云南腾冲火山-地热-构造带科学钻探（SinoProbe）地层综合柱状图——钻井2(续)

取心日期	回次	自/m	至/m	进尺/m	岩心/m	取心率%	分层序号	层厚/m	底深/m	初步定名	采样深度/m	采样编号	照片号
	87	406.64	409.32	2.68	2.68	100	120	0.42	409.32	黏土层	408.0	TCKZJ13011-13X	110-5711、5710、5709、5708
								2.28		玄武岩			110-5713、5712、5707全景
2012-11-29	88	409.32	413.4	4.08	3.8	93	121	2.6	413.4	风化壳	410.0	TCKZJ13011-14S	110-5718、5717、5716、5715
										辉长岩	413.2	TCKZJ13011-14X	110-5721、5720、5719、5714全景
	89	413.4	417.6	4.2	4	95	122	1.48	417.6	粉砂岩	415.3	TCKZJ13011-15S	110-5724、5723
								2.6		辉长岩	417.2	TCKZJ13011-15X	110-5726、5725、5722全景
	90	417.6	420.58	2.98	2.5	84		1.35		风化壳	418.3	TCKZJ13011-16S	110-5745
							123	0.5			420.4	TCKZJ13011-16X	110-5744、5746全景
2012-11-30	91	420.58	424.78	4.2	4	95		6.68	424.78	玄武岩			
	92	424.78	428.86	4.08	4	98	124	3.73	428.86	风化壳	426.2	TCKZJ13011-17S	110-5754、5753
											428.5	TCKZJ13011-17X	110-5755、5756全景
	93	428.86	434.36	5.5	5.5	100	125	5	434.36	玄武岩	430.1	TCKZJ13011-18S	110-5758
	94	434.36	439.16	4.8	4.6	96	126	0.5	439.16	风化壳	434.0	TCKZJ13011-18X	110-5759、5760、5761全景
2012-12-1								4.4		辉长岩	436.0	TCKZJ13011-19S	110-5762
	95	439.16	443.94	4.78	4	84	127	0.4	443.94	风化壳	439.1	TCKZJ13011-19X	110-5765、5764、5763、5761全景
								4.78		玄武岩	441.0	TCKZJ13011-20S	110-5766
2012-12-6	96	443.94	445.36	1.42	1.22	86		1.72	445.66	玄武岩	445.0	TCKZJ13011-20X	花岗岩110-5774、5773、5771、5769、玄武岩5770、风化壳5768、5767、全景5772
	97	445.36	449.86	4.5	4	89	128	9.26		风化壳	450.0	TCKZJ13012	110-5823、5824、5825、5826
	98	449.86	455.12	5.26	5	95		0.2	455.12	灰白色细砂岩	455.0	TCKZJ13013	110-5827、5828、5829、5830

测井温度℃：17—77

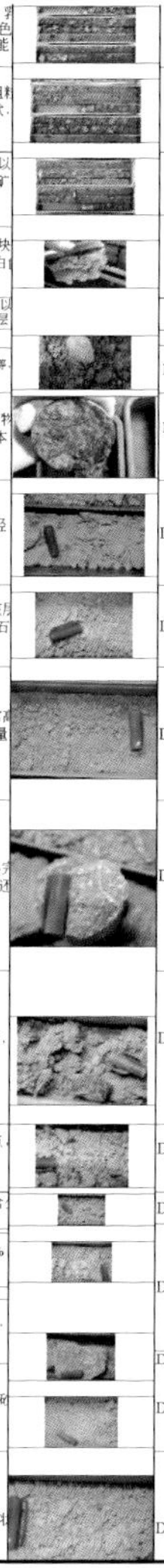

附图2　云南腾冲火山—地热—构造带科学钻探（SinoProbe）地层综合柱状图——钻井2(续)

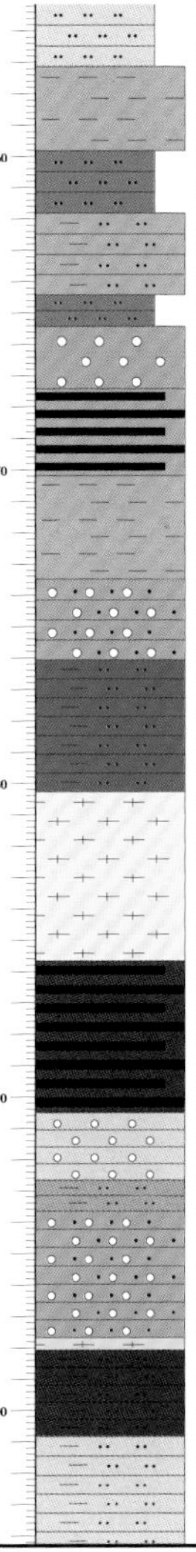

取心日期	回次	取心 自/m	取心 至/m	进尺m	岩心m	取心率%	分层序号	层厚/m	底深/m	深度/m	岩性柱	初步定名	采样位置	采样深度/m	采样编号	岩性描述	岩心照片	照片号
	110	505.67	510.4	4.73	4.3	99	148	2.25	505.67			灰黑色泥炭层	◀	507.0	TCKZ13032			DSC-2023
							149	3.48	507.92	510		黑色黏土质粉砂层	◀	509.0	TCKZ13033			DSC-2024
	111	510.4	515.08	4.68	4.6	99	150	3.68	511.4			灰白色黏土层	◀	513.0	TCKZ13034			DSC-2025
2012 -12- 22	112	510.4	515.08				151	2	515.08			浅褐色粉质黏土层	◀	516.0	TCKZ13035			DSC-2026
				4.5	4.3	93	152	2.5	517.08			灰白色黏土层	◀	518.0	TCKZ13036			DSC-2027
	113	519.58	524.18	4.6	4.3	90	153	3.7	519.58	520		深灰色含粗砂层	◀	521.0	TCKZ13037			DSC-2029
	114	524.18	529.16	4.98	4.48	90	154	2.9	523.28			灰白色黏土层	◀	525.0	TCKZ13038			DSC-2036
	115	529.16	534.16	5	4.65	93	155	5.98	526.18	530		深灰色黏土质细砂层	◀	528.0	TCKZ13039			DSC-2037
2012 -12- 23	116	534.16	538.66	4.5	4.25	94	156	2.8	532.16			灰白色风化花岗岩层	◀	533.0 533.2	TCKZ13040-1 TCKZ13040-2			DSC-2039、2040
	117	538.66	543.72	5.06	4.55	90	157	3.7	534.96	540		灰褐色黏土质细粉砂层	◀	536.0	TCKZ13041			DSC-2042
							158	15.26	538.66			灰白色风化花岗岩层	◀	542.0	TCKZ13042S			
	118	543.72	548.72	5	5	100				550			◀	547.0	TCKZ13042Z			DSC-2043
2012 -12- 24	119	548.72	553.42	4.7	4	85			553.92				◀	552.0	TCKZ13042X			

测井温度/℃ 17 — 77

2012-12-24	120	553.42	563.42	10	9.5	95
	121	563.42	568.46	6.06	3.66	72
	122	568.46	572.78	4.3	4.2	98
2012-12-25	123	572.78	577.86	5.08	4.5	89
	124	577.86	582.66	4.8	4.55	95
	125	582.66	587.64	4.98	4.58	92
2012-12-26	126	587.64	591.24	3.6	3	83
	127	591.24	598.34	7.1	6	85
2012-12-27	128	598.34	603.42	5.08	4.2	83

159	14.54	568.46	灰褐色黏土质中细砂层	灰褐色黏土质中细砂，弱固结，分选好，中等磨圆，无完整岩心。粗砂（10%），中细砂（80%），粉砂（10%）。主要含石英，暗色矿物碎屑，黏土以及少量植物体碎屑
160	4.62	573.08	褐色风化花岗岩	褐色蚀变花岗岩，破碎、蚀变严重，无完整岩心，用手一捏即为粉拇。石英（40%），粒径平均约5 mm，钾长石（30%），平均粒径1 cm，钠长石（20%），平均粒径5 mm，暗色矿物（10%），平均粒径2 mm
161	12.58	585.66	灰褐色黏土质粉砂层	灰褐色黏土质粉砂，中等固结，分选好，中等磨圆，无完整岩心。粉砂（80%），中细砂（10%），黏土（10%）
162	6.18	591.84	褐色风化花岗岩层	斑褐色蚀变花岗岩，花岗结构，块状构造，破碎、蚀变严重，无完整岩心，用手一捏即为粉拇。石英（40%），粒径平均约5 mm，钾长石（20%），平均粒径5 mm，钠长石（30%），平均粒径5 mm，暗色矿物（10%），平均粒径2 mm
163	11.98	603.82	灰白色风化花岗岩	灰色蚀变花岗岩，花岗结构，块状构造，破碎、蚀变严重，无完整岩心。石英（40%），粒径平均约3 mm，钾长石（20%），平均粒径3 mm，钠长石（30%），平均粒径5 mm，暗色矿物（10%），平粒径2 mm

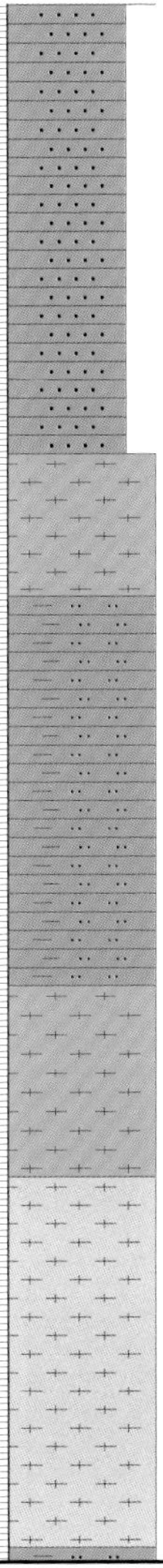

555.0	TCKZ13043S
560.0	TCKZ13043Z
565.0	TCKZ13043X
570.0	TCKZ13044
577.0	TCKZ13045S
583.0	TCKZ13045X
588.0	TCKZ13046
595.0	TCKZ13047

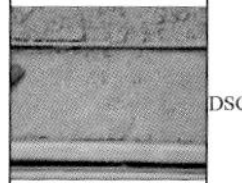
DSC-2044

DSC-2045

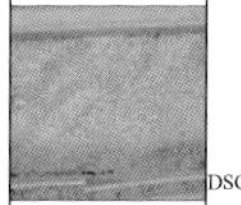
DSC-2046

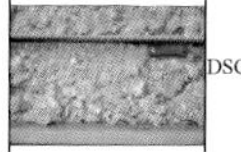
DSC-2047

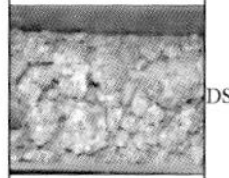
DSC-2048

附图2　云南腾冲火山–地热–构造带科学钻探（SinoProbe）地层综合柱状图——钻井2(续)

岩心编录表（钻孔岩心柱状图）

取心日期	回次	自/m	至/m	进尺/m	进尺/岩心/m	取心率/%	分层序号	层厚/m	底深/m	初步定名	采样编号	采样深度/m	照片号	岩性描述
2012-12-28	129	603.42	605.62	2.2	2.2	100	164	6.08	609.9	灰褐色黏土质细砂层	TCKZ13048	606.0	DSC-2049	灰褐色黏土质细砂，弱固结、较松散，分选好，含少量植物体碎屑。无完整岩心。（中粗砂（20%）、细粉砂（80%）、中粗砂），中等磨圆，平均粒径约0.5 mm。
	130	605.62	610.4	4.78	3	63	165	3.08	612.98	花岗岩	TCKZ13049	611.0	DSC-2050	裸长石花岗岩，较新鲜，基本未蚀变，花岗结构，块状构造，中等破碎，钾长石（35%），斜长石（20%），平均粒径5 mm，石英（30%），粒径平均（15%），暗色矿物（5%），平均粒径约2 mm。
	131	610.4	612.18	1.78	1.7	96	166	5.4	618.38	灰褐色花岗岩层	TCKZ13050	615.0	DSC-2051	灰褐色花岗岩，弱固结，较松散，分选好，中等磨圆，含少量黏土。粉砂（95%）、粉砂（5%）、中细砂。
	132	612.18	614.18	2	2	100	167	0.6	618.98	灰褐色花岗岩	TCKZ13051	618.5	DSC-2052	
2012-12-30	133	614.18	618.98	4.8	4.6	96	168	4.73	623.71	花岗岩	TCKZ13052	620.0	DSC-2053	灰褐色变花岗岩，破碎严重，碎裂，块状构造，无完整岩心，石英（40%），粒径平均约5 mm，钾长石（30%），平均粒径约22 mm，斜长石（20%），平均粒径5 mm，暗色矿物（10%），平均粒径1 cm。
2012-12-31	134	618.98	623.81	4.83	4.73	98	169	0.9	624.61	灰褐色花岗岩层	TCKZ13053	624.0	DSC-2054	钾长石（20%），粒径平均约5 mm，平均粒径约22 mm，暗色矿物，平均粒径1 cm。
	135	623.81	626.06	2.25	2	89	170	6.75	631.36	灰褐色花岗岩层	TCKZ13054	627.0	DSC-2055	灰褐色粉砂，弱固结，较松散，分选好，中等磨圆，中细砂（10%），粉砂（90%）。含少量黏土。未见植物体碎屑。
	136	626.06	627.56	1.5	1.5	100	171	1.05	632.41	风化花岗岩	TCKZ13055	632.0	DSC-2056	灰褐色变花岗岩，中粒花岗结构，块状构造，碎裂严重，中等强度低，无完整岩心。石英（30%），粒径平均约5 mm，钾长石（40%），平均粒径1 cm，斜长石（20%），平均粒径约22 mm。暗色矿物，部分岩心节理面整齐碎屑片。
2013-1-1	137	627.56	632.06	4.5	4.3	96	172	3.13	635.54	灰褐色黏土质粉砂	TCKZ13056	634.0	DSC-2057	灰褐色变粉砂，弱固结，呈块状，分选好，粉砂（80%），中细砂（10%），黏土（10%）。
	138	632.06	632.96	0.9	0.7	78	173	0.3	635.84		TCKZ13057	635.7	DSC-2058	灰褐色变花岗岩碎屑石，蚀变程度高，只有石英未蚀变。其他矿物已变为灰绿色。无完整岩心。
2013-1-3	139	632.96	635.54	2.58	2	78	174	4.2	640.04	灰褐色黏土质粉砂层	TCKZ13058	638.0	DSC-2059	灰褐色黏土质粉砂，弱固结，分选好，无完整岩心，粉砂（80%），中细砂（10%），黏土（10%）。
	140	635.54	640.04	4.5	4	89	175	9.66	649.7	灰褐色黏土质中粗砂层	TCKZ13059	645.0	DSC-2060	灰褐色黏土质中粗砂，弱固结，呈块状，分选好，中等磨圆，中粗砂（90%）。粉砂及黏土（10%）。
2013-1-4	141	640.04	644.92	4.88	4.88	100	176	3	652.7	黏土质细砂层	TCKZ13060	651.0	DSC-2061	灰褐色黏土质细砂层。用手一搓即为粉砂级分选好。中等磨圆。无完整岩心。中细砂（80%），粉砂（10%），中粗砂（10%），黏土（10%）。
	142	644.92	649.7	4.78	4.2	88								
	143	649.7	654.7	5	4.3	86								

测井温度/℃ 17—77

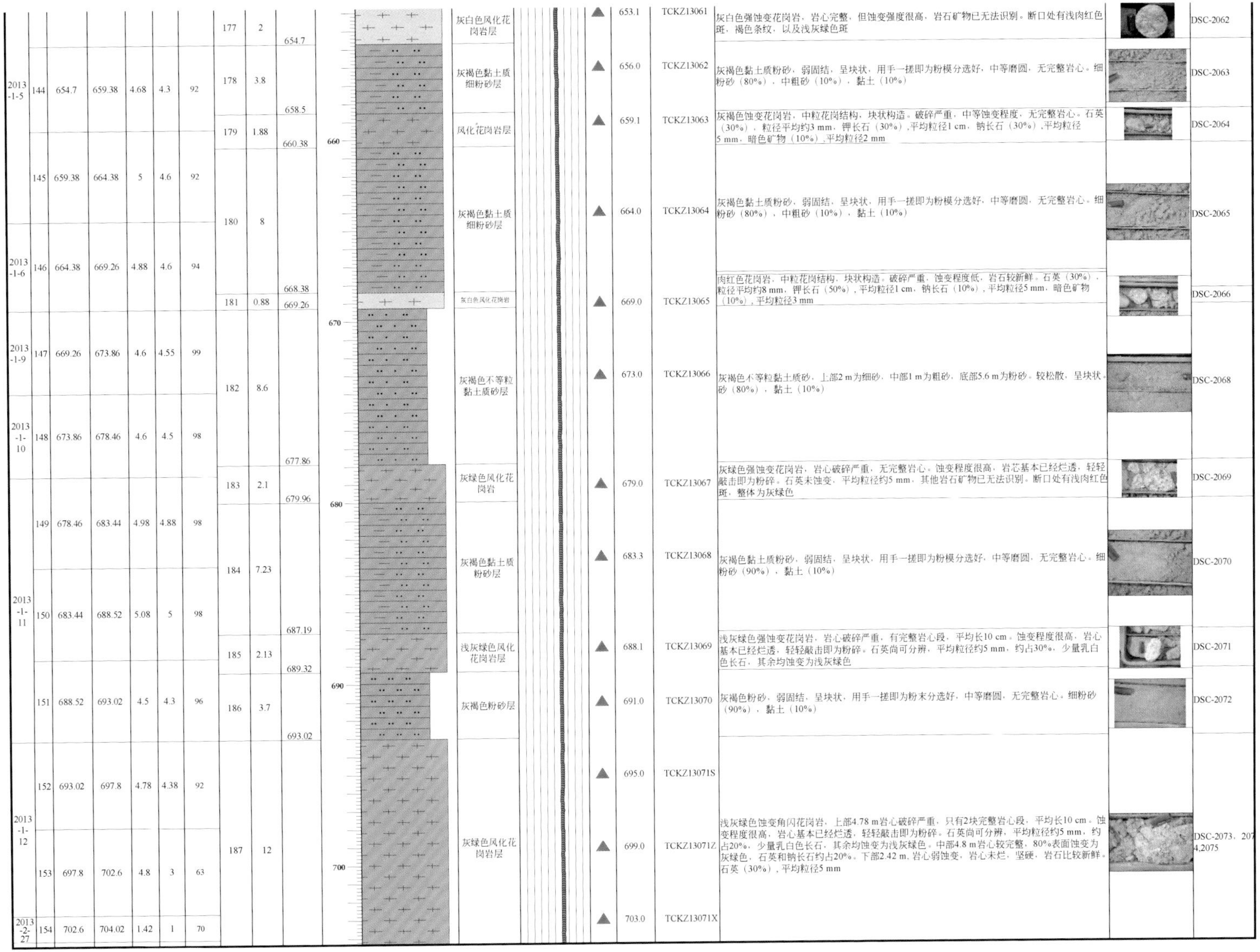

附图2　云南腾冲火山-地热-构造带科学钻探（SinoProbe）地层综合柱状图——钻井2(续)

取心日期	回次	自/m	至/m	进尺/m	岩心/m	取心率/%	分层序号	层厚/m	底深/m	深度/m	岩性柱	初步定名	测井温度/℃ 17—77	采样位置	采样深度/m	采样编号	岩性描述	岩心照片	照片号
2013-2-28	155	704.02	708.5	4.48	4	89	188	3.48	705.02	710		灰褐色粉砂层		◀	707.0	TCKZJ13072	灰褐色粉砂，弱固结、分选好、中等磨圆、无完整岩心。细粉砂（90%）、黏土（10%），含少量植物体碎屑		DSC-2076
							189	1.55	708.5 710.05			蚀变花岗岩层		◀	709.0	TCKZJ13073	肉红色蚀变花岗岩，中等蚀变程度，岩石沿两节理面断开、矿物有一定的定向排列、块状构造。面断开，有一组平行的节理，有片状层理，平均粒径5 mm，石英（25%）、平均粒径25 mm，暗色矿物占1 cm，长石（15%）、平均粒径≥2 mm 5 mm，暗色矿物		DSC-2077
2013-3-2	157	708.6	717.08	8.48	7.8	93	190	7.68	717.73	720		灰白色粉砂层		◀	714.0	TCKZJ13074	灰白色粉砂，弱固结、中等磨圆、无完整岩心。细粉砂（90%）、细粉砂（10%），含有白云母，片状、闪闪发光		DSC-2078
2013-3-3	158	717.08	718.16	1.08	1	83						花岗岩层		◀	720.2	TCKZJ13075S	肉红色蚀变花岗岩，中等蚀变程度，有一组节理，矿物略粗大，块状构造、片状构造，分选物略粗化，平均粒径25 mm，石英（30%）、斜长石35%，暗色矿物占全部为蚀变矿物，平均粒径≥5 mm，暗色矿物古云母和斜长石5%		DSC-2079、2080、2081、2082、2083
	159	718.16	721.16	3	2.5	37	191	12.21	729.94					◀	726.1	TCKZJ13075X			
2013-3-5	160	721.16	723.36	2.16	1.8	100				730									
2013-3-6	162	723.36	727.71	4.35	1.6	88													
	163	727.71	728.24	0.53	0.53	100	192	7.35	737.29			灰黑色中细砂层		◀	734.1	TCKZJ13076	灰黑色中细砂，固结好、坚硬，分选好、中等磨圆、无完整岩心。中细砂（80%）、粉砂及黏土（20%）		DSC-2084
	164	728.24	729.94	1.7	1.5	85													
2013-3-7	165	729.94	733.49	3.55	3	90	193	14.56	751.85	740		灰绿色蚀变花岗岩		◀◀	738.2 739.0	TCKZJ13077S TCKZJ13077Z	浅绿色蚀变花岗岩，上部1 m灰白色、蚀变严重，岩石已经经透，表面光滑、绿泥石化，下部0.56 m岩心较完整，有一组剪节理，节理面见断开，平均粒径3 mm，含灰绿色蚀变矿物，30%，岩石口经过透，中部3 m岩心较完整，呈现石块，平均粒径25 mm，石英含量25 mm，70%		DSC-2086、2087、2088
	166	733.49	740.19	6.7	6	90													
	167	740.19	741.97	1.78	1.6	97				750					745.2	TCKZJ13077X			
2013-3-10	168	741.97	749.77	7.8	7.6	100													
	169	749.77	751.85	2.08	2.08	100	194	5	751.85			褐黄色高岭土层		◀	753.1	TCKZJ13078	褐黄色高岭土，土状或块状，隐晶质集合体。用手一捏即为粉末呈粗糙感、弱胶结、松散、无完整岩心		DSC-2089
2013-3-11	170	751.85	756.85	5	5	100													

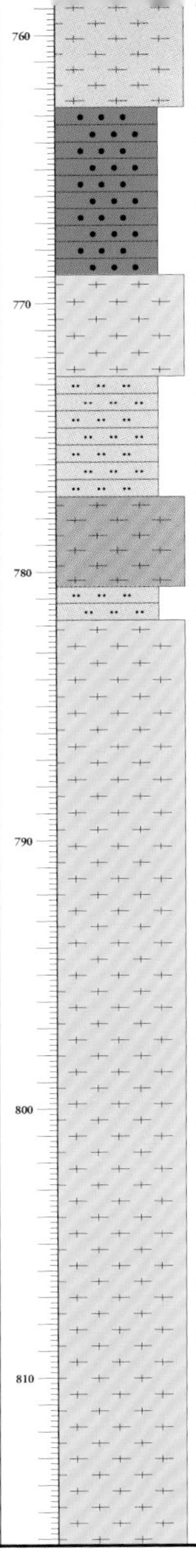

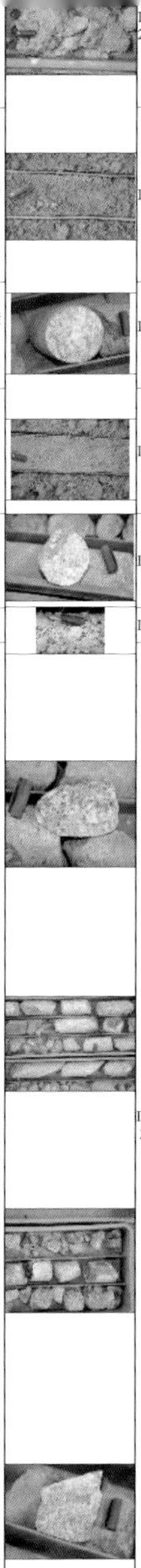

取心日期	取心回次	自/m	至/m	进尺/m	钻/m	取心率/%	分层序号	层厚/m	底深/m	深度/m	岩性柱	初步定名	钻井温度/℃ 17—77	采样位置	采样深度/m	采样编号	岩性描述	岩心照片	照片号
2013-4-2	188	816.26	822.16	5.90	5.80	98						含砾岩屑砂质沉积物		◄	824.5	TCKT086	灰色松散沉积物层，分选差，磨圆中等，主要粒径集中于0.1-2mm之间，颗粒组成主要为石英（45%）、岩屑（40%），暗色矿物含量约占10%。		1-1、1-2、1-3
	189	822.16	827.74	5.58	5.40	97	202	16.46	832.72	820									
2013-4-3	190	827.74	832.72	4.98	4.90	98				830		含砾岩屑砂质沉积物		◄	836.7	TCKT087	土黄色松散沉积物层，分选差，磨圆中等，主要粒径集中于0.1-2mm之间，颗粒组成主要为石英（45%）、岩屑（40%），主要为黑云母及少量角闪石，暗色矿物约占10%。		2-1、2-2、2-3
	191	832.72	841.80	9.08	8.80	97	203	7.88	840.60	840				◄	841.3	TCKT088	灰褐色碱性长石花岗岩，粗粒花岗结构，块状构造，矿物成分以石英（50%）为主，长石次之，钾长石约占30%，斜长石含量低（5%），暗色矿物主要为黑云母约占15%，角闪石，总含量约15%，岩石具弱蚀变特征。		3-1、3-2、3-3
							204	1.20	841.80			碱性长石花岗岩							
2013-4-26	192	841.80	850.55	8.75	8.48	97	205	16.68	858.38	850		长石粉砂沉积物		◄	846.2	TCKT089	土黄色松散沉积物层，分选差，磨圆中等，粒度细，以细砂、粉砂颗粒组成为主。颗粒成以上石英含量最高（60%），长石次之（30%），岩屑及暗色矿含量低（10%）。		4-1、4-2、4-3
	193	850.55	860.13	9.58	9.00	94				860				◄	855.4	TCKT090	浅黄褐色蚀变碱性长石花岗岩（强蚀变），呈半碎裂状态，早期碎留的花岗岩基本结构特征，暗色矿物主要成为黑云母和角闪石及其蚀变物组合体（10%），可见绿泥石，可见绿帘石等矿物。		5-1、5-2、5-3
2013-4-27	194	860.13	866.71	6.58	6.28	95	206	1.62	860.00			蚀变碱性长石花岗岩		◄	863.4	TCKT091	花岗岩强烈蚀变产物，灰绿色松散、半固结状物质，矿物组成灰绿色岩石约占35%，由于强烈蚀变，灰绿色蚀变矿物（50%-60%），原岩结构、构造特征已不复存在。		6-1、6-2
							207	6.71	866.71										

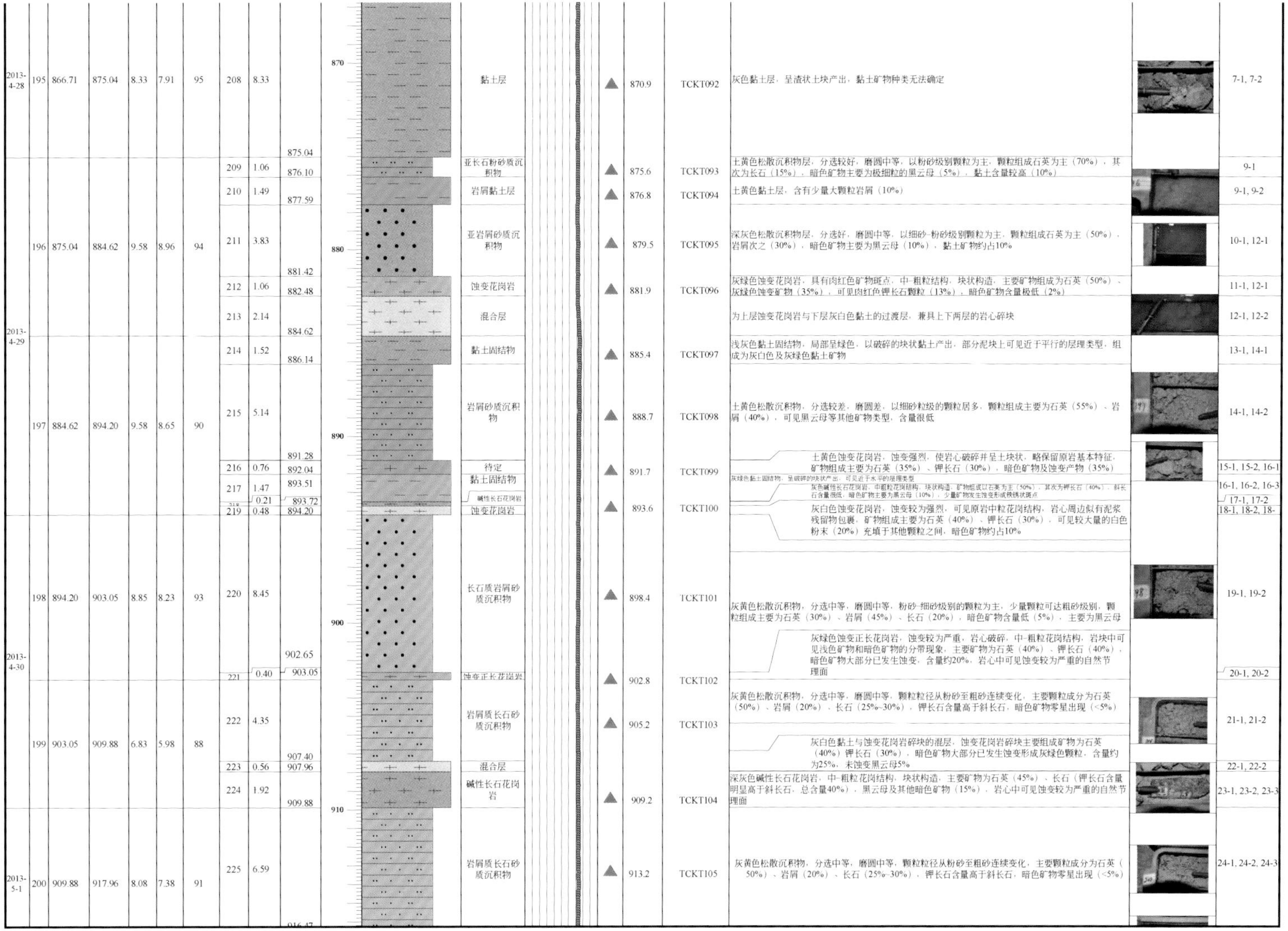

附图2　云南腾冲火山-地热-构造带科学钻探（SinoProbe）地层综合柱状图——钻井2(续)

取心回次日期	取心回次	取心 自/m	取心 至/m	进尺/m	岩心/m	取心率/%	分层序号	层厚/m	底深/m	深度/m	岩性柱	初步定名	测井温度/°C	采样位置	采样深度/m	采样编号	岩性描述	岩心照片	照片号
2013-5-2	201	917.96	927.19	9.23	8.93	97	226	1.49	917.96	920		二长花岗岩	17 – 77	▲	917.0	TCKT106	灰绿色—长花岗岩，块状构造，中—粗粒花岗结构，主要暗色矿物成分为石英（35%）、斜长石（25%）、暗色矿物及其他矿物可占15%，岩石基本未发生蚀变		25-1、25-2、25-3
							227	7.11	925.07			岩屑长石砂质沉积物		▲	921.5	TCKT107	灰黄色松散沉积物，分选中等，磨圆中等，颗粒成分为石英（50%）、长石（20%）、岩屑（25%~30%），暗色矿物及黑云母主要为自然出露面，呈黑绿色		26-1、26-2、26-3
2013-5-3	202	927.19	930.57	3.38	3.00	89	228	2.12	927.19	930		二长花岗岩		▲	926.0	TCKT108	灰白色二长花岗岩，块状构造，中—粗粒花岗结构，主要暗色矿物成分为石英（30%）、斜长石（25%）、暗色矿物约15%，含量可达15%		27-1、27-2、27-3
							229	2.61	929.80			岩屑岩屑花岗岩		▲	928.5	TCKT109	灰白色长石砂质沉积物，分选中等，磨圆中等，颗粒成分为石英（40%）、长石（斜长石含量大于钾长石），总含量约40%		28-1、28-2
						94	230	0.99	930.79			碱性长石花岗岩		▲	930.6	TCKT110	灰白色碱性长石花岗岩，块状构造，颗粒成分为石英（45%）、长石（钾长石约30%），岩屑（20%），暗色矿物约零星出现含量约15%		29-1、29-2
2013-5-4	203	930.57	934.62	4.05	3.81		231	2.97	933.76			岩屑长石花岗岩		▲	933.9	TCKT111	灰白色松散沉积物层，分选差，磨圆差，长石（斜长石含量大于钾长石，约40%），岩屑（20%），暗色矿物零星出现，主要为黑云母		30-1、30-2
							232	0.86	934.62			变质岩					灰色变质岩（?），隐晶质结构，结晶颗粒较细，含量约10%。节理面见片状		31-1、31-2、31-3
2013-5-5	204	934.62	943.18	8.56	7.94	93	233	6.47	941.09	940		岩屑长石砂质沉积物		▲	937.9	TCKT112	土黄色松散沉积物，分选中等，磨圆中等，颗粒组成为石英（主要）、长石（斜长石约50%）。总含量约50%，黏土含量约5%		32-1、32-2
							234	2.09	943.18			碱性长石花岗岩		▲	943.1	TCKT113	浅灰黄色碱性长石花岗岩，块状构造，岩石发生轻微蚀变，主要暗色矿物为石英（40%）、长石（钾长石约30%），斜长石约10%，暗色矿物已发生蚀变，未见云母矿物		33-1、33-2、33-3
						97	235	3.66	946.84			长石岩屑花岗岩		▲	945.0	TCKT114	土黄色松散沉积物层，分选差，磨圆中等，颗粒成分为石英、长石（钾长石为主），暗色矿物为角闪石。含量约30%，暗色矿物组成约30%		34-1、34-2
2013-5-6	205	943.18	948.26	5.08	4.93		236	1.42	948.26			碱性长石花岗岩		▲	947.4	TCKT115	灰红色碱性长石花岗岩，中粗粒花岗结构，块状构造，主要暗色矿物为石英（50%）、钾长石（30%）、斜长石（10%），暗色矿物约为角闪石，局部呈条带状，呈黑绿色		35-1、35-2、35-3
	206	948.26	955.63	7.37	7.00	95	237	4.21	952.47	950		岩屑长石砂质沉积物		▲	950.4	TCKT116	土黄色松散沉积物，粒级从粉砂到细砂，主要暗色矿物组成为石英（30%），长石（斜长石约35%），含量约35%，暗色矿物含量最低，可能细小的黑云母		36-1、36-2
							238	2.71	955.18			花岗岩		▲	954.9 / 955.2 / 955.4	TCKT117 / TCKT118A / TCKT118B	灰白色灰红色云闪石及其红色碱长花岗岩，中—粗粒花岗结构，块状构造，主要暗色矿物为石英（50%）、长石（斜长石）、暗色矿物约40%。总含量约40%，下部岩心从碱长花岗岩为主，钾长石约40%，斜长石为主，暗色矿物大部分已经发生蚀变		37-1、37-2、37-3
							239	0.45	955.63			变质细长石岩屑碱长花岗岩					岩心呈灰绿色，暗色矿物发生蚀变，实体变质部分呈黑色斑点状		38-1、38-2、38-3
	207	955.63	963.51	7.88	7.43	94	240	6.02	963.51	960		岩屑长石砂质沉积物		▲	958.6	TCKT119	土黄色松散沉积物，分选中等，磨圆中等，粒级从粉砂到细砂，主要暗色矿物组成为石英（30%）、长石（斜长石）、暗红色岩屑（以斜长石为主：钾长石为主），暗色矿物少见。总含量约35%，暗色矿物含量最低		39-1、39-2

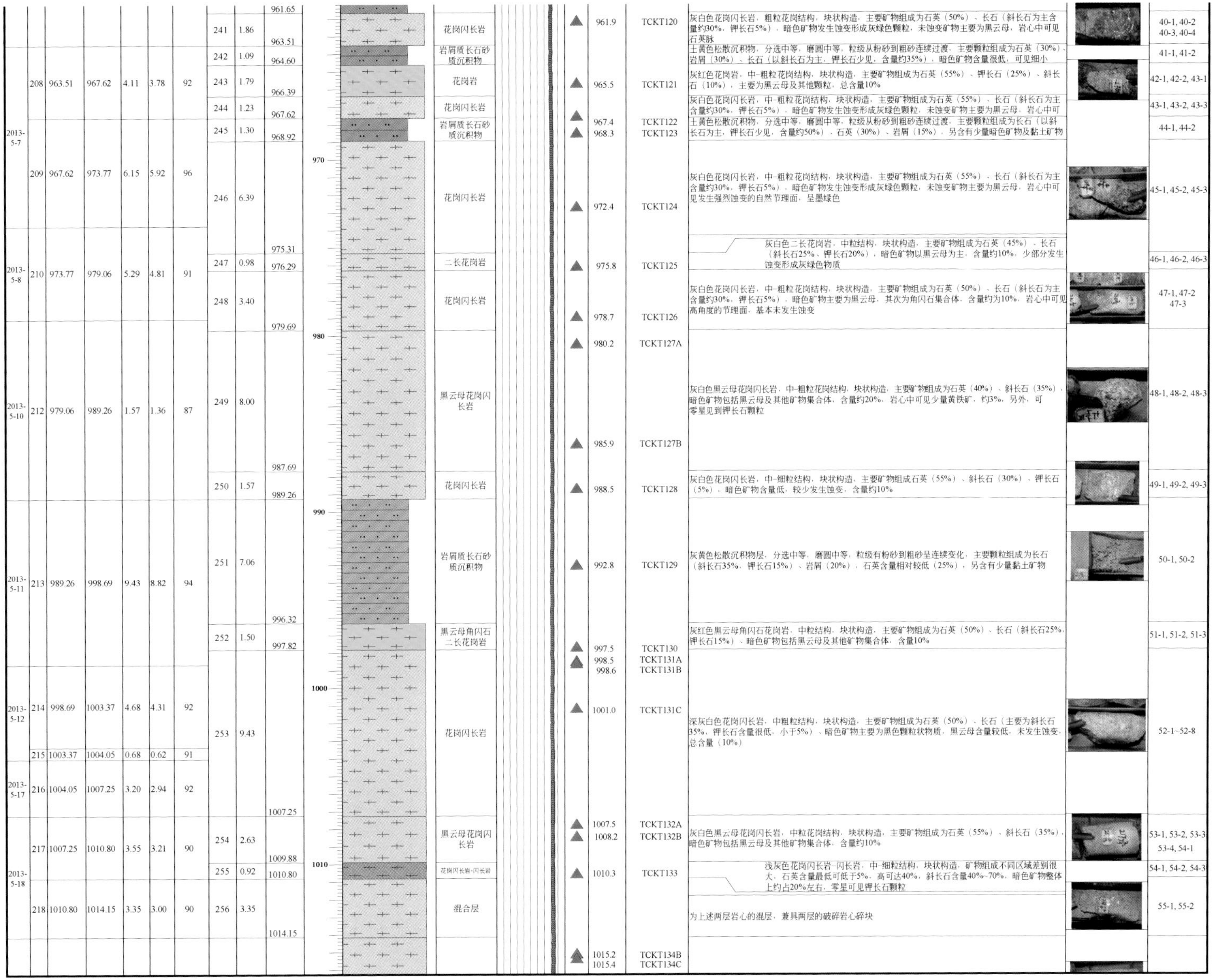

附图2 云南腾冲火山—地热—构造带科学钻探（SinoProbe）地层综合柱状图——钻井2（续）

取心日期	回次	自/m	至/m	进尺/m	岩心长/m	取心率/%	分层序号	层厚/m	底深/m	深度/m	初步定名	测井温度/°C	采样位置	采样深度/m	采样编号	岩性描述	照片号
2013-5-19	219	1014.15	1020.83	6.68	6.10	100	257	6.10	1020.25	1020	黑云母花岗闪长岩	17—77	◄	1019.1	TCKT134A	灰黑色黑云母花岗闪长岩，中-粗粒花岗结构，块状构造，主要矿物组成为石英（55%）、长石（主要为斜长石30%、钾长石见即，局部可出现钾长石含量较高现况）、暗色矿物包括黑云母及其他矿物集合体，约2%	56-1、56-2、56-3、56-4
2013-5-20	220	1020.83	1026.41	5.58	5.37	96	258	4.63	1024.88		花岗闪长岩英云闪长岩		◄	1021.6	TCKT135B	灰白色英云闪长岩，中细粒结构，块状构造，矿物组成主要为石英（60%）、长石（斜长石35%）、暗色云母零星可见，暗色矿物含量较低，英云闪长岩	57-1、57-2、57-3、57-4
							259	1.53	1026.41		长石岩屑砂岩填充沉积物		◄	1024.2	TCKT135A	灰黄色岩屑砂岩填充层，分选较差，磨圆中等，颗圆度结构，块状构造，矿物组成主要为石英（35%）、长石（斜长石为主，约为40%、钾长石含量较低）、英石（最高可达15%），暗色矿物为黑云母，总含量10%	58-1、58-2
							260	1.33	1027.74				◄	1026.56 / 1026.8 / 1027.2	TCKT136 / TCKT137A / TCKT137B / TCKT137C	灰黄色花岗闪长岩二长花岗岩，中-粗粒花岗结构，块状构造，矿物组成主要为石英（50%）、斜长石（25%~35%）、钾长石为主，暗色矿物为黑云母，可见少量绢云母	59-1、59-6
2013-5-21	221	1026.41	1032.16	5.75	5.28	92	261	4.42	1032.16	1030	花岗闪长岩		◄	1029.9	TCKT138	灰黄色松散沉积粉粒层，分选较差，磨圆中等，颗圆度结构，块状构造，矿物组成主要为石英（35%）、长石（斜长石为主，约40%、钾长石含量较低）、英石含量相对较低，石英含量相对较低，暗色矿物为黑云母	60-1、60-2
							262	2.66	1034.82		长石砂岩填充沉积物		◄	1032.6 / 1033.2 / 1033.8	TCKT139B / TCKT139A / TCKT139C	灰白色花岗闪长岩，中粗粒花岗结构，块状构造，主要矿物组成为石英（55%）、长石（斜长石为主，约85%）、暗色矿物约10%，其X为暗色矿物，主要为黑云母	61-1、61-7
2013-5-22	222	1032.16	1039.38	7.22	6.51	90	263	5.65	1040.47	1040	含斑石质岩屑砂岩填充沉积物		◄	1037.7	TCKT140	灰白色花岗闪长岩，中粗粒花岗结构，分选中等，磨圆中等，颗圆度结构，矿物组成主要为石英（35%）、长石（斜长石为主，约40%、钾长石含量较低）、英石含量相对较低，石英含量相对较低，暗色矿物为黑云母，总含量10%	62-1、62-2
							264	3.27	1043.74		花岗闪长岩英云闪长岩		◄	1042.1	TCKT141	灰黄色松散沉积粉粒层，分选中等，磨圆中等，颗圆度结构，颗粒粒级从粉砂-细粒呈连续变化，颗粒级较杂，石英含量相对较低	63-1、63-2
2013-5-23	223	1039.38	1045.76	6.38	5.86	92	265	6.64	1050.38	1050	花岗闪长岩英云闪长岩		◄	1046.7 / 1048.5	TCKT142C / TCKT142B	灰白色松散沉积粉粒层，分选中等，局部区域以泥质为主，颗粒粒级从泥-粉砂-细粒呈现杂合状态/片状态势，长石（大部分区域斜长石为主，钾色矿物为黑云母及其他矿物集合体	64-1、64-7
2013-5-24	224	1045.76	1054.96	9.18	7.98	87	266	10.20		1060	含斑安质岩屑砂岩填充沉积物		◄	1055.5	TCKT143	灰白色英云闪长岩，中细粒结构，块状构造，主要矿物组成为石英（55%）、长石（斜长石为主（40%）、钾长石约20%）、暗色矿物约占优势，同时存在砾级颗粒体	65-1、65-2
2013-5-25	225	1054.96	1062.74	7.78	6.92	89	267	2.93	1060.58 / 1063.51		花岗闪长岩英云闪长岩		◄	1060.69 / 1061.2 / 1062.9	TCKT144B / TCKT144A / TCKT144C	灰白色英云闪长岩、花岗闪长岩，中粒结构，块状构造，主要矿物组成为石英-长石（斜长石为主（55%）、钾长石约10%）、暗色矿物黑云母为主，含其他矿物集合体	66-1、66-6

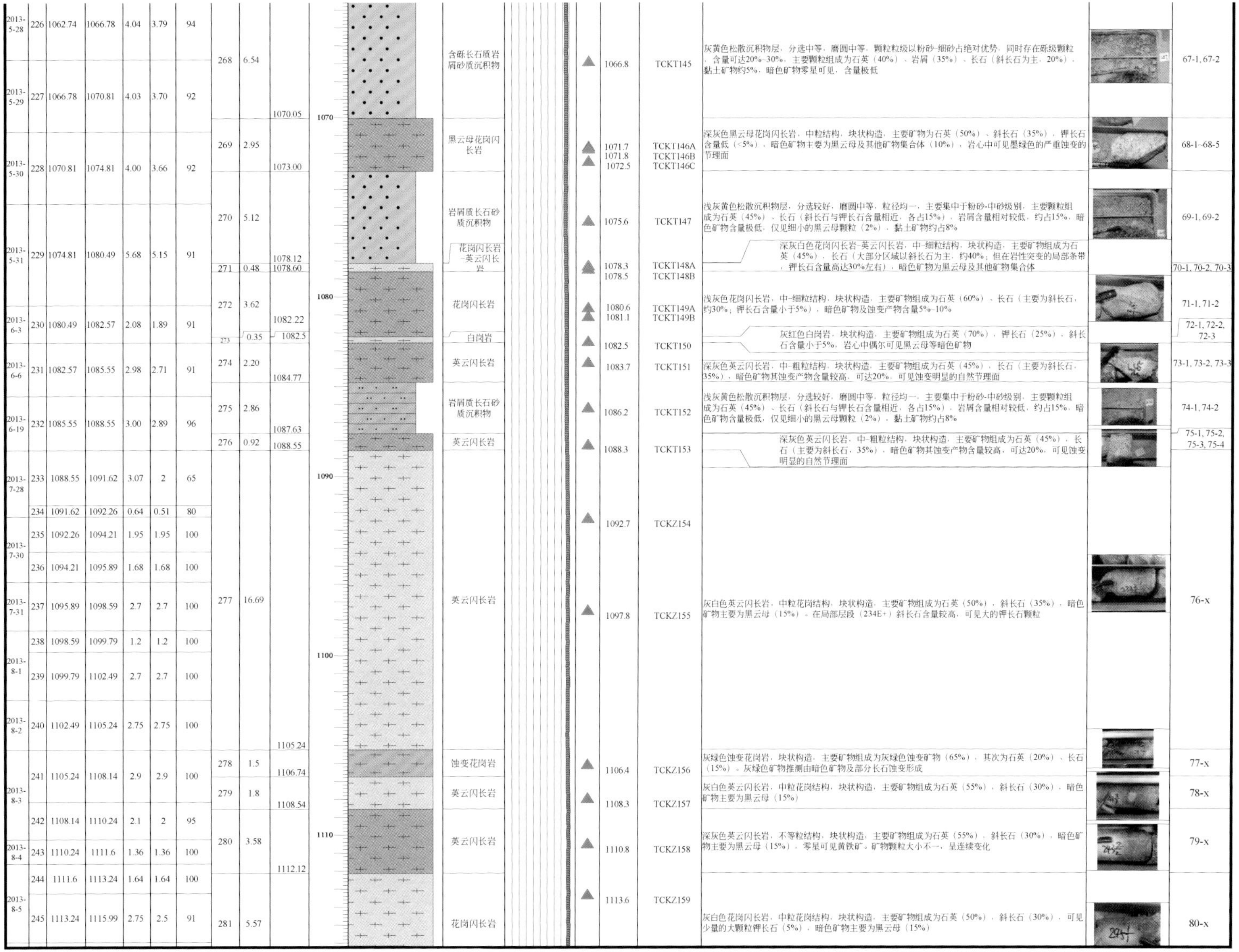

附图2　云南腾冲火山-地热-构造带科学钻探（SinoProbe）地层综合柱状图——钻井2(续)

取心日期	回次	自/m	至/m	进尺/m	岩心/m	取心率/%	分层序号	层厚/m	底深/m	深度/m	岩性柱	初步定名	测井温度/℃ 17—77	采样位置	采样深度/m	采样编号	岩性描述	岩心照片	照片号
2013-8-6	246	1115.99	1117.69	1.7	1.56	92			1117.69			花岗闪长岩		◄	1118.7	TCKZ161	灰白色花岗闪长岩，中粒花岗结构，块状构造，主要矿物组成为石英（55%）、斜长石（30%），暗色矿物主要为黑云母（10%），可见少量钾长石（5%），零星可见黄铁矿		81-x
	247	1117.69	1123.02	5.33	4.58	86	282	1.55	1119.24	1120				◄	1122.4	TCKZ162	灰白色英云闪长岩，中粒花岗结构，块状构造，主要矿物组成为石英（45%）、斜长石（40%），暗色矿物主要为黑云母（15%），零星可见黄铁矿		82-x
2013-8-8	248	1123.02	1130.17	7.15	6	84	283	14.49				英云闪长岩		◄	1125.8	TCKZ163			
														◄	1128.3	TCKZ165			
2013-8-9	249	1130.17	1137.35	7.18	6.89	96	284	2.69	1133.73 / 1136.42	1130		英云闪长岩		◄	1131.0	TCKZ166	灰白色英云闪长岩，细粒-粗粒花岗结构，块状构造，主要矿物组成石英（50%）、斜长石（40%），该层主体为中粗粒英云闪长岩，局部层段矿化度明显变粗，岩心押石英为细粒较高，斜长石含量较低		83-x
														◄	1135.2	TCKZ167			
2013-8-10	250	1137.35	1140.68	3.33	3.25	98	285	12.14		1140		花岗闪长岩		◄	1136.7	TCKZ168			
2013-8-11	251	1140.68	1143.77	3.09	2.98	96								◄	1140.8	TCKZ169	灰白色花岗闪长岩，中粒花岗结构，块状构造，主要矿物组成为石英（50%）、斜长石（35%），暗色矿物主要为黑云母（10%），可见少量的钾长石和黄铁矿（5%）		84-x
2013-8-12	252	1143.77	1146.4	2.63	2.58	98			1148.56					◄	1143.7	TCKZ170			
2013-8-13	253	1146.4	1148.56	2.16	2.12	98	286	7.67						◄	1145.9	TCKZ171			
	254	1148.56	1151.96	3.4	3.24	95				1150		英云闪长岩		◄	1149.7	TCKZ172	灰白色英云闪长岩，中粒花岗结构，块状构造，主要矿物组成为石英（55%）、斜长石（30%），暗色矿物主要为黑云母（15%）		85-x
	255	1151.96	1152.56	0.6	0.6	100								◄	1153.6	TCKZ173			
2013-8-14	256	1152.56	1154.82	2.26	2.2	97													

附图2　云南腾冲火山—地热—构造带科学钻探（SinoProbe）地层综合柱状图——钻井2(续)

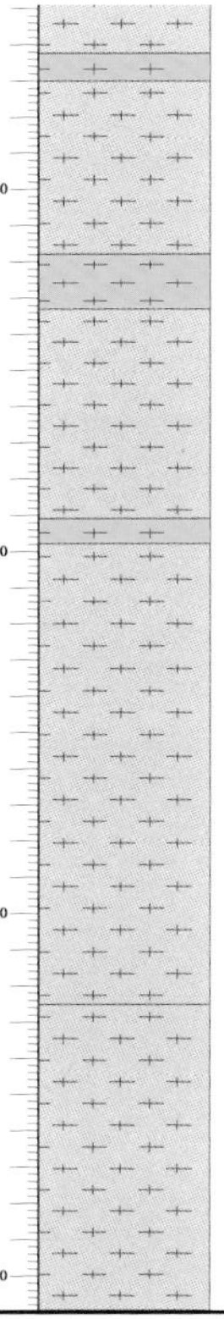

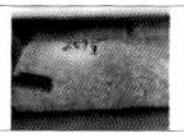

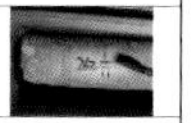

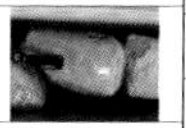

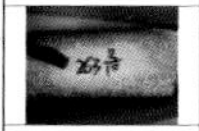

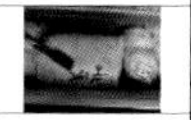

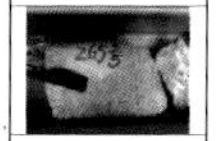

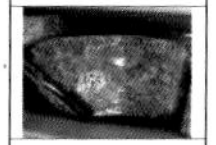

附图2 云南腾冲火山—地热—构造带科学钻探（SinoProbe）地层综合柱状图—钻井2（续）

取心日期	回次	取心 自m	至m	进尺/cm	取心长/cm	取心率/%	分层序号	层厚/m	底深/m	初步定名	采样深度/m	采样编号	岩性描述	照片号
2013-8-31	269	1191.02	1195.02	4	3.45	86	294	10.04	1201.38	副石英花岗岩	1192.2	TCKZ2187	浅灰色副石英花岗岩，中细粒花岗结构，块状构造。主要矿物组成为石英（69%），暗色矿物主要为黑云母（15%），斜长石（20%），可见少量微铁矿。岩石成分与下层一致，但岩心较下层破碎	93-x
2013-9-3	270	1195.02	1197.7	2.68	2.39	89								
	271	1197.7	1199.88	2.18	1.96	90								
	272	1199.88	1201.38	1.5	1.36	91								
2013-9-4	273	1201.38	1203.58	2.2	1.96	89	295	5.65	1207.03	副石英花岗岩	1201.8	TCKZ2188	浅灰色副石英花岗岩，中细粒花岗结构，块状构造。主要矿物组成为石英（69%），暗色矿物主要为黑云母（15%），斜长石（20%），可见少量微铁矿。岩石成分与上层一致，但岩心较上层完整	94-x
	274	1203.58	1207.03	3.45	3	87					1204.3	TCKZ2189		95-x
2013-9-5	275	1207.03	1214.06	7.03	5.98	85	296	3.53	1210.56	副石英花岗岩	1208.4	TCKZ2190	浅灰白色副石英花岗岩，中细粒花岗结构，块状构造。主要矿物组成为石英（65%），暗色矿物主要为黑云母（15%），斜长石（20%），可见少量微铁矿，岩心较为破碎	
2013-9-6	276	1214.06	1218.66	4.6	3.99	87	297	11.68	1222.24	英云闪长岩	1220.8	TCKZ2191	灰白色英云闪长岩，中粗粒花岗结构，块状构造。主要矿物组成为石英（50%），斜长石（35%），暗色矿物主要为黑云母（15%）	96-x
2013-9-7	277	1218.66	1222.24	3.58	2.96	83								
2013-9-8														

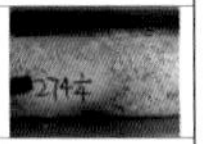

钻井温度/℃ 17 — 77

图例

不等粒砂　细砂　砂质黏土
粉砂　花岗岩
粗粒碎屑　砂砾
中粒碎屑　草煤层
细粒碎屑　风化壳
黏土　砾石层
辉长岩　黏土质砾石
玄武安山岩
黏土质砾石
玄武岩　熔结凝灰岩
黏土质砂

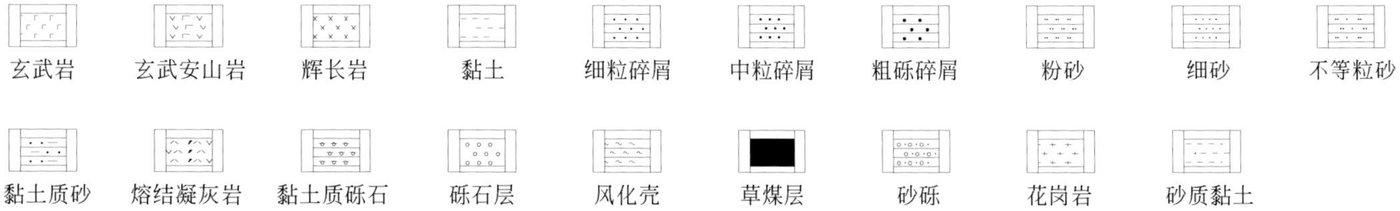